热电联产机组技术丛书

2015年版

U0333194

热力网与供热

张开菊 刘伟亮 宋 伟 等编著

王德林 审阅

中国电力出版社

CHINA ELECTRIC POWER PRESS

内 容 提 要

本书密切结合热电联产供热系统设计计算及运行实际，全面系统地探讨了以热水和蒸汽作为热媒的室内供热系统和集中供热系统，内容包括室内外热水供热系统、蒸汽供热系统及其管网热力计算，供热系统水力工况分析，管网的布置、保温和敷设，热力站，换热设备，地板采暖，供热系统的热负荷、热源和热计量方式，凝结水回收方式，供热系统的调节和运行，常见的故障及其分析，热力网的可靠性分析及供热系统节能理论。内容反映了我国供热和供热网研究现状以及国内外的新技术、新设备和新成果。

本书可供热电联产从业技术人员和管理人员阅读，也可作为热能工程、环境设备与工程等专业的师生及相关设计、施工、研究人员的参考书。

图书在版编目（CIP）数据

热力网与供热/张开菊等编著 . —北京：中国电力出版社，2008.1（2017.5重印）

（热电联产机组技术丛书）

ISBN 978-7-5083-5925-0

Ⅰ. 热… Ⅱ. 张… Ⅲ. ①热力系统②供热系统
Ⅳ. TK17 TU833

中国版本图书馆 CIP 数据核字（2007）第 106402 号

中国电力出版社出版、发行

（北京市东城区北京站西街 19 号　100005　http://www.cepp.sgcc.com.cn）

航远印刷有限公司印刷

各地新华书店经售

*

2008 年 1 月第一版　　2017 年 5 月北京第三次印刷

787 毫米×1092 毫米　16 开本　17 印张　414 千字

印数 4501—5500 册　　定价 **40.00** 元

热电联产机组技术丛书
编　委　会

前　言

提高能源的利用效率，合理利用能源是关系到国民经济发展、建设节约型社会、实施循环经济的重要内容，而且影响到生态环境和人类的生存，也是从事能源研究的学者和工程技术人员重点研究的课题。热电联产和集中供热就是可以达到上述目的的重要技术规划和措施之一。热电联产，已经问世一百多年，我国发展热电联产也走过了半个多世纪的路程。由于热电联产对于节能和环境保护意义重大，尤其是在 21 世纪的今天，世界各国非常重视。1997 年制定的《中国 21 世纪议程》和《中华人民共和国节约能源法》、2000 年制定的《中华人民共和国大气污染防治法》等法规，都明确鼓励发展热电联产。2000 年原国家计划委员会、经济贸易委员会、建设部、环境保护总局联合下发的《关于发展热电联产的规定》，是指导我国热电联产发展的纲领性文件。国家发展和改革委员会 2004 年颁布的《节能中长期专项规划》中，明确把热电联产列入 10 项重点工程。规划指出：在严寒地区、寒冷地区的中小城市和东南沿海工业园区的建筑物密集、有合理热负荷需求的地方将分散的小供热锅炉改造为热电联产机组；在工业企业（石化、化工、造纸、纺织和印染等用热量大的工业企业）中将分散的小供热锅炉改造为热电联产机组；分布式电热（冷）联产的示范和推广；对设备老化、技术陈旧的热电厂进行技术改造；以秸秆和垃圾等废弃物建设热电联产供热项目的示范；对热电联产项目给予技术、经济政策等配套措施；到 2010 年城市集中供热普及率由 2002 年的 27％提高到 40％，新增供暖热电联产机组 40GW。形成年节能能力 3500 万 t 标准煤。

《国家中长期科学和技术发展规划纲要》中也把能源的综合利用放在了首要位置，在与热电联产技术有关的部分，指出应重点突破基于化石能源的微小型燃气轮机及新型热力循环等终端的能源转换技术、储能技术、热电冷系统综合技术，形成基于可再生能源和化石能源互补、微小型燃气轮机与燃料电池混合的分布式终端能源供给系统。

到 2003 年底，全国已建成 6MW 及以上供热机组 2121 台，总装机容量达到 43.7GW。预计到 2020 年，中国热电联产机组容量将达到 200GW，年节约 2 亿 t 标准煤，减少 SO_2 排放 400 万 t 以上，减少 NO_x 排放 130 万 t，减少 CO_2 排放 718 亿 t。热电联产将为能源节约、环境保护、经济和社会发展做出重大贡献。

《热电联产机组技术丛书》的出版，是应时之作，是应需之作。该套丛书由七个分册组成，包括《热电联产技术与管理》、《热力网与供热》、《锅炉设备与运行》、《汽轮机设备与运行》、《电气设备与运行》、《化学水处理设备与运行》和《热工过程监控与保护》。内容涉及到热电联产机组的最新技术、管理知识；涉及到热力网的运行与管理维护，国内外的发展与政策，环境保护与节约能源，热电联产生产工艺中具体过程和设备的工作原理、基本结构、工作过程、运行分析、事故处理、最新进展等；涉及到供热的可靠性分析；涉及到供热的分户计量；涉及到代表最新技术发展趋势的热力设备和热工过程的计算机控制技术等。可以说，热电联产的每一个重要环节均涉及到了。其中，不少内容是第一次出现在科技专著上。丛书主要面向热电联产的运行、检修、管理人员，从设备的结构、原理到运行以及事故处理，从系统组成到管理控制，从运行监督到经济性分析、可靠性分析等，既有传统的热力设备理论基础作为铺垫，又有现代科学技术的融入，兼顾到了各个层面，还介绍了具体的运行实例和事故实例。

该套丛书既体现了丛书的系统性、专业性、权威性，又体现了实用性。

随着我国对节约能源和环境保护的重视，热电联产事业将会得到更快的发展，热电联产技术水平也会获得快速提升，一批大容量、高参数的热电联产机组也将逐步建成投产。该套丛书的出版，将对发展热电联产，提高热电联产企业运行、检修技术和管理水平，具有重要意义！

丛书编委会

编 者 的 话

　　本书是《热电联产机组技术丛书》之一，主要研究以热水和蒸汽作为热媒的室内供热系统和集中供热系统。全书共分六章，内容密切结合供热系统实际运行，主要包括：室内外热水供热系统、蒸汽供热系统及其管网热力计算；供热系统水力工况分析；管网的布置、保温和敷设；热力站；换热设备；地板采暖；供热系统的热负荷、热源和热计量方式；凝结水回收方式；供热系统的调节和运行，常见的故障及其分析。另外，根据实际运行的需要，详细介绍了热力网的可靠性分析，同时，基于供热系统提出了相关节能理论，并且进行了实例分析。

　　根据我国供热和供热网的发展趋势，本书融入了近年来供热方面的新技术、新设备和新成果，同时吸收了国外的先进经验和新技术，力求内容充实，覆盖面广，并且编排合理，逻辑清晰，结构严谨，层次分明，简明易懂，实用性强。

　　本书由张开菊、刘伟亮、宋伟、雷声辉、杨文娟、韩志航编著。本书诚请王德林研究员审阅，对于他的细致审阅及给予的多方面指正，谨致诚挚谢意。同时，对为本书顺利编写提供帮助的各位同仁表示真诚感谢。感谢高福东、吕杨、魏玉军、程峀、苑丽伟、谢磊、刘洋、王宏国等为本书做出的贡献。

　　限于作者水平，书中疏漏与不足之处在所难免，诚请广大读者批评指正。

编 者

2007 年 10 月

热电联产机组技术丛书
热力网与供热

Contents
目　录

第一章

热 力 网

供热系统常用的热媒主要有水、蒸汽和空气。

以热水作为热媒的供热系统称为热水供热系统。热水供热系统的热能利用率较高，输送时无效损失较小，散热设备不易腐蚀，使用周期长，并且散热设备表面温度较低，符合卫生要求。同时，系统操作简单方便，运行安全，易于实现供水温度的集中调节。系统蓄热能力强，散热均衡，适于远距离输送。

热水供热系统按照循环动力的不同，可以分为自然循环热水供热系统和机械循环热水供热系统。目前，应用最为广泛的是机械循环热水供热系统。另外，民用建筑多采用热水供热系统，该系统在生产厂房和辅助建筑物中也有广泛的应用。

热水供热系统按照热水参数的不同通常分为低温热水供热系统（供水温度低于100℃，供水通常为95℃，回水通常为70℃）和高温热水供热系统（供水温度高于100℃，供水通常为110～150℃，回水为70℃）。

以蒸汽作为热媒的供热系统称为蒸汽供热系统。

按照蒸汽压力的不同，蒸汽供热系统分为低压蒸汽供热系统（供汽压力不高于70kPa）、高压蒸汽供热系统（供汽压力高于70kPa）和真空蒸汽供热系统（供汽压力小于大气压力）。

另外，蒸汽供热系统按照凝结水流动动力的不同，还可以分为重力回水、余压回水和加压回水系统。

第一节　热水供热系统

本节将分别对自然循环系统、机械循环系统和高层建筑供热系统的工作原理、布置形式以及附属设备进行详细介绍。

一、自然循环热水供热系统

（一）自然循环热水供热系统工作原理

图1-1所示为自然循环热水供热系统的工作原理图。图中假设整个系统有一个加热中心（锅炉）和一个冷却中心（散热器），用供、回水管路把散热器和锅炉连接起来。在系统的最高处连接一个膨胀水箱，用来容纳水受热膨胀而增加的体积。

运行前，先将系统内充满水，水在锅炉中被加热后，密度减小，水向上浮升，经供水管道流入散热器。在散热器内热水被冷却，密度增加，水再沿回水管道返回锅炉。

在水的循环流动过程中，供水和回水由于温度差的存在，产生了密度差，系统就是靠供回水的密度差作为循环动力的。这种系统称为自然（重力）循环热水供热系统。

分析该系统循环作用压力时，因假设锅炉是加热中心、散热器是冷却中心，故可以忽略水在管路中流动时管壁散热产生的水冷却，认为水温只是在锅炉和散热器处发生变化。

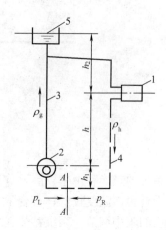

图 1-1　自然循环热水供热
系统工作原理图

1—散热器；2—热水锅炉；3—供水
管路；4—回水管路；5—膨胀水箱

假想回水管路的最低点断面 A-A 处有一阀门，若阀门突然关闭，A-A 断面两侧会受到不同的水柱压，两侧的水柱压差就是推动水在系统中循环流动的自然循环作用压力。

A-A 断面左侧的水柱压力 p_L 和右侧的水柱压力 p_R 分别为

$$p_L = g(h_1 \rho_h + h \rho_g + h_2 \rho_g) \tag{1-1}$$

$$p_R = g(h_1 \rho_h + h \rho_h + h_2 \rho_g) \tag{1-2}$$

系统的循环作用力为

$$\Delta p = p_R - p_L = gh(\rho_h - \rho_g) \tag{1-3}$$

式中　Δp——自然循环系统的作用压力，Pa；

g——重力加速度（取 9.81），m/s^2；

h——加热中心至冷却中心的垂直距离，m；

ρ_h——回水密度，kg/m^3；

ρ_g——供水密度，kg/m^3。

从式（1-3）可以看出，自然循环作用压力的大小与供、回水的密度差和锅炉中心与散热器中心的垂直距离有关。低温热水供热系统，供回水温度（95/70℃）一定时，为了提高系统循环作用压力，锅炉的位置应当尽可能地降低。但是，自然循环系统的作用力一般都不大，作用半径以不超过 50m 为佳。

（二）自然循环热水供热系统的形式及作用压力

如图 1-2 所示，自然循环热水供热系统主要有双管上供下回式系统和单管上供下回式（顺流式）系统。

上供下回式系统的供水干管敷设在所有散热器上面，回水干管敷设在所有散热器下面。系统通过设在供水总管最上部的膨胀水箱排除空气。

自然循环上供下回式供热系统的供水干管应顺水流方向设下降坡度，坡度值为 0.5%～1.0%。散热器支管也应当沿水流方向设下降坡度，坡度值为 1%，以便空气能逆着水流方向上升，聚集到供水干管最高处设置的膨胀水箱排除。

回水干管应存在向着锅炉方向下降的坡度，以便系统停止运行或检修时能够通过回水干管顺利排水。

1. 单管上供下回式系统

图 1-3 所示为单管上供下回式系统示意图，其特点为：热水送入立管后，由上向下依次流过各层散热器，水温逐层降低，各组散热器串联在立管上。每根立管（包括立管上各层散热

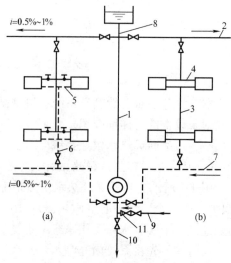

图 1-2　自然循环供热系统

（a）双管上供下回式系统；（b）单管上供下回式系统

1—总立管；2—供水干管；3—供水立管；4—散热器供水支管；5—散热器回水支管；6—回水立管；7—回水干管；8—膨胀水箱连接管；9—充水管（接上水管）；10—泄水管（接下水道）；11—止回阀

器）与锅炉、供回水干管构成一个环路，各立管环路是并联关系。

如图 1-3 所示，散热器 S_1 和 S_2 串联在立管上，其循环作用压力为

$$\Delta p = gh_1(\rho_\mathrm{h} - \rho_\mathrm{g}) + gh_2(\rho_1 - \rho_\mathrm{g}) \tag{1-4}$$

当立管上串联几组散热器时，其循环作用压力为

$$\Delta p = \sum_{i=1}^{n} gh_i(\rho_i - \rho_\mathrm{g}) \tag{1-5}$$

式中　h_i——相邻两组散热器间的垂直距离，m；

　　　ρ_i——水流出该散热器的密度，可根据各散热器之间管路内水温 t_i 确定，kg/m³；

　ρ_g，ρ_h——供热系统的供回水密度，kg/m³。

当 $i=1$，计算的是沿水流方向最后一组散热器，h 表示底层散热器与锅炉之间的垂直距离。

2. 双管上供下回式系统

图 1-4 所示为双管上供下回式系统示意图，其特点为：各层散热器都并联在供、回水立管上，热水直接经供水干管、立管进入各层散热器，冷却后的回水，经回水立管、干管直接流回锅炉，如果不考虑水在管道中的冷却，则进入各层散热器的水温相同。

在图 1-4 中，散热器 S_1 和 S_2 并联，热水在 a 点分配进入各层散热器，在散热器内冷却后，在 b 点汇聚返回热源。该系统有两个冷却中心 S_1 和 S_2，它们与热源、供回水干管形成两个并联的循环环路 aS_1b 和 aS_2b。

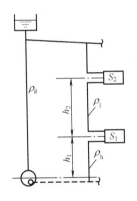
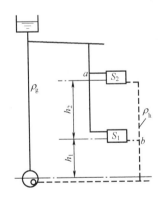

图 1-3　单管上供下回式系统示意图　　　图 1-4　双管上供下回式系统示意图

通过底层散热器 aS_1b 环路的作用压力为

$$\Delta p_1 = gh_1(\rho_\mathrm{h} - \rho_\mathrm{g}) \tag{1-6}$$

通过上层散热器 aS_2b 环路的作用压力为

$$\Delta p_2 = g(h_1 + h_2)(\rho_\mathrm{h} - \rho_\mathrm{g}) = \Delta p_1 + gh_2(\rho_\mathrm{h} - \rho_\mathrm{g}) \tag{1-7}$$

通过式（1-6）和式（1-7）可以看出，通过上层散热器的作用压力大于下层环路的作用压力。在双管自然循环系统中，虽然各层散热器的进出水温相同（忽略水在管路中的冷却），但是，由于各层散热器到锅炉之间的垂直距离不同，便形成了上层散热器环路作用压力比下层散热器作用压力大的情况。如果选用不同管径仍然不能使上下各层阻力平衡，便导致流量分配不均，从而出现上层过热，下层过冷的垂直失调问题。楼层越多，垂直失调问题就越明显。因此，对于多层建筑物，为了避免垂直失调问题，一般采用单管系统。

上面进行自然循环热水供热系统的作用压力计算时，只考虑水温在锅炉和散热器中发生变化，而忽略了水在管路中的冷却。但是，在实际系统中，水的温度和密度在管路中沿流动方向不断变化，散热器的实际进水温度比理想情况下低，这样便需增加系统的循环作用压力。由于自然循环系统的作用压力一般不是很大，因此，水在管路内的由于冷却产生的附加压力不应忽略。在实际计算自然循环系统的综合作用压力时，应当在理想情况下确定的自然循环系统作用压力上再增加由于水的冷却产生的附加压力，即

$$\Delta p_{zh} = \Delta p + \Delta p_f \tag{1-8}$$

式中　Δp_{zh}——自然循环系统的综合作用压力，Pa；

　　　Δp——自然循环系统不考虑水在管路中冷却确定的作用压力，Pa；

　　　Δp_f——水在管路中冷却产生的附加压力，Pa。

附加压力 Δp_f 的大小可根据管道的布置情况、楼层高度以及所计算的散热器与锅炉之间的水平距离进行确定，见附表1。

自然循环热水供热系统结构简单，操作方便，运行时无噪声，无电耗。但是，它的作用压力范围小，系统所需管径大，并且初投资较大。当循环系统作用压力较大时，一般不采用该系统，而考虑采用机械循环热水供热系统。

二、机械循环热水供热系统

机械循环热水供热系统与自然循环热水供热系统的主要区别是系统中设置了循环水泵，主要靠水泵的机械能，使水在系统中强制循环。

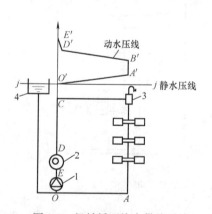

图 1-5　机械循环热水供热系统

1—循环水泵；2—热水锅炉；

3—集气装置；4—膨胀水箱

在机械循环系统中，设置循环水泵，虽然增加了系统的运行管理费用和电耗，但是，由于水泵所产生的作用压力大，使得管径较小，并且供热范围可以扩大。该系统不仅可以用于单幢建筑，而且可以用于多幢建筑，甚至可以发展为区域热水供热系统。目前，机械循环热水供热系统已成为应用最广泛的一种供热方式。

图 1-5 所示为机械循环上供下回式系统，系统中设置了循环水泵、膨胀水箱、集气罐和散热器等设备。

（一）机械循环系统与自然循环系统比较

1. 循环动力不同

机械循环系统主要依靠水泵提供的动力，强制水在系统中循环流动。循环水泵一般设置在锅炉入口之前的回水干管上，该处水温最低，可以有效避免水泵出现气蚀现象。而自然循环系统依靠由于水的密度不同产生的压力差来推动水的循环流动。

2. 膨胀水箱的连接位置和作用不同

机械循环系统的膨胀水箱设置在系统的最高处，水箱下部接出的膨胀管连接在循环水泵入口前的回水干管上。其作用为容纳水受热膨胀而增加的体积，另外，还能恒定水泵入口压力，保证整个供热系统压力稳定。而自然循环系统的膨胀水箱设置在供水总管最上部，其主要作用为排除水中空气。

3. 排气方式不同

机械循环系统中水流速度较大，一般超过水中分离出的气泡的浮升速度，易将气泡带入立管造成气塞。因此，机械循环系统在供水干管末端最高点处设置集气罐，以便空气能够顺利地沿水流方向流动，集中到集气罐处排出。而自然循环系统依靠膨胀水箱排除空气。

(二) 机械循环热水供热系统的形式

机械循环热水供热系统，依照管道敷设方式不同，可分为垂直式和水平式两种。

1. 垂直式系统

垂直式系统，依照供回水干管布置位置的不同，主要有以下几种形式：

(1) 上供下回式热水供热系统；

(2) 下供下回式双管热水供热系统；

(3) 中供式热水供热系统；

(4) 下供上回式（倒流式）热水供热系统；

(5) 混合式热水供热系统。

以下详细介绍各种垂直系统：

(1) 上供下回式。图 1-6 所示为机械循环上供下回式热水供热系统。图左侧为双管式系统，图右侧为单管式系统。

在双管式上供下回系统中，管路和散热器的连接方式与自然循环系统基本相同。垂直失调问题在该系统中同样存在，因此，设计计算时应当考虑各层散热器并联环路之间的作用压力差。

在单管式系统中，（Ⅰ）为单管顺流式，主要特点为立管中全部的水量顺次流入各层散热器。顺流式系统结构简单，施工方便，且造价低，在国内一般建筑中广泛应用。但是，其严重缺陷为不能进行局部调节。（Ⅱ）为单管跨越式系统。立管的一部分水量流进散热器，另一部分立管水量通过跨越管与散热器流出的回水混合，再流入下层散热器。同顺流式系统相比，由于只有部分立管水量流入散热器，在相同的散热量下，

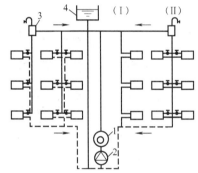

图 1-6 机械循环上供下回式
热水供热系统
1—热水锅炉；2—循环水泵；
3—集气装置；4—膨胀水箱

散热器的出水温度降低，散热器中的热媒与室内空气之间平均温差减小，依次所需散热器面积较顺流式系统大。该系统可以在散热器支管或者跨越管上安装阀门，进行散热器流量的调节。但是，由于散热面积增加、阀门的安装，使得整个系统造价提高，施工工序繁多，因此，主要用于房间温度要求严格，需要进行散热器散热量局部调节的系统。

(2) 双管下供下回式。如图 1-7 所示，双管下供下回式系统的供回水干管都敷设在底层散热器下面。该系统主要应用于设有地下室的建筑物，或者在平房顶建筑顶棚下难以布置供水干管的情况。

同上供下回式系统相比，其主要特点为：

1) 在地下室布置供水干管，主立管长度小，管路的无效热损失小。

2) 上层作用压力虽然较大，但是循环环路阻力也较大；下层作用压力虽然小，但是循环环路短，阻力也较小，可以有效缓解双管系统的垂直失调问题。

3）在施工过程中，安装好一层便可进行供热，能够适应冬季施工需要。

4）系统中排除空气困难，阀门、管件的增加，使得运行管理维护不便。

从上面分析发现，解决下供下回式系统的空气排除问题格外重要，其主要排气方式有：

1）通过顶层散热器的冷风阀门排气，如图1-7左侧所示。

2）通过专门设置的空气管，将空气集中汇集到空气管末端的集气罐或者自动排气阀排除，如图1-7右侧所示。集气罐或自动排气阀应当设置在水平空气管下 hm 处，不仅可以起到隔断作用，而且可以避免立管水通过空气管串流，从而破坏系统的压力平衡。h 值的确定应当考虑大于各立管上部间的压力差，最小不应小于300mm。

（3）中供式。如图1-8所示，中供式系统将供水干管敷设在系统中部。下部系统呈上供下回式，上部系统呈下供下回式。中供式系统可以避免由于顶层梁底标高过低，导致供水干管挡住顶层窗户的不合理布置，同时可以减轻上供下回式楼层过多出现的垂直失调问题。但是，上部系统应当增加排气装置。该系统主要应用于加建筑层的建筑或者"品"字形建筑（上部建筑面积少于下部建筑面积）。

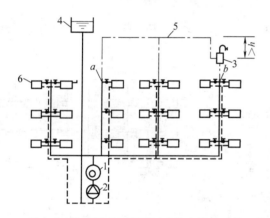 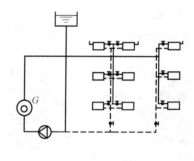

图1-7　机械循环下供下回式热水供热系统　　　图1-8　机械循环系统中供式热水供热系统
1—热水锅炉；2—循环水泵；3—集气罐；
4—膨胀水箱；5—空气管；6—放气阀

（4）下供上回（倒流式）式。如图1-9所示，机械循环下供上回式热水供热系统的供水干管设置在所有散热器下部，回水干管布置在所有散热器上部，立管布置主要采用顺流式。膨胀水箱连接在回水干管上。回水经膨胀水箱流回锅炉房，再被循环水泵送入锅炉。

下供上回式系统主要特点有：

1）水与空气流动方向一致，自下而上流动，便于通过顺流式膨胀水箱排除空气，不需要额外设置集气罐等排气装置。

2）底层散热器供水温度最高，可以减少底层房间所需散热面积，有利于散热器的布置。

3）供水总立管较短，无效热损失较小。

4）当采用高温水供热系统时，由于供水干管布置于底层，可以降低高温水汽化所需的水箱标高，便于应用膨胀水箱衡压，减少布置高位水箱的难度。

5）下供上回式系统散热器内热媒平均温度远低于上供下回式系统。在相同的立管供、回水温度下，所需散热面积有所增加。

6）通常采用单管顺流式，热水自下向上顺次流经各层散热器，水温逐层降低。

（5）混合式。如图 1-10 所示，混合式系统由下供上回式（倒流式）和上供下回式两组串联组成。Ⅰ区系统直接引入外网高温水，采用下供上回式系统形式。经过散热器换热后，Ⅰ区的回水温度达到Ⅱ区的供水温度要求，再引入Ⅱ区。Ⅱ区采用上供下回低温热水供热形式，Ⅱ区回水温度降至最低后，返回热源。由于两组系统串联连接，系统压力损失较大，一般应用于高温水网路上卫生要求不高的民用建筑或者生产厂房。

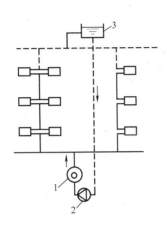

图 1-9　机械循环下供上回式（倒流式）热水供热系统

1—热水锅炉；2—循环水泵；3—膨胀水箱

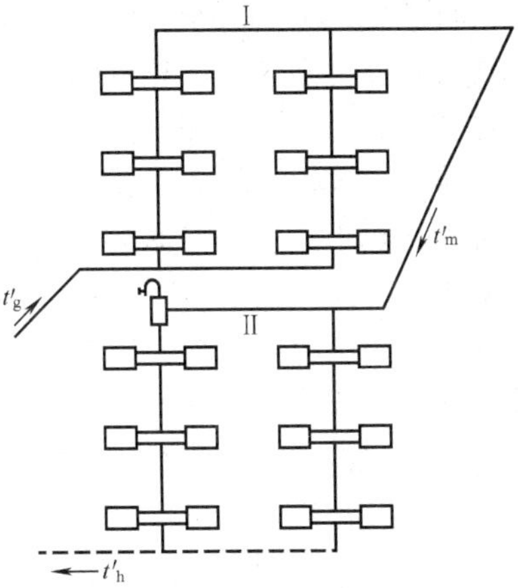

图 1-10　机械循环混合式热水供热系统

2. 水平式系统

水平式系统依照供水管与散热器连接方式的不同，也可分为顺流式和跨越式两种。

图 1-11 所示为水平单管顺流式系统。该系统将同一楼层的各组散热器串联在一起。热水水平地依次流经各组散热器。与垂直顺流式系统相同，水平单管顺流式系统也不能对散热器进行局部调节。

图 1-12 所示为水平单管跨越式系统。该系统在散热器的支管之间连接一跨越管，热水一部分流入散热器，另一部分经跨越管直接流入下组散热器。该系统可以在散热器支管上设置调节阀门，进行散热器的流量调节。

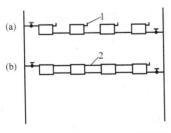

图 1-11　水平单管顺流式系统

1—放气阀；2—空气管

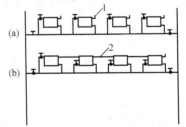

图 1-12　水平单管跨越式系统

1—放气阀；2—空气管

与垂直式系统相比，水平式系统主要有以下优点：

（1）系统结构简单，穿过各层楼板的立管少，施工安装方便；

（2）系统造价相对较低；

（3）可以充分利用最高层的楼梯间、厕所等辅助空间架设膨胀水箱，不必在顶棚上设专门安装膨胀水箱的房间，这样，不仅可以降低建筑造价，而且不影响整体外形美观。

因此，水平式系统在国内应用较为广泛。另外，该系统可以应用于一些各层有不同使用功能或不同温度要求的建筑物，便于分层管理调节。但是，由于该系统串联散热器数目较多，运行时容易产生水平失调现象。

（三）同程式和异程式系统

前面介绍的各种系统（混合式除外），在供、回水干管走向方向布置上都有通过各个立管的循环环路的总长度不相等的特点，这种布置形式称为异程式系统。

如图 1-13 所示，异程式系统供、回水干管的总长度较短，但是在机械循环系统中，由于作用半径较大，连接立管较多，所以，通过各个立管环路的压力损失难以平衡，容易造成水平方向冷热不均现象，即水平失调。

鉴于此，在大型供热系统中，为了减轻水平失调，使得各并联环路的压力损失趋于平衡，通常采用同程式系统。如图 1-14 所示，通过立管Ⅰ的循环环路与通过最远处立管Ⅳ的循环环路的总长度相等，因此压力损失易于平衡。在较大的建筑物中，通常采用同程式系统。但是，同程式系统增加了干管长度，金属消耗量与异程式系统相比较大。

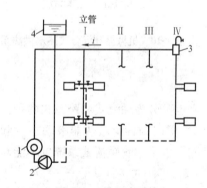

图 1-13　异程式系统

1—热水锅炉；2—循环水泵；3—集气罐；4—膨胀水箱

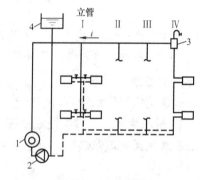

图 1-14　同程式系统

1—热水锅炉；2—循环水泵；3—集气罐；4—膨胀水箱

三、高层建筑供热系统

随着城市中高层建筑的出现，高层建筑供热系统的问题越来越受到广泛关注。高层建筑供热系统具有水的静压力较大且层数较多的特点，需要合理地确定管路系统，如果设计不当，垂直失调问题将变得尤为突出。

目前，我国高层建筑常见的供热系统主要有分层式、双线式及单、双管混合式三种系统。

（一）分层式供热系统

在高层建筑热水供热系统中，沿垂直方向将供热系统分成两个或者两个以上的独立系统的称为分层式供热系统。下层系统通常直接与室外网路连接，其高度主要取决于室外网路的压力工况和散热器的承压能力。上层系统与外网采用隔绝式连接，通过热交换器使得上层系统的压力与室外网路的压力隔绝。

高区与外网的连接主要有以下几种形式：

1. 设置热交换器的分层式系统

如图 1-15 所示，高区水与外网水通过热交换器进行热量交换，热交换器作为高区热源。另外，高区还设置水泵和膨胀水箱，使之成为一个与室外管网压力隔绝的独立的完整回路。该系统主要适用于外网水为高温水的供热系统。目前，高层建筑通常采用该方式。

2. 设置双水箱的分层式系统

如图 1-16 所示，设置双水箱分层式系统把外网水直接引入高区。当外网压力低于高层建筑的静水压力时，通过设置在供水管上的加压水泵的增压作用，将水送入高区上部的进水箱。高区的回水箱设置非满管流动的溢流管连接外网回水管，借助进水箱与回水箱之间的压差克服高区阻力，使水在高区内自然循环流动。

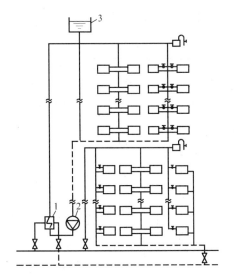

图 1-15　设置热交换器的分层式系统

1—热水换器；2—循环水泵；3—膨胀水箱

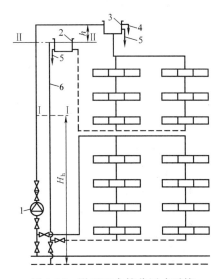

图 1-16　设置双水箱分层式系统

1—加压水泵；2—回水箱；3—进水箱；4—进水箱溢流管；5—信号箱；6—回水箱溢流管

设置双水箱分层式供热系统利用进水箱和回水箱，隔绝高区压力与外网压力，从而简化入口设备，降低系统成本以及运行管理费用。但是，由于水箱呈开式，容易造成空气的进入，进而加剧其对设备和管道的腐蚀。

3. 设置断流器和阻旋器的分层式系统

如图 1-17 所示，设置断流器和阻旋器的分层式系统的高区水直接与外网水连接。高区供水管上设置加压水泵，以保证高区系统所需压力，在水泵出口设置止回阀。止回阀的布置可以有效避免高区出现倒空现象。另外，在回水管路的最高点处安装断流器。在回水管路中间串联设置阻旋器，并且垂直安装，其高度与室外管网静压线一致，主要作用为使得其后的回水压力与低压区系统压力平衡。从断流器引出连通管与立管一同延伸至阻旋器，从断流器流出的高速水流到阻旋器处停止旋转，流速减小从而溢出大量空气，空气沿连通管上升，通过断流器上部的自动排气阀排出。高区水泵与外网循环水泵同时启闭，通过微机进行自动控制。

设置断流器和阻旋器的分层式系统主要应用于不能设置热交换器和双水箱的高层建筑低

温水供热情况。其特点为高、低区热媒温度相同，系统压力可以进行调节，运行平稳可靠，管理简单。

4. 设置阀前压力调节器的分层式系统

如图 1-18 所示，设阀前压力调节器的分层式系统高区水直接与外网水连接。加压水泵设置于高区供水管上，水泵出口处设置止回阀，阀前压力调节器设置于高区水管上。当系统正常运行时，阀前压力调节器的阀孔开启，高区水与外网水直接连接，高区正常供热。当系统停止运行时，阀前压力调节器的阀孔关闭，同止回阀一起把高区水与外网水隔断，防止高区水倒空。

该系统的特点为采用直接连接方式，高、低区水温相同，运行调节方便，可以满足高层建筑的低温水供热用户的供热要求。

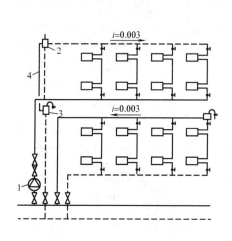

图 1-17　设置断流器和阻旋器的分层式系统
1—加压控制系统；2—断流器；3—阻旋器；4—连通管

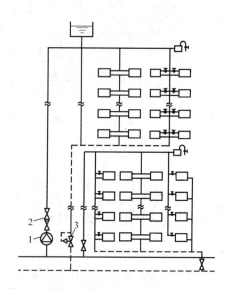

图 1-18　设置阀前压力调节器的分层式系统
1—加压水泵；2—止回阀；3—阀前压力调节器

（二）双线式供热系统

高层建筑的双线式供热系统主要分为垂直双线单管式供热系统和水平双线单管式供热系统。

双线式单管供热系统是由垂直或者水平的Ⅱ形单管连接构成。散热设备一般采用承压能力较高的蛇形管或敷设板。

垂直双线单管式供热系统，如图 1-19 所示，其散热器立管由上升立管和下降立管组成，因而各层散热器的热媒平均温度近似认为相等，这样有利于避免垂直失调。但是，由于各立管阻力较小，容易造成水平方向上的热力失调。因此，可以在每根回水管末端设置节流孔板增加立管压力，或者采用同程式系统，以便防止水平失调现象。

水平双线单管式供热系统，如图 1-20 所示，沿水平方向的各组散热器内的热媒温度近似相同，因此可以有效避免冷热不均现象。同样，可以在每层上设置调节阀，进行分层调节。另外，可以在每层水平支线上设置节流孔板，增加各水平环路的阻力损失，从而避免垂直失调现象。

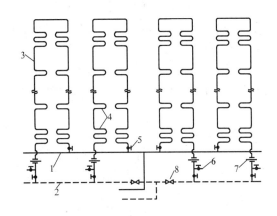
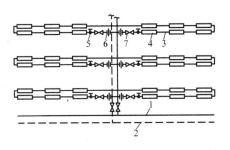

图 1-19　垂直双线单管式供热系统

1—供水干管；2—回水干管；3—双线立管；4—散热器或

加热盘管；5—截止阀；6—排气阀；7—节流孔板；8—调节阀

图 1-20　水平双线单管式供热系统

1—供水干管；2—回水干管；3—双线水平管；

4—散热器；5—截止阀；6—节流孔板；7—调节阀

（三）单、双管混合式供热系统

如图 1-21 所示，如果在高层建筑供热系统中，将散热器沿垂直方向分成若干组，每组有 2～3 层，每组内采用双管形式，组与组之间采用单管形式连接，这样便组成了单、双管混合式供热系统。系统垂直方向串联散热器的组数取决于底层散热器的承压能力。

此系统不仅可以有效避免由于楼层过多而引起的垂直失调现象，而且可以避免单管顺流式散热器支管管径过多的不足，同时可以进行散热器的局部调节。

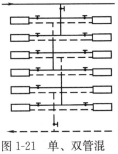

图 1-21　单、双管混合式供热系统

四、热水供热系统的辅助设备

（一）膨胀水箱

1. 膨胀水箱的作用

膨胀水箱的作用为容纳系统中水由于受热而增加的体积，补充系统中水的不足，排除系统中的空气，指示系统中的水位，控制系统中静水压力。当系统充水和运行时，管理人员通过信号管观察是否有水流出，便可检测系统水位是否达到要求。当膨胀水箱的水位满足要求时，可以使整个系统维持在一定要求的静水压力工况下，防止发生汽化以及倒空等现象。

2. 膨胀水箱的构造

膨胀水箱主要有圆形和方形两种形式，一般为开式。从补水方式上分为附设补水水箱的膨胀水箱和无补水水箱而设有浮球指示信号设备的膨胀水箱两种。箱壁通常由薄钢板焊接而成。膨胀水箱上接有膨胀管、循环管、信号箱（检查管）、溢流管和排水管，如图 1-22 所示。

（1）膨胀管。膨胀水箱通过膨胀管与系统连接，以容纳系统中膨胀的体积和补充系统中不足的水量。膨胀水箱设置在系统最高处，系统的膨胀水量通过膨胀管进入膨胀水箱。自然循环系统膨胀管连接在供水总管的上部，机械循环系统膨胀管连接在回水干管循环水泵入口之前。膨胀管上不允许安装阀门，以免突然切断导致系统内压增高，发生事故。

（2）循环管。为了防止膨胀水箱安装在不供热的房间时水箱内的水冻结，膨胀水箱通常

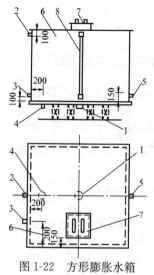

图 1-22　方形膨胀水箱

1—膨胀管；2—溢流管；3—循环管；4—排水管；5—信号箱；6—箱体；7—人孔；8—水位计

设置循环管。对于自然循环系统，循环管连接到供水干管上，与膨胀管应有一段距离，以便维持水的缓慢流动。对于机械循环系统，循环管连接到定压点之前的水平回水干管上，连接点与定压点间应当保证 1.5～3m 的间距，从而保证水能够缓慢地在循环管、膨胀管以及水箱之间流动。循环管上也不应安装阀门，防止水箱内的水冻结。

（3）溢流管。通常将溢流管引至锅炉房内的洗涤盆上，当膨胀水箱中的水过多时通过其溢流出来，排入下水系统。其主要作用是控制系统最高水位，也可以用来排除空气。溢流管上也不应安装阀门，防止阀门关闭时过多的水从人孔中溢出。

（4）信号管（检查管）。通常也将信号管引至锅炉房内的洗涤盆上。其末端安装阀门，以便管理人员随时检测系统充水情况。其主要作用为控制系统最低水位。

（5）排水管。一般和溢流管就近与排水设施相连，其上应设置阀门。其主要作用为清洗或检修时放空水箱中的水。

3. 膨胀水箱的容积计算及其选择

膨胀水箱从信号管到溢流管之间的容积，称为其有效容积。

有效容积的计算公式为

$$V = \alpha \Delta t_{\max} V_c Q \tag{1-9}$$

式中　α——水的体积膨胀系数，一般取 0.0006L/℃；

　　V_c——每供给 1kW 热量所需设备的水容量（参见表 1-1），L/kW；

　　Q——供热系统的设计热负荷，kW；

　　$\Delta t_{\max}$——系统内水温的最大波动值，℃。

表 1-1　　　　　**供热系统各种设备供给 1kW 热量的水容量 V_c**　　　　　L/kW

供暖系统设备和附件		V_c	供暖系统设备和附件		V_c
长翼型散热器（大 60）		16	板式散热器（带对流片）600×（400～1800）		2.4
长翼型散热器（小 60）		14.6			
四柱 813 型		8.4	板式散热器（不带对流片）600×（400～1800）		2.6
四柱 760 型		8.0			
四柱 640 型		10.2	扁管散热器（带对流片）（416～614）×1000		4.1
二柱 700 型		12.7			
M-132 型		10.6	扁管散热器（不带对流片）（416～614）×1000		4.4
圆翼型散热器（d50）		4.0			
钢制柱型散热器	600×120×45	12.0	空气加热器、暖风机		0.4
	640×120×35	8.2	室内机械循环管路		6.9
	620×135×40	12.4	室内自然循环管路		13.8
钢串片闭式对流散热器	150×80	1.15	室外管网机械循环		5.2
	240×100	1.13	有鼓风设备的火管锅炉		13.8
	300×80	1.25	无鼓风设备的火管锅炉		25.8

对于低温热水供热系统，系统给水水温最小值为 20℃，系统水温最大值为 95℃，其 $\Delta t_{max}=75℃$。

选择膨胀水箱的方法为，根据式（1-9）计算得出的膨胀水箱的有效容积，从表 1-2 中选定合适的膨胀水箱型号，确定其构造尺寸，然后根据图号查出标准图。

表 1-2   **国家标准图方形膨胀水箱**

型号	有效容积 (L)	长度 A (mm)	宽度 B (mm)	高度 H (mm)	图 号			
1	200	600	700	800		有补水箱		有浮球指示信号
2	300	800	750	800	N101-1/7，8，13		N101-1/2，3，13，14	
3	400	900	900	800				
4	500	1000	1000	800				
5	600	1100	1100	800				
6	800	1100	1100	1000				
7	1000	1250	1200	1000	N101-1/9，10，13		N101-1/2，4，13，14	
8	1200	1300	1300	1000				
9	1500	1500	1450	1000				
10	2000	1500	1450	1200				
11	2500	1800	1500	1200				
12	3000	2200	1500	1200	N101-1/11，12，13		N101-1/5，6，13，14	
13	3500	2400	1500	1200				
14	4000	2500	1800	1200				

4. 膨胀水箱的布置

为了顺利地排除系统中的空气，膨胀水箱的安装高度应当满足下列要求：

（1）开式膨胀水箱布置于系统最高处。

（2）对于上分式系统，当恒压点（膨胀管与系统的连接点）位于回水干管上时，膨胀水箱底至集气罐顶之间应当不小于 300mm；当恒压点位于集气罐前供水干管上时，垂直距离 h 值应当不小于恒压点至集气罐间管道的压力损失值加上 300mm。

（3）对于下分式系统或水平串联式系统，膨胀水箱底至顶层散热器之间的垂直距离 h 应当不小于 300mm。

（4）条件允许时应当尽量接近恒压点，靠近锅炉房，可以节省管材，便于管理。

（5）膨胀水箱的支架高度应当不小于 300mm，并且保证水箱水平。

（6）当膨胀水箱和补水箱布置于采暖房内时，可以取消循环管；安装在非采暖房时，应当安装循环管，并且采取保温措施。

（二）排气装置

供热系统必须能够及时快速地排除系统内空气，防止气蚀、气塞现象。只有双管下供下回式系统和倒流式系统可以通过膨胀水箱排除空气，其他系统必须在供水干管末端安装集气罐或通过手动、自动排气阀排气。

1. 集气罐

集气罐是一种常用的排气装置，一般用直径 $\phi 100 \sim \phi 250$ 的钢管焊接而成，分为立式和卧式两种，每种又分别有两种形式，如图 1-23 所示。集气罐顶部连接直径 $\phi 15$ 的排气管，排气管应当引至附近的排水设备，排气管另一端安装阀门，排气阀应当设置于便于操作的位置。

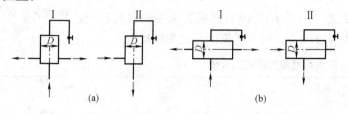

图 1-23 集气罐

（a）立式集气罐；（b）卧式集气罐

集气罐的工作原理为：集气罐的直径比其连接的管道直径大，热水由管道流进集气罐，流速迅速减小，水中气泡由于惯性自行浮升至水面之上，聚集在集气罐上部空间。当系统充水时，将集气罐放空气管上的阀门打开，进行排气。当系统运行时，定期打开放空气管上的阀门，定期排除。

集气罐通常布置于系统供水干管末端的最高处，供水干管应当沿集气罐方向设一定上升坡度，以便管中水流方向与空气气泡的浮升方向一致，有利于空气汇集到集气罐上部，集中排除。

对于集气罐规格尺寸的选择主要有以下要求：

（1）集气罐的直径应当不小于干管直径的 1.5～2 倍；

（2）集气罐的有效容积应当为膨胀水箱有效容积的 1% 左右；

（3）集气管中的流速不应大于 0.05m/s。

常见集气罐的规格尺寸见表 1-3。

表 1-3 常用集气罐规格尺寸

规 格	型 号				国标图号
	1	2	3	4	
D（mm）	100	150	200	250	
H（L）（mm）	300	300	320	430	T903
质量（kg）	4.39	6.95	13.76	29.29	

2. 自动排气阀

自动排气阀通常是依靠水对浮体的浮力，通过自动阻气和排水机构，使排气孔自动打开或关闭，达到排气的目的。

自动排气阀的种类很多，图 1-24 所示是一种自动排气阀。当阀内无空气时，阀体中的水将浮子浮起，通过杠杆机构使排气孔关闭，阻止水流通过。当系统内的空气经管道汇集到阀体上部空间时，空气将水面压下去，浮子随之下落，排气孔打开，自动排除系统内的空气。空气排除后，水又将浮子浮起，排气孔重新关闭。自动排气阀与系统连接处应设阀门，以便检修自动排气阀时使用。

3. 手动排气阀

手动排气阀适用于公称压力不大于 600kPa，工作温度不大于 100℃ 的水或蒸汽供热系统的散热器上。

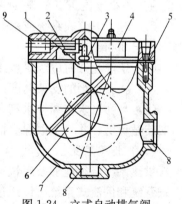

图 1-24 立式自动排气阀

1—杠杆机构；2，5—垫片；3—阀堵；
4—阀盖；6—浮子；7—阀体；
8—接管；9—排气孔

手动排气阀，如图 1-25 所示，通常应用于水平式和下供下回式系统中，旋紧在散热器上部专设的丝孔上，以手动方式排除空气。

（三）其他附属设备

1. 调压板

如果外网压力超过用户的允许压力，应当设置调压板进行建筑物入口压力的调节。对于蒸汽供热系统，调压板通常选用不锈钢材质；对于热水供热系统，通常选用铝合金或不锈钢材质。

调压板适用于压力小于 1MPa 的系统。调压板的孔口直径应当不小于 3mm，其厚度一般为 2～3mm，安装于两个法兰之间，如图 1-26 所示。调压板前可以设置除污器或过滤器，防止杂质堵塞孔口。

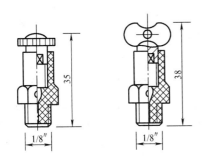

图 1-25　手动排气阀

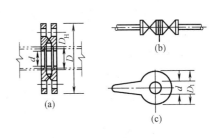

图 1-26　调压板
(a) 调压板装配图；(b) 调压板
安装图；(c) 调压板截面图

调压板孔径计算公式为

$$d = 20.1 \sqrt[4]{G^2 / \Delta p} \tag{1-10}$$

式中　G——热媒流量，m^3/h；

　　　Δp——调压板前后压差，kPa。

2. 除污器

除污器主要作用为截留、过滤管路中的杂质以及污物，保证系统内水质品质，减少流动阻力，防止管路堵塞，以及减少对设备的腐蚀。

除污器的形式分为立式直通、卧式直通和卧式角通三种。供热系统通常采用立式直通除污器，如图 1-27 所示。除污器是一种钢制筒体，水从管 2 中进入除污器内，由于筒体的减压降速作用使得水中携带的污物沉淀于筒底，沉淀后的水经过有许多过滤小孔的出水管 3 流出。

除污器通常布置于供热系统的入口调压装置之前、锅炉房循环水泵的吸入口之前和热交换设备入口之前，像自动排气阀等多孔设备阀前也应安装除污器。

除污器的型号可根据接管尺寸进行选择，安装时应当在其前后设置阀门，并且不允许反装。

3. 散热器温控阀

散热器温控阀是一种自动控制进入散热器热媒流量的设备，由阀体部分和感温元件控制部分组成，如图 1-28 所示。

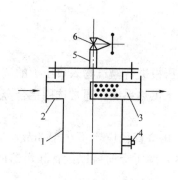

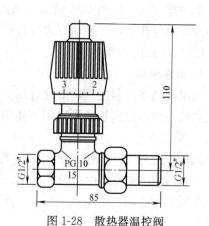

图 1-27   立式直通除污器

1—外壳；2—进水管；3—出水管；
4—排污管；5—放气管；6—截止阀

图 1-28   散热器温控阀

当室内温度高于给定的温度值时，感温元件受热，其顶杆压缩阀杆，将阀孔关小，进入散热器的水流量会减小，散热器的散热量也会减小，室温随之下降。当室温下降到设置的低限值时，感温元件开始收缩，阀杆靠弹簧的作用抬起，阀孔开大，水流量增大，散热器散热量也随之增加，室温开始升高。温控阀的控温范围在 $13\sim28℃$ 之间，控温误差为 $\pm1℃$。

散热器温控阀具有恒定室温、节约热能等优点。但是，其阻力较大，阀门全开时，局部阻力系数 ζ 可达 18.0 左右。

第二节   室内热水供热系统的水力计算

热水供热系统水力计算的目的是确定系统中各管段的管径、各个管段的压力损失以及供热管道的流量。通过详细计算和选择，使得系统各管段热媒流量符合设计要求，满足用户的热负荷需要，保证系统运行安全可靠，并且节约运行能耗。

一、热水供热系统水力计算的主要任务、基本原则和方法

（一）热水供热系统管路水力计算的主要任务

通常，热水供热系统管路水力计算的主要任务为：

（1）按照已知系统各管段的流量和系统的循环作用压力，确定各管段的管径，这是实际工程设计的主要任务。

（2）按照已知系统各管段的流量和各管段的管径，确定系统所需要的循环作用压力，通常用于校核计算，校核循环水泵扬程是否满足要求。

（3）按照已知系统各管段的管径和该管段的允许压降，确定通过该管段的水流量，校核各管段流量是否满足要求。

（二）热水供热系统水力计算的基本原则

热水供热系统水力计算必须遵循以下基本原则：

（1）管网干管管径应当不小于 50mm，通过各单体建筑物的管径通常应当不小于 32mm；

（2）在供热管网设计中，当某点出现静压值超出允许值时，应当分开，分别设置独立的供热系统。

（三）热水供热系统水力计算方法

热水供热系统水力计算方法主要有等温降法和不等温降法。

等温降法是采用相同的设计温降进行水力计算。该方法认为双管系统每组散热器的水温降相同，如低温双管热水供热系统，每组散热器的水温降均为25℃；单管系统每根立管的供回水温降相同，如低温单管热水供热系统，每根立管的水温降均为25℃。在此假设前提下计算各管段流量，从而确定各管段的管径。等温降法简单，计算方便，但是不易使各并联环路阻力达到平衡，实际运行中容易发生近热远冷的水平失调现象。

不等温降法在计算垂直单管系统时，各立管温降采用不同的数值。该方法在选定管径后，根据压力损失平衡的要求，计算各立管流量，然后根据流量计算立管实际温降，最后确定散热器的散热面积。对于异程式系统，该方法优点明显。异程式系统较远立管可以采用较大的温降，负荷一定时，进入该立管的流量相应减少，压力损失也减少；较近立管采用较小温降，负荷一定时，进入该立管的流量相应增加，压力损失也增加，从而各环路间的压力损失易于平衡，流量分配完全遵循压力平衡的要求，因此计算结果与实际情况吻合较好。

二、热力网路水力计算基础

根据热力学原理，当流体沿管道流动时，由于流体分子之间以及其与管壁之间的摩擦作用，要损失一定的能量，这部分能量称为沿程损失。当流体流经管道上的阀门、弯头、三通、补偿器等附件时，由于流动方向的改变产生漩涡和撞击，同样要消耗一部分能量，这部分能量称为局部损失。热水供热系统中管段的能量损失主要由这两部分组成。因此，热水供热系统总的能量损失为

$$\Delta p = \Delta p_y + \Delta p_j \tag{1-11}$$

式中　Δp——计算管段的总阻力损失，Pa；

　　　Δp_y——计算管段的沿程阻力损失，Pa；

　　　Δp_j——计算管段的局部阻力损失，Pa。

（一）沿程阻力损失

流体在管段内的沿程阻力损失与管段长度成正比。所以，管段的沿程阻力损失可用单位长度的沿程阻力损失和管段长度之积来表示，即

$$\Delta p_y = Rl \tag{1-12}$$

式中　R——计算管段单位长度的沿程阻力损失，Pa/m；

　　　l——计算管段的长度，m。

单位长度的沿程阻力损失 R，也就是比摩阻，根据流体力学中达西维斯巴赫公式计算，即

$$R = \frac{\lambda}{d} \frac{\rho v^2}{2} \tag{1-13}$$

式中　λ——热媒在管内流动的摩擦系数；

　　　d——管道内径，m；

　　　v——热媒在管道内的流速，m/s；

　　　ρ——管道内热媒的密度，kg/m³。

式（1-13）中，热媒在管内流动的摩擦系数 λ 的数值是用实验的方法确定的，它取决于热媒在管内的流动状态、管内热媒的物性和管壁内表面的情况。研究表明，按照流体的不同运动状态，λ 的数值主要取决于流体运动的工况和管子内表面的粗糙状况，可以用式（1-14）来表示，即

$$\lambda = f\left(\frac{K}{d}, Re\right) \tag{1-14}$$

$$Re = \frac{vd}{\nu} \tag{1-15}$$

式中　Re——雷诺数；

　　　　K——管壁绝对粗糙度，m；

　　　　ν——热媒运动黏滞系数，Pa·s。

雷诺数是判别流态的准则数，当 $Re \leqslant 2000$ 时，流体流动状态为层流；$Re > 2000$ 时，流体流动状态为紊流。

按照流体的不同运动状态，通过大量试验，可以得到关于 λ 的经验公式，在热水供热系统中推荐使用的一些公式如下：

（1）层流流动。当 $Re \leqslant 2000$ 时，流体在管内的流动处于层流状态。流动呈层流状态时，由于管道内表面的粗糙凸起淹没在层流边界层内，所以流体流动的摩擦系数值的大小便取决于雷诺数 Re 的值，而与管道内表面的情况没有关系。此时 λ 可按式（1-16）计算，即

$$\lambda = \frac{64}{Re} \tag{1-16}$$

在热水供热系统中很少出现层流流动状态，一般都是紊流流动状态，因此，研究流体在紊流状态下的流动摩擦系数就有更为重要的意义。

（2）紊流流动。当 $Re > 2000$ 时，流体流动呈紊流状态。在整个紊流区中，还可以分成三个区域，即水力光滑管区、过渡区和粗糙管区（阻力平方区），各区的计算公式如下：

1）水力光滑管区。水力光滑区的摩擦系数值可用布拉修斯公式计算，即

$$\lambda = \frac{0.3164}{Re^{0.25}} \tag{1-17}$$

当雷诺数 Re 在 4000～100000 范围内，布拉修斯公式能给出相当准确的数值，但 $Re > 100000$ 时，计算结果误差较大，此时可用尼古拉兹提出的公式来计算，即

$$\lambda = 0.0032 + \frac{0.221}{Re^{0.237}} \tag{1-18}$$

流体在光滑管内流动，在层流范围内，流动摩擦系数 λ 值随着雷诺 Re 的增长而急剧减小；在紊流范围内，其摩擦系数 λ 值虽然也随着雷诺数 Re 的增长而下降，但是梯度较层流流动小得多。

2）过渡区。流动状态从水力光滑管区过渡到粗糙区（阻力平方区）的区域称为过渡区。过渡区的摩擦系数值，可用洛巴耶夫公式来计算，即

$$\lambda = \frac{1.42}{\left(\lg Re \dfrac{d}{K}\right)^2} \tag{1-19}$$

过渡区的范围，可用式（1-20）和式（1-21）来确定，即

$$Re_1 = 11\frac{d}{K} \ \text{或} \ v_1 = 11\frac{\nu}{K} \tag{1-20}$$

$$Re_2 = 445\frac{d}{K} \ \text{或} \ v_2 = 445\frac{\nu}{K} \tag{1-21}$$

式中　v_1、Re_1——流动从水力光滑管区转到过渡区的临界速度和相应的雷诺数值；

　　　v_2、Re_2——流动从过渡区转到粗糙区的临界速度和相应的雷诺数值。

　　流体在管内流动时，由于各种管道内表面的粗糙程度不同，其流动阻力的规律具有不同的性质。管道的粗糙表面一般认为是由一系列的高度为 K 的微小凸起所构成的。管壁粗糙表面的凸起高度 K 称为管壁内表面的绝对粗糙度。管壁的绝对粗糙度 K 值与管道的制造技术、管道的腐蚀及结垢情况等因素有关。绝对粗糙度 K 与管道半径 r 的比值 K/r 称为相对粗糙度。但是，绝对粗糙度 K 和相对粗糙度 K/r 的值并不能完全反映管道内表面的特性，因为除了粗糙表面凸起高度外，凸起间距、凸起的形状以及这些凸起是否均匀等都对管壁表面特性有影响。

　　在过渡区范围内，流体在管内流动的摩擦系数 λ 值，既取决于雷诺数 Re，又受管壁内表面相对粗糙度 K/r 的影响。这是因为管壁内表面的粗糙凸起已经开始露在流体层流边界层外，影响流体流动的紊流程度的缘故。

　　3) 粗糙管区（阻力平方区）。在此区域内，摩擦系数值 λ 仅取决于管壁的相对粗糙度。粗糙管区（阻力平方区）的摩擦系数值 λ，可用尼古拉兹公式计算，即

$$\lambda = \frac{1}{\left(1.14 + 2\lg\dfrac{d}{K}\right)^2} \tag{1-22}$$

　　对于管径等于或大于 40mm 的管子，用希弗林松推荐的、更为简单的计算公式也可得出很接近的数值，即

$$\lambda = 0.11\left(\frac{K}{d}\right)^{0.25} \tag{1-23}$$

　　管壁的绝对粗糙度 K 值与管子的使用状况，如流体对管壁腐蚀和沉积水垢等状况，和管子的使用时间等因素有关。根据运行实践积累的资料，目前推荐采用下面的数值：

　　热水供热管道、室内热水供暖系统，$K = 0.2$mm；室外热水供暖系统，$K = 0.5$mm；高、低压蒸汽供热管道，$K = 0.2$mm；凝结水管道，$K = 0.5$mm。

　　供热管网中，蒸汽和热水管网中的热媒设计流速都比较高，通常蒸汽的流速大于30m/s，热水的流速大于1m/s，所以，供热管网内热媒的流动状态基本上都处于阻力平方区内。

　　根据上面一系列的公式，可以得到计算管段单位长度的沿程阻力损失为

$$R = \frac{\lambda}{d}\frac{\rho v^2}{2} = \frac{1}{d}\left[0.11\left(\frac{K}{d}\right)^{0.25}\right]\left[\frac{G \times 1000}{3600 \times \frac{\pi}{4}d^2\rho}\right]\left(\frac{\rho}{2}\right)$$

$$= 6.88 \times 10^{-3}K^{0.25}\frac{G^2}{\rho d^{0.25}} \tag{1-24}$$

　　供热管道直径为

$$d = 0.387\frac{K^{0.0476}G^{0.381}}{(\rho R)^{0.191}} \tag{1-25}$$

供热管道的流量为

$$G = 12.06 \frac{(\rho R)^{0.5} d^{2.625}}{K^{0.125}} \tag{1-26}$$

式中　R——计算管段的单位长度沿程阻力损失，Pa/m；

　　　G——计算管段的热媒流量，t/h；

　　　d——计算管段的管道内径，m；

　　　λ——热媒在管内流动的摩擦系数；

　　　ρ——管道内热媒的密度，kg/m³。

（二）局部阻力损失

供热管网中，存在着很多构件，如弯头、三通、阀门、散热器、除污器等，当流体流过管道上这些部件时，由于流动方向或速度的改变，产生局部撞击和漩涡，所造成的能量损失很大，从而形成了局部阻力损失。局部阻力损失可按式（1-27）计算，即

$$\Delta p_j = \Sigma \zeta \frac{\rho v^2}{2} \tag{1-27}$$

式中　$\Sigma \zeta$——管段中局部阻力系数之和。

在供热管网的水力计算中，为了便于计算，常常采用当量长度法进行计算。当量长度法的基本原理就是将管段的局部损失折合为管段的沿程损失来计算，其计算方法为

$$\Delta p_j = \Sigma \zeta \frac{\rho v^2}{2} = \frac{\lambda}{d} \frac{\rho v^2}{2} l_d \tag{1-28}$$

$$l_d = \Sigma \zeta \frac{d}{\lambda} \tag{1-29}$$

式中　l_d——计算管段局部阻力当量长度，m。

将式（1-23）代入式（1-29）可得

$$l_d = \Sigma \zeta \frac{d}{0.11 \left(\frac{K}{d}\right)^{0.25}} = 9.1 \frac{d^{1.25}}{K^{0.25}} \Sigma \zeta \tag{1-30}$$

（三）总阻力损失

流体在管道内流动时，总的阻力损失为沿程阻力损失与局部阻力损失之和，即

$$\Delta p = \Delta p_y + \Delta p_j \tag{1-31}$$

当采用当量长度法进行水力计算时，计算管段的总阻力损失为

$$\Delta p = R(l + l_d) = R l_{zh} \tag{1-32}$$

式中　l_{zh}——计算管段的折算长度，m。

三、等温降法

（1）根据已知温降，计算各管段流量。各管段流量为

$$G = \frac{3600Q}{4.187 \times 10^3 (t'_g - t'_h)} = \frac{0.86Q}{t'_g - t'_h} \tag{1-33}$$

式中　Q——各计算管段的热负荷，W；

　　　t'_g——系统设计供水温度，℃；

　　　t'_h——系统设计回水温度，℃。

（2）根据系统的循环作用压力，确定最不利环路的平均比摩阻 R_{pj}。最不利环路的平均比摩阻 R_{pj} 为

$$R_{pj} = \frac{\alpha \Delta p}{\Sigma L} \tag{1-34}$$

式中　Δp——最不利循环环路的循环作用压力，Pa；

　　　α——沿程阻力损失占总压力损失的估计百分数，可查表 1-4；

　　　ΣL——环路的总长度，m。

表 1-4   供热系统中沿程阻力损失与局部阻力损失的概略分配比例 α %

供热系统形式	沿程损失	局部损失	供热系统形式	沿程损失	局部损失
自然循环热水供热系统	50	50	高压蒸汽供热系统	80	20
机械循环热水供热系统	50	50	室内高压凝水管路系统	80	20
低压蒸汽供热系统	60	40			

如果系统循环作用压力暂时无法确定，平均比摩阻 R_{pj} 就无法计算。此时可以选取一个比较经济的平均比摩阻来确定管径，机械循环热水供热系统推荐选用的经济平均比摩阻通常为 $60\sim120\text{Pa/m}$。

（3）根据 R_{pj} 以及各管段流量，查附表 2 选取最接近的管径，确定该管段下管的实际比摩阻 R_{sh} 和实际流速 v_{sh}。

（4）确定各管段的压力损失，从而确定系统总的压力损失。

应用等温降法进行水力计算时应注意以下问题：

（1）如果系统循环作用压力未知，则可在总压力损失的基础上附加 10% 进行确定。

（2）各并联循环环路应尽可能达到阻力平衡，保证各环路分配的流量符合设计要求。

（3）注意散热器的进流系数的确定。

流入散热器的流量 G 与立管流量 G_1 之比，成为该组散热器的进流系数 α，即

$$\alpha = \frac{G}{G_1}$$

散热器进流系数 α 的影响因素有：①并联环路在节点压力平衡状况下的流量分配规律，取决于两侧散热器支管管径、长度以及局部阻力系数；②由于并联散热器的热负荷不同，导致散热器内热媒平均温度也不同，从而引起自然循环附加压力。

对于机械循环热水供热系统，由于散热器并联环路的压力损失较大，比摩阻 R 值较大，因此，可以忽略自然循环附加压力的影响，近似认为两侧散热器内热媒温降相同。根据节点压力平衡规律，认为顺流式立管两侧散热器压力损失相同，进而确定散热器的进流系数 α。

如图 1-29 所示，对于顺流式系统，由节点压力平衡规律可知

$$(R_1 l_1 + p_{j1})_{\text{I}} = (R_2 l_2 + p_{j2})_{\text{II}}$$

对于局部损失应用长度当量法折算，则

$$R_1 (l_1 + l_{d1})_{\text{I}} = R_2 (l_2 + l_{d2})_{\text{II}}$$

又因为比摩阻为

$$R = 6.25 \times 10^{-8} \frac{\lambda}{d} \frac{G^2}{d^5}$$

假定散热器两侧支管管径相等，并且认为流动时沿程阻力系数 λ 近似相等，则比摩阻 R 与 G^2 成正比关系。上式可以写为

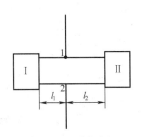

图 1-29　顺流式
系统散热器节点

$$\frac{(l_1 + l_{d1})_{\text{I}}}{(l_2 + l_{d2})_{\text{II}}} = \frac{G_{\text{II}}^2}{G_{\text{I}}^2} = \frac{(G_{\text{l}} - G_{\text{I}})^2}{G_{\text{I}}^2} \qquad (1-35)$$

因此，散热器Ⅰ的进流系数为

$$\alpha_1 = \frac{G_{\text{I}}}{G_{\text{l}}} = \frac{1}{1 + \sqrt{\dfrac{(l_1 + l_{d1})_{\text{I}}}{(l_2 + l_{d2})_{\text{II}}}}} \qquad (1-36)$$

式中　l_1、l_2——散热器Ⅰ、Ⅱ的支管长度，m；

　　　l_{d1}、l_{d2}——散热器Ⅰ、Ⅱ的局部阻力当量长度，m；

　　　G_{I}、G_{II}——流入散热器Ⅰ、Ⅱ的流量，kg/h；

　　　G_{l}——立管流量，kg/h。

对于垂直顺流式热水供热系统，当散热器单侧连接时，进流系数 α 为 1.0。当散热器两侧连接时，如果两侧散热器支管管径、长度以及局部阻力系数均相等，进流系数 α 为 0.5；如果散热器支管管径、长度和局部阻力系数不相等，则流入散热器Ⅰ的流量为

$$G_{\text{I}} = \alpha_{\text{I}} G_{\text{l}} \qquad (1-37)$$

流入散热器Ⅱ的流量为

$$G_{\text{II}} = (1 - \alpha_{\text{I}}) G_{\text{l}} \qquad (1-38)$$

通过实验结果和计算分析可知，当 $1 < \dfrac{(l_1 + l_{d1})_{\text{I}}}{(l_2 + l_{d2})_{\text{II}}} < 1.4$，散热器Ⅰ的进流系数 $0.46 <$ $\alpha_{\text{I}} < 0.5$，进流系数可近似取为 0.5，否则，进流系数应利用式（1-36）进行计算。为了简化计算，单管顺流式系统在不同组合条件下的进流系数可查图 1-30 确定。对于跨越式热水供热系统，由于一部分热媒直接经跨越管流入下层散热器，因此散热器的进流系数不仅取决于散热器支管、立管参数，而且取决于跨越管管径组合情况以及立管中的流量、流速参数，可以通过实验的方法确定。为了简化，跨越式系统散热器进流系数也可以查图 1-31 确定。

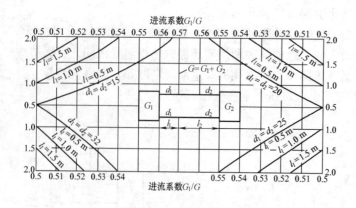

图 1-30　单管顺流式系统散热器进流系数 α

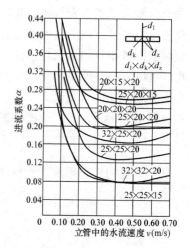

图 1-31　跨越式系统散热器进流系数 α

（5）流速的要求。根据比摩阻确定管径时，必须注意管内流速不能超过规定的最大允许流速，流速过大不仅对系统安全运行不利，而且会产生过大噪声。GB 50019—2003《采暖

通风与空气调节设计规范》规定的最大允许流速为：

民用建筑 $\leqslant 1.5\text{m/s}$；

生产厂房的辅助建筑 $\leqslant 2\text{m/s}$；

生产厂房 $\leqslant 3\text{m/s}$。

四、自然循环热水供热系统的水力计算

自然循环热水供热系统水力计算从最不利环路计算入手，详细计算步骤如下：

（一）最不利循环环路的计算

1. 确定最不利环路

最不利环路是各并联环路中允许平均比摩阻最小的一个环路。对于该单管顺流异程式系统而言，由于所有立管中对应各层散热器的中心至锅炉中心的垂直距离相等，所以最不利环路即为环路总长度最长的环路。

2. 确定综合作用压力 Δp_{zh}

自然循环双管系统通过散热器环路的循环作用压力为

$$\Delta p_{\text{zh}} = \Delta p + \Delta p_{\text{f}} = gh(\rho_{\text{g}} - \rho_{\text{h}}) + \Delta p_{\text{f}} \tag{1-39}$$

式中 g——重力加速度，$g = 9.81\text{m/s}^2$；

h——所计算散热器中心与锅炉中心的垂直距离，m；

ρ_{g}——供水密度，kg/m^3；

ρ_{h}——回水密度，kg/m^3；

Δp_{f}——水在循环环路中由于冷却产生的附加作用压力（查附表1），Pa。

确定该管段的密度，首先应当求出热媒温度，其计算公式为

$$t_i = t_{\text{g}} - \frac{\sum Q_{i-1}(t_{\text{g}} - t_{\text{h}})}{\sum Q} \tag{1-40}$$

式中 t_i——计算管段水温，℃；

$\sum Q_{i-1}$——沿流动方向该管段之前各层散热器的热负荷之和，W；

$\sum Q$——立管上所有散热器热负荷之和，W；

t_{g}——供水温度，℃；

t_{h}——回水温度，℃。

根据该管段热媒温度，查附表3即可确定管段内热媒密度。另外，根据建筑物情况，查附表1确定附加压力 Δp_{f}。然后，即可确定该环路的综合作用压力。

3. 确定平均比摩阻 R_{pj}

根据式（1-34）计算最不利环路的平均比摩阻 R_{pj} 为

$$R_{\text{pj}} = \frac{\alpha \Delta p}{\sum L}$$

沿程阻力损失占总压力损失的估计百分数 α 可查表1-4确定，代入上式即可确定该环路的平均比摩阻 R_{pj}。

4. 确定管段流量 G

根据式（1-33）计算各管段流量

$$G = \frac{0.86Q}{t'_{\text{g}} - t'_{\text{h}}}$$

根据管段热负荷以及系统设计的供、回温度，即可求得该环路中各管段的流量。

5. 确定管径

根据前面确定的流量 G 和平均比摩阻 R_{pj} 查附表 2 确定最接近 R_{pj} 的管径。选择管径时应注意在满足流量要求的前提下，使得实际比摩阻接近或略低于平均比摩阻。实际计算中，某些管段选定管径后实际比摩阻比平均比摩阻小，管径选取得较大一些；某些管段选定管径后实际比摩阻比平均比摩阻大，管径选取得较小一些，这样选取主要为了平衡阻力的需要。

6. 确定各管段的沿程阻力损失

各管段的沿程阻力为

$$\Delta p_y = Rl$$

根据前面确定的平均比摩阻以及已知的管段长度，代入上式即可确定该环路中各管段的沿程阻力损失。

7. 确定各管段的局部阻力损失

(1) 列出各管段的局部阻力构件，查附表 4 确定各管段的局部阻力系数。统计局部阻力时，应当将三通和四通管件的局部阻力系数列于流量较小的管段上。

(2) 根据各管段流速 v，查附表 5 确定其动压头 $\frac{\rho v^2}{2}$。

(3) 计算局部阻力损失。由式（1-27）可知，局部阻力损失为

$$\Delta p_j = \Sigma \zeta \frac{\rho v^2}{2}$$

根据（1）中查表确定的局部阻力系数以及各管段的动力压头，代入上式即可求得各管段的局部阻力损失。

8. 确定最不利环路总压力损失 Δp

各管段总压力损失为

$$\Delta p_i = \Delta p_y + \Delta p_j$$

因此，最不利环路的总压力损失为

$$\Delta p = \sum_{i=1}^{n} (\Delta p_i)$$

9. 计算富裕压力值

考虑由于施工误差、管道结垢以及一些在设计计算中未计入的压力损失，要求系统作用压力留有 $5\% \sim 10\%$ 的安全富裕量。富裕压力为

$$\Delta = \frac{\Delta p_{zh} - \sum_{i=1}^{n} (\Delta p_i)}{\Delta p_{zh}} \times 100\% \tag{1-41}$$

(二) 立管各管段的水力计算

首先计算立管各管段的资用压力，所谓资用压力就是在设计工况下，为达到系统设计流量，系统需要的供、回水压力差。该压差与组成立管环路的管段数及其阻力损失有关，其计算式为

$$\Delta p_{zy} = \Sigma (\Delta p_y + \Delta p_j)$$

该管段的平均比摩阻

$$R_{pj} = \frac{\alpha \Delta p}{\Sigma L}$$

然后，根据流量 G 查附表 2 确定管径 d、实际比摩阻 R_{sh} 以及实际流速 v_{sh}，计算沿程阻力和局部阻力。

计算该管段的不平衡系数

$$x = \frac{\Delta p - \Sigma\,(\Delta p_y + \Delta p_j)}{\Delta p} \tag{1-42}$$

不平衡系数相对差额允许范围为 $\pm 15\%$。

五、机械循环热水供热系统的水力计算

机械循环热水供热系统由水泵提供循环动力，系统的作用半径较大，供热系统的总压力损失也较大，一般约为 $10\sim20\text{kPa}$，较大型系统总压力损失可达 $20\sim50\text{kPa}$。

（一）机械循环异程式热水供热系统的水力计算

1. 最不利环路的计算

（1）确定最不利环路。与自然循环热水供热系统相同，选择各环路中长度最长的环路作为最不利环路进行计算。

（2）确定各管段流量 G。根据式（1-33），计算各管段流量

$$G = \frac{0.86Q}{t'_g - t'_h}$$

（3）确定各管段管径。根据（2）中确定的流量 G 以及推荐的经济比摩阻 $60\sim120\text{Pa/m}$ 查附表 2 确定各管段管径 d、实际比摩阻 R_{sh} 和实际流速 v_{sh}。确定管径时应注意，为了便于供水干管末端的集气罐排气，并且不影响末端立管流量，供、回水干管起端管径不应小于 $\phi20$。

（4）确定各管段的阻力损失。各管段的沿程阻力为

$$\Delta p_y = Rl$$

列出各管段的局部阻力构件，查附表 4 确定各管段的局部阻力系数 $\Sigma\zeta$；根据各管段流速 v，查附表 5 确定其动压头 $\frac{\rho v^2}{2}$；各管段局部阻力损失为

$$\Delta p_j = \Sigma\zeta\frac{\rho v^2}{2}$$

（5）确定最不利环路总压力损失 Δp。各管段总压力损失为

$$\Delta p_i = \Delta p_y + \Delta p_j$$

因此，最不利环路的总压力损失为

$$\Delta p = \sum_{i=1}^{n}\,(\Delta p_y + \Delta p_j)_{最不利环路}$$

（6）确定系统所需的循环作用压力。根据 GB 50019 的要求，供热系统的计算压力损失应采用 10% 的附加值。因此，该系统循环作用压力为

$$\Delta p' = 1.1\sum_{i=1}^{n}\,(\Delta p_y + \Delta p_j)_{最不利环路}$$

2. 立管各管段的水力计算

对于机械循环单管顺流式系统，应考虑各立管环路之间由于水在散热器内的冷却作用所产生的自然循环作用压力差。设计中，由于各立管散热器层数相同，热负荷分配比例基本相等，因此自然循环作用压力差可忽略不计。

计算该管段的资用压力

$$\Delta p_{zy} = \Sigma(\Delta p_y + \Delta p_j)$$

该管段的平均比摩阻

$$R_{pj} = \frac{\alpha \Delta p}{\Sigma L}$$

然后根据流量 G，查附表 2 确定管径 d、实际比摩阻 R_{sh} 以及实际流速 v_{sh}，计算沿程阻力和局部阻力。

计算该管段的不平衡系数

$$x = \frac{\Delta p - \Sigma(\Delta p_y + \Delta p_j)}{\Delta p}$$

不平衡系数相对差额允许范围为 ±15%。

其他各立管环路计算方法如上所述。对于异程式系统还可以采用不等温降法进行水力计算。

（二）机械循环同程式热水供热系统的水力计算

1. 最远立管环路的计算

最远立管环路采用推荐的经济比摩阻 60~120Pa/m，查附表 2 确定管径。

最远立管环路的总压力损失为

$$\Delta p = \sum_{i=1}^{n}(\Delta p_y + \Delta p_i)$$

2. 最近立管环路的计算

最近立管环路采用推荐的经济比摩阻 60~120Pa/m，查附表 2 确定管径。

最近立管环路的总压力损失为

$$\Delta p = \sum_{i=1}^{n}(\Delta p_y + \Delta p_i)$$

3. 计算最远立管和最近立管环路的压力损失不平衡系数

应用式（1-42）计算最远立管和最近立管环路的压力损失不平衡系数，要求不平衡系数控制在 ±5% 以内。

4. 其他立管环路的计算

单管同程式热水供热系统各立管之间的不平衡系数应在 ±10% 以内。通过最远立管环路的计算可以确定供水干管各管段的压力损失。通过最近立管环路的计算可以确定回水干管各管段的压力损失。

依据并联节点压力平衡原则，确定各立管的资用压力为

$$\Delta p_{zy} = \Sigma(\Delta p_y + \Delta p_i)$$

确定各立管环路的不平衡

$$x = \frac{\Delta p - \Sigma(\Delta p_y + \Delta p_j)}{\Delta p}$$

各管段不平衡系数应满足要求。

进行机械循环热水供热系统水力计算时应注意以下问题：

（1）如果系统入口处作用压力较高，必然要求环路的总压力损失也较高，这会使系统的比摩阻、流速相应提高。对于异程式系统，如果最不利环路各管段比摩阻定得过大，其他并联环路的阻力损失将难以平衡。而且设计中还需考虑管路和散热器的承压能力问题。

（2）如果室内系统入口处循环作用压力已经确定，可根据入口处的作用压力求出各循环环路的平均比摩阻 R_{pj}，进而确定各管段管径。

对于入口处作用压力过大的系统，可先采用经济比摩阻 $R_{pj}＝60～120Pa/m$ 确定各管段管径，然后再确定系统所需的循环作用压力，过剩的入口压力可用调节阀或调压孔板消除。

（3）在机械循环热水供热系统中，供回水密度差作用下产生的自然循环作用压力依然存在，自然循环综合作用压力应等于水在散热器内冷却产生的作用压力和水在管路中冷却产生的附加压力之和。进行机械循环系统的水力计算时，水在管路中冷却产生的附加压力较小，可以忽略不计，只需考虑水在散热器内冷却产生的作用压力。

六、不等温降水力计算方法

不等温降水力就是在单管系统中各立管的温降各不相同的前提下，以并联环路节点压力平衡基本原理为原则进行水力计算。该方法对于各立管间的流量分配，完全遵循并联环路节点压力平衡水力学规律，能使设计工况与实际工况基本一致。

（一）热水管路的阻力系数

无论是室外热水网路或室内热水供热系统，热水管路都是由许多串联和并联管段组成的。热水管路系统中各管段的压力损失和流量分配，取决于各管段的连接方法（串联或并联连接）以及各管段的阻力系数。

管段的阻力系数表示管段通过单位流量时的压力损失值。阻力系数的概念，同样也可用在由许多管段组成的热水管路上，称为热水管路的总阻力系数。

对于由串联管段组成的热水管路，如图 1-32 所示，串联管段的总压降为

$$\Delta p = \Delta p_1 + \Delta p_2 + \Delta p_3 \tag{1-43}$$

式中　Δp_1、Δp_2、Δp_3——各串联管段的压力损失，Pa。

又因为

$$\Delta p = SG^2 \tag{1-44}$$

所以

$$S_{ch}G^2 = S_1G^2 + S_2G^2 + S_3G^2$$

因此可得

$$S_{ch} = S_1 + S_2 + S_3 \tag{1-45}$$

式中　　　S_{ch}——串联管段管道的总阻力系数，$Pa/(kg/h)^2$；

S_1、S_2、S_3——各串联管段的阻力系数，$Pa/(kg/h)^2$；

G——热水管路的流量，kg/h。

式（1-45）表明：在串联管路中，管路的总阻力系数为各串联管段阻力系数之和。

对于并联管路，如图 1-33 所示，管路的总流量为各并联管段流量之和，即

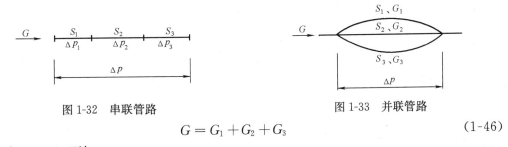

图 1-32　串联管路　　　　　　　图 1-33　并联管路

$$G = G_1 + G_2 + G_3 \tag{1-46}$$

由式（1-44）可知

$$G = \sqrt{\frac{\Delta p}{S_b}} \;; G_1 = \sqrt{\frac{\Delta p}{S_1}} \;; G_2 = \sqrt{\frac{\Delta p}{S_2}} \;; G_3 = \sqrt{\frac{\Delta p}{S_3}}$$

将上式代入式（1-46）可得

$$\sqrt{\frac{1}{S_b}} = \sqrt{\frac{1}{S_1}} + \sqrt{\frac{1}{S_2}} + \sqrt{\frac{1}{S_3}} \tag{1-47}$$

令 $\alpha = 1/\sqrt{S} = G/\Delta p$，则

$$\alpha_b = \alpha_1 + \alpha_2 + \alpha_3 \tag{1-48}$$

式中　　α_b——并联管段管道的总通导数，$kg/(h \cdot Pa^{0.5})$；

α_1、α_2、α_3——各串联管段的通导数，$kg/(h \cdot Pa^{0.5})$；

S_b——并联管路的总阻力系数，$Pa/(kg \cdot h)^2$。

又因为　$\Delta p = S_1 G_1^2 + S_2 G_2^2 + S_3 G_3^2$

则

$$G_1 : G_2 : G_3 = \frac{1}{\sqrt{S_1}} : \frac{1}{\sqrt{S_2}} : \frac{1}{\sqrt{S_3}} = \alpha_1 : \alpha_2 : \alpha_3 \tag{1-49}$$

由式（1-49）可知：在并联管路中，各分支管段的流量分配与其通导数成正比。另外，各分支管段的阻力情况（即阻力系数 S）不变时，管路的总流量在各分支管段上的流量分配比例不变。换言之，管路的总流量增加或减少多少倍，并联环路中各分支管段也相应地增加或减少多少倍。

（二）不等温降水力计算方法和步骤

进行室内热水供热系统不等温降的水力计算时，通常从循环环路的最远立管开始。

（1）首先任意给定最远立管的温降。一般按设计温降增加 2～5℃，由此求出最远立管的计算流量 G。根据该立管的流量，选用 R（或 v）值，确定最远立管管径和环路末端供、回水干管的管径及相应的压力损失值。

（2）确定环路最末端的第二根立管的管径。该立管与上述计算管段为并联管路。根据已知节点的压力损失 Δp，给定该立管管径，从而确定通过环路最末端的第二根立管的计算流量及其计算温度降。

（3）按照上述方法，由远至近，依次确定出该环路上供、回水干管各管段的管径及其相应的压力损失以及各立管的管径、计算流量和计算温度降。

（4）系统中有多个分支循环环路时，按上述方法计算各个分支循环环路。计算得出的各循环环路在节点压力平衡状况下的流量总和，一般都不会等于设计要求的总流量，最后需要根据并联环路流量分配和压降变化的规律，对初步计算出的各循环环路的流量、温降和压降进行调整，整个水力计算才告结束。最后确定各立管散热器所需的面积。

第三节　蒸汽供热系统

以水蒸气作为热媒的供热系统称为蒸汽供热系统。蒸汽在供热系统的散热设备中靠凝结放出热量。蒸汽的汽化潜热比起单位质量热水在散热设备中温降放出的热量要大得多，因此，对同样的热负荷，蒸汽供热时所需要的蒸汽流量比热水供热时所需热水流量要少得多。

蒸汽供热系统的供热对象比较广泛，除能够满足采暖、通风空调和热水供应以外，更多

的是能适应各类生产工艺用热的需要。一般工业企业生产工艺用热通常所占比例很大，而且工艺设备对热媒参数（如压力和温度等）的要求差别也很大，蒸汽不仅能满足各种加热设备的用热要求，同时也能满足各种生产动力设备用汽需要，因此，它在工业企业中的应用非常广泛。

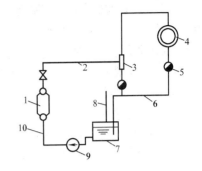

图 1-34　蒸汽供热原理图
1—热源；2—蒸汽管路；3—分水器；4—散热设备；5—疏水器；6—凝结水管路；7—凝结水箱；8—空气管；9—凝结水泵；10—换水管

一、蒸汽供热系统的特点及分类

蒸汽供热系统原理图如图 1-34 所示，蒸汽从热源 1 经蒸汽管路 2 进入散热设备 4，蒸汽凝结放热后，凝结水通过疏水器 5 再返回热源重新加热。

与热水供热系统相比，蒸汽供热系统有以下特点：

（1）热水供热系统中，作为热媒的热水依靠温度降低放出热量，热水不发生相变。蒸汽供热系统中，作为热媒的蒸汽，主要依靠蒸汽凝结释放热量，发生了相变。

蒸汽供热系统中，通常认为进入散热设备的蒸汽为饱和蒸汽，虽然有时蒸汽进入散热设备时略有过热，但是过热度不高，一般忽略其过热量。另外，流出散热设备的凝水温度一般稍低于凝水压力下的饱和温度，由于这部分冷却度通常较小，也忽略不计。因此，在散热器内蒸汽凝结放出的为汽化潜热 γ。

散热设备热负荷为 Q 时，散热设备所需的蒸汽量为

$$G = \frac{AQ}{\gamma} = 3.6\frac{Q}{\gamma} \qquad (1\text{-}50)$$

式中　Q——散热设备热负荷，W；

　　　G——所需蒸汽量，kg/h；

　　　γ——凝结压力下蒸汽的汽化潜热，kJ/kg；

　　　A——单位换算系数，1W＝3.6kJ/h。

（2）在蒸汽供热使用压力范围内，蒸汽供热系统散热设备中的热媒平均温度比热水供热系统高得多。由于蒸汽的汽化潜热 γ 比单位水在散热设备中靠温降放出的显热大得多，同时饱和蒸汽在凝结过程中温度不变，因此散热设备中的热媒平均温度即为蒸汽的饱和温度。

（3）对于相同的热负荷，蒸汽供热时所需的蒸汽质量流量比热水的质量流量少得多，因此散热面积与热水供热时相比也少很多。

（4）蒸汽供热系统中的蒸汽比体积比热水比体积大得多，因此，蒸汽管道中一般可采用比热水流速更大的流速，这样可以明显减轻前后加热滞后现象。另外，蒸汽的热惰性小，供汽时热得快，冷却也快，所以，蒸汽供热系统更适用于如影剧院等需要间歇供热的用户。

（5）由于蒸汽具有比体积大、密度小的特点，所以在高层建筑供热时，不会像热水供热那样，产生很大的静水压力。

（6）热水在封闭系统中循环流动，状态参数（如流量、比体积）变化较小，而蒸汽和凝结水在系统管路内流动时，状态参数变化较大，有时还伴随相态变化。例如，散热设备流出的饱和凝结水，通过疏水器和在凝结水管路中压力的下降，使沸点改变，凝水部分重新汽化，形成"二次蒸汽"，以两相流的状态在管路内流动。

（7）蒸汽散热设备表面温度很高，不仅易于发生人员烫伤，而且使得表面上的有机灰尘升华产生异味，卫生条件不佳。同时，蒸汽供热系统容易出现跑、冒、滴、漏现象，影响系统的使用效果和经济性。

鉴于以上特点，以蒸汽作为热媒的供热系统目前仅应用于一些工业用户或采暖期较短的用户以及具有工业用汽条件的厂区内。

蒸汽供热系统依照供汽压力大小可分为低压蒸汽供热系统（供汽压力不高于70kPa）、高压蒸汽供热系统（供汽压力高于70kPa）和真空蒸汽供热系统（供汽压力小于大气压力）。

按照凝结水流动动力不同又可分为重力回水系统、余压回水系统和加压回水系统。

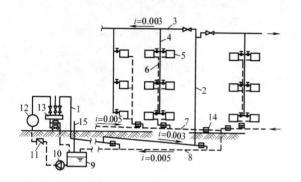

图1-35 双管上供下回式低压蒸汽供热系统

1—室外蒸汽管；2—室内蒸汽主管；3—蒸汽干管；4—蒸汽立管；5—散热器；6—凝结水立管；7—凝结水干管；8—室外凝结水管；9—凝结水箱；10—凝结水泵；11—止回阀；12—锅炉；13—分汽缸；14—疏水器；15—空气管

二、室内低压蒸汽供热系统

（一）低压蒸汽供热系统的形式及特点

1. 双管上供下回式蒸汽供热系统

双管上供下回式系统如图1-35所示，是低压蒸汽供热系统经常采用的方式。从热源厂产生的低压蒸汽经过分汽缸分配给管路系统。蒸汽在其压力作用下，克服流动阻力经室外蒸汽管，室内蒸汽主管、蒸汽干管、立管和散热器支管进入散热器中。在散热器内，蒸汽释放汽化潜热变成凝结水。然后凝结水从散热器流出，经过凝结水支管、立管、干管进入室外凝结水管网，流入凝水箱，再经过凝水泵返回锅炉，重新被加热成蒸汽，再送入供热系统。

2. 单管上供下回式蒸汽供热系统

单管上供下回式蒸汽供热系统，如图1-36所示，采用单根立管，不仅可以节省管材，而且由于蒸汽与凝结水流动方向相同，可以避免发生水击现象。

由于底层散热器易于被凝结水充满，散热器内的空气比内部的低压蒸汽密度大，无法通过凝水干管排除。因此，通常在每组散热器的1/3高度处安装自动排气阀，其作用一方面在运行时及时排除散热器内的空气；另一方面，在系统停止运行散热器内形成负压时，可以通过自动排气阀迅速向散热器内补充空气，从而防止在散热器内形成真空，破坏其接口的气密性，同时将凝水排除彻底，避免下次启动时发生水击现象。

3. 双管下供上回式低压蒸汽供热系统

双管下供上回式低压蒸汽供热系统，如图1-37所示，系统的室内蒸汽干管与凝结水干管一并敷设于地下室或特设的地沟内。在室内蒸汽干管的末端安装疏水器以便排除管内凝结水。由于在系统供汽立管内，蒸汽与凝结水流动方向相反，运行时容易产生噪声，特别在系统启动阶段，如果凝结水较多时容易发生水击现象。

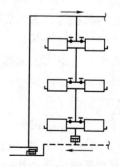

图1-36 单管上供下回式蒸汽供热系统

4. 双管中供式低压蒸汽供热系统

双管中供式低压蒸汽供热系统,如图 1-38 所示。该系统不必像下供式系统在蒸汽干管末端设置疏水器,因此总立管长度较上供式系统小,蒸汽干管经过的散热器可以得到充分利用。该系统主要应用于多层建筑顶层或顶棚不便设置蒸汽干管的情况。

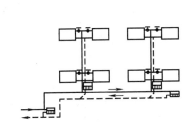

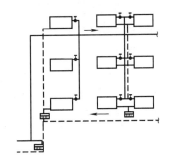

图 1-37 双管下供上回式低压蒸汽供热系统　　　图 1-38 双管中供式低压蒸汽供热系统

(二) 低压蒸汽供热系统的凝结水回收方式

蒸汽供热系统的凝结水作为锅炉的高品质补给水,应当尽可能地回收再利用。凝结水的回收不仅可以减少水处理设备,而且可以降低系统造价以及运行管理费用。凝结水回收时应当充分考虑二次蒸汽的利用,减少热损失,防止水击现象。

低压蒸汽供热系统凝结水回收方式主要有重力回水和机械回水两种形式。

1. 重力回水式系统

重力回水式系统主要依靠凝结水自然重力作用流回锅炉。图 1-39 所示为重力回水式系统,锅炉产生的蒸汽在压力作用下,克服流动阻力进入散热器,并将散热器内的空气压入水平干式凝水管,通过其末端的空气管 B 排出系统。空气管的作用不仅可以在正常运行时排除系统内的空气,而且可以在停止供汽时及时补充空气,避免散热器内由于蒸汽凝结形成真空,防止水的倒吸。

散热器内由于蒸汽凝结形成的凝结水,在重力的作用下克服管路流动阻力以及锅炉压力流回锅炉,重新加热利用。该系统中,总凝结水立管与锅炉直接连接,系统停止运行时总立管和锅炉的水位在 I-I 水平上。系统运行时,在蒸汽压力的作用下,

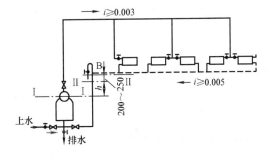

图 1-39 重力回水式低压蒸汽供热系统

总凝结水立管的水位升至 II-II 上,升高了 h。水平干式凝水管设置在 II-II 水平面上,要求留有 $200\sim250$mm 的富裕值,以便空气能够顺利经过空气管排出,从而保证水平干式凝水管和散热器不被凝结水淹没,确保系统正常运行。

重力回水式低压蒸汽供热系统的特点是结构简单,不必设置凝结水泵和凝结水箱,消耗电能少,系统初投资小,运行管理费用低。该系统通常应用于小型系统,锅炉蒸汽压力要求不高,且建筑物的地下室可以利用的情况。

2. 机械回水式系统

当系统作用半径较大，供汽压力较高（供汽压力超过 20kPa）时，凝结水不能够再依靠重力作用直接返回锅炉，此时应当考虑采用机械回水式系统。

机械回水式（加压回水式）系统，如图 1-40 所示，凝结水首先在重力作用下流入用户凝结水箱收集，然后通过水泵加压后返回锅炉房。该系统要求用户凝结水箱布置于所有散热器和水平干式凝结水管之下，凝结水箱的进口凝结水管应作成顺水流下降的坡度，便于散热器流出的凝结水能靠重力作用流入凝结水箱。

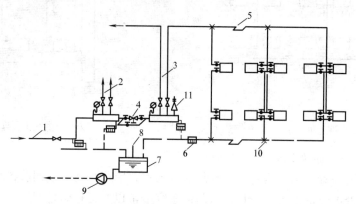

图 1-40　室内高压蒸汽供热系统

1—室外蒸汽管；2—室内高压蒸汽供热管；3—室内高压蒸汽供热管；
4—减压装置；5—补偿器；6—疏水器；7—开式凝结水箱；
8—空气管；9—凝结水泵；10—固定支点；11—安全阀

机械回水式系统布置时应注意以下问题：

（1）在凝结水泵的出水管上安装止回阀，防止水泵停止运行时，锅炉中的水倒流入凝结水箱。

（2）合理确定凝结水温度，准确选取凝结水泵与凝结水箱之间的高度差（参见表1-5），防止水在凝结水泵吸入口处汽化，水泵出现汽蚀现象。

表 1-5　　　　　　　　凝结水泵与凝结水箱最低水位之间的高度差

凝水温度（℃）	0	20	40	50	60	75	80	90	100
泵高于水箱（m）	6.4	5.9	4.7	3.7	2.3	0			
泵低于水箱（m）							2	3	6

注　1　泵高于水箱时，表中数字为最大吸水高度。
　　2　泵低于水箱时，表中数字为最小正水头。

三、室内高压蒸汽供热系统

在工厂，生产工艺通常要求使用高压蒸汽。因此，厂区内的车间及辅助建筑等各种不同的热用户也常常利用高压蒸汽作热媒进行供热。高压蒸汽供热是一种企业常见的供热方式。

与低压蒸汽供热系统相比，高压蒸汽供热系统供汽压力较高，热媒流速较大，系统的范围也较大。在相同热负荷时，与低压蒸汽供热系统和热水供热系统相比所需管径和散热设备面积小。但是，由于蒸汽压力高，表面温度高，因此输送过程中无效损失较大，更易于烫伤人和烧焦落在散热器上的有机灰尘，使周围的卫生条件和安全条件变差。同时，由于凝结水温度高，凝结水回流过程中易产生二次蒸汽，如果沿途凝结水回流不畅，会产生严重的水击现象。

（一）高压蒸汽供热系统的形式

1. 双管上供下回式系统

高压蒸汽供热系统通常采用双管上供下回式系统，如图 1-40 所示。该系统结构与低压蒸汽双管上供下回式系统相似。当外网蒸汽压力高于供热系统的工作压力时，应当在室内系统入口处安装减压装置。另外，系统的每个环路凝结水干管末端设置疏水阀。为了便于调节供汽量和在检修散热器时关闭管路，应在每组散热器的进出口处设置阀门。管路布置形式通常采用同程式，以便使系统内各组散热器供汽均匀。

2. 双管上供上回式系统

双管上供上回式高压蒸汽供热系统，如图 1-41 所示，主要应用于车间地面不便于布置凝结水管的情况。此时，系统的供汽干管和凝结水干管布置于房屋上部。凝结水依靠疏水器之后的余压作用上升至凝结水干管，然后返回至室外管网。与上供下回式系统相比，在每组散热器的凝结水出口处，不仅安装疏水器，而且设置止回阀，防止停止供汽后凝结水倒流，散热器被凝结水充满。为了便于及时排除每组散热设备以及系统内的凝结水和空气，应当考虑安装泄水管和排空气管。在启动阶段，应当控制升压速度，防止由于升压过快而产生水击现象。由于系统复杂，不便于实际运行管理，应用相对较少。

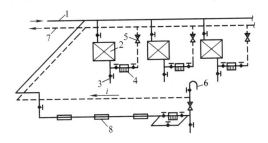

图 1-41　上供上回式高压蒸汽供热系统

1—蒸汽管；2—暖风机；3—泄水管；4—疏水器；
5—止回阀；6—空气管；7—凝结水管；8—散热器

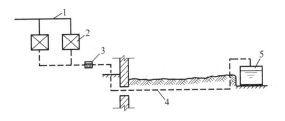

图 1-42　余压回水式系统

1—蒸汽管；2—散热设备；3—疏水器；
4—余压凝结水管；5—凝结水箱

（二）高压蒸汽供热系统的凝结水回收方式

高压蒸汽供热系统通常采用余压回水和加压回水两种方式。

（1）余压回水式系统。图 1-42 所示为余压回水式高压蒸汽供热系统。该系统利用从室内散热设备流出的凝结水具有较高压力，克服疏水器阻力后的余压把凝结水送回至车间或锅炉房内的高位凝结水箱。

余压回水式系统设备简单，目前国内应用较为广泛。但是，由于不同余压下的汽水两相流合流会相互干扰，影响低压凝结水的排放，严重时甚至能破坏管件以及设备。为了使不同压力下的凝结水顺流合流，通常采取将高压凝结水管做成喷嘴或者做成多孔管顺流插入低压凝结水管内的措施，如图 1-43 所示。

（2）加压回水式系统。图 1-44 所示为加压回水式高压蒸汽供热系统。当从散热设备流出的凝结水压力不足以流至锅炉时，在用户处或几个用户联合的凝结水分站处设置凝结水箱，回收不同压力的高温凝结水，处理二次蒸汽之后，用水泵将凝结水送至锅炉房。

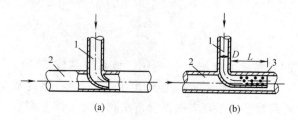

图 1-43　高、低压凝结水合流的简单措施
(a) 喷嘴形式；(b) 多孔管形式
1—高压凝结水管；2—低压凝结水管；3—多孔管

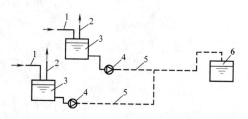

图 1-44　加压回水式系统
1—高压凝结水管；2—二次蒸汽管；3—分站凝结水箱；4—凝结水泵；5—压力凝结水管；6—总站凝结水箱

高压蒸汽凝结水回收系统根据凝结水是否与大气相通又可分为开式系统和闭式系统。

(1) 开式凝结水回收系统。图 1-45 所示为开式凝结水回收系统。从各散热设备排出的高温凝结水靠疏水器之后的余压送入开式高位水箱，在水箱内压力降低，然后通过水箱上的通气管排放出二次蒸汽变成稳定的冷凝水，再靠高位凝结水箱与锅炉房凝结水箱之间的高差，使水返回锅炉房凝结水箱。

由于该系统采用了开式高位水箱，无法避免地要产生二次蒸汽的损失和空气的渗入，损失了热能，腐蚀了管道，污染了环境，一般只适用于凝结水量小于 10t/h，作用半径小于500m，并且二次蒸汽量不多的小型工厂。

(2) 闭式凝结水回收系统。图 1-46 所示为闭式凝结水回收系统。该系统设置闭式二次蒸发箱，系统中各散热设备排出的高温凝结水靠疏水器后的余压被送入与大气隔绝的封闭的二次蒸发箱，在二次蒸发箱内二次蒸汽与凝结水分离，二次蒸汽引入附近的低压蒸汽用热设备加以利用，分离出来的闭式满管凝结水靠高差流回锅炉房的凝结水箱。

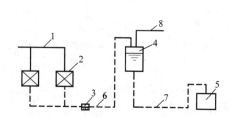

图 1-45　开式凝结水回收系统
1—蒸汽管；2—散热设备；3—疏水器；4—开式水箱；5—凝结水箱；6—余压凝结水管；7—开式凝结水管；8—通气管

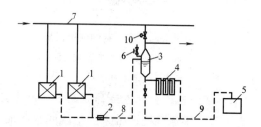

图 1-46　闭式凝结水回收系统
1—用汽设备；2—疏水器；3—二次蒸发箱；4—多级水封；5—锅炉房凝结水箱；6—安全阀；7—蒸汽管；8—余压凝结水管；9—闭式满流凝结水管；10—压力调节器

二次蒸发箱通常布置于距地面约 3m 处，箱内蒸汽的压力可参考二次蒸汽的利用要求和回收凝结水的温度要求而定，一般为 $0.2×10^5～0.4×10^5Pa$。运行中，当用汽量小于二次蒸汽量时，箱内压力升高，箱上的安全阀会自动排汽降压；当用汽量大于二次蒸汽量时，箱内压力降低，可通过压力调节器自动控制蒸汽补给管补入蒸汽，维持二次蒸发箱内压力稳定。

这种方式不仅可以避免室外余压回水管中汽水两相流动时产生的水击现象，而且可以减轻不同压力下凝结水合流时的相互干扰，缩小外网的管径。但是，系统中设置了二次蒸发箱，设备增多了，运行管理就复杂了。

四、蒸汽供热系统的附属设备

（一）疏水器

蒸汽疏水器的作用主要是自动阻止蒸汽逸漏并且迅速地排除散热设备及其管道中的凝结水，另外，排除系统中存留的空气和其他不凝气体。作为蒸汽供热系统中的重要设备，其工作状况对于整个系统的安全可靠运行具有很大影响。

1. 疏水器的类型及其简介

根据疏水器工作原理不同主要分为机械型疏水器、热动力型疏水器和恒温型疏水器三种。

（1）机械型疏水器。机械型疏水器是利用蒸汽与凝结水密度不同形成的凝结水液位进而控制凝水排水孔自动启闭工作的。这种类型的疏水器主要包括浮筒式、钟形浮子式、自动浮球式和倒吊筒式疏水器等。

机械型浮筒式疏水器结构简图如图1-47所示，凝结水进入疏水器外壳2内，当壳内水位升高时浮筒1浮起，阀孔4关闭，凝结水不断流入浮筒。当水即将充满浮筒时，浮筒下沉，阀孔打开，凝结水依靠蒸汽压力排到凝结水管。当凝结水排出

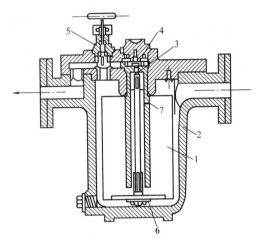

图 1-47 浮筒式疏水器
1—浮筒；2—外壳；3—顶针；4—阀孔；5—放气阀；
6—可换重块；7—水封套筒上的排气孔

一定数量后，浮筒的总质量减轻，浮筒再度浮起，又将阀孔关闭，如此反复动作。浮筒式疏水器工作原理示意图如图1-48所示，图1-48（a）表示浮筒即将下沉，阀孔尚处于关闭状态，凝结水充满（90%程度）浮筒的工况；图1-48（b）表示浮筒即将上浮，阀孔尚处于开启状态，残留于浮筒内的凝结水起到水封作用，防止蒸汽逸漏。

浮筒的容积、浮筒和阀杆等的质量、阀孔直径及阀孔前后凝结水的压差取决于浮筒的沉浮工况。浮筒底附带的可换重块6用于调节它们之间的配合关系，以适应不同凝结水压力和压差的工况。

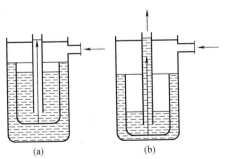

图 1-48 浮筒式疏水器动作原理示意图
（a）浮筒即将下沉；（b）浮筒即将上浮

在正常运行工况下，浮筒式疏水器的漏汽量与水封套筒上排气孔的漏汽量相当，数量很小。同时，它还能够排出具有饱和温度的凝结水。疏水器前凝结水的表压力 p_1 在500kPa或更小时便可启动疏水。排水孔阻力较小，因此，疏水器的背压可以较高。但是，其主要缺点是体积大、排量小，活动部件多，筒内易沉积渣垢，阀孔易磨损，维修量较大。

（2）热动力型疏水器。热动力型疏水器应用相变原理，利用蒸汽和凝结水热动力学（流动）特性不同进行工作，主要包括圆盘式、脉

冲式、孔板或迷宫式疏水器等。

圆盘式疏水器结构简图如图 1-49 所示。其工作原理为：当过冷的凝结水流入孔 A 时，凭借圆盘形阀片上下的压差顶开阀片 2，凝结水流经环形槽 B，从向下的小孔排出。由于凝结水比体积基本不变，凝结水流动通畅，阀片常开，连续排水。

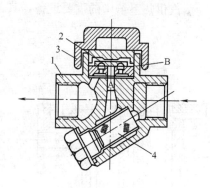

图 1-49　圆盘式疏水器

1—阀体；2—阀片；3—阀盖；4—过滤器

当凝结水夹带蒸汽时，蒸汽在阀片下面从 A 孔经 B 槽流向出口，在通过阀片和阀座之间的狭窄通道时，压力下降，蒸汽比体积迅速增大，阀片下面蒸汽流速剧增，导致阀片下面的静压下降。另外，蒸汽在 B 槽与出口孔处受阻，迫使其从网片和网盖 3 之间的缝隙冲入阀片上部的控制室，动压转化为静压，在控制室内形成比阀片下部更大的压力，迅速将阀片压下。阀片关闭一段时间后，由于控制室内蒸汽凝结，压力下降会使阀片瞬时开启，造成周期性漏汽。因此，新型的圆盘式疏水器将凝结水先经过阀盖夹套再进入中心孔，从而减缓控制室内蒸汽的凝结。

圆盘式疏水器的主要优点为体积小、质量轻、结构简单、安装维护方便。但是，其容易发生周期性漏汽现象。另外，当凝结水量小或者疏水器前后压差过小（$p_1 - p_2 < 0.5p_1$）时，容易发生连续漏汽。当周围环境气温较高时，控制室内蒸汽凝结缓慢，阀片不易打开，导致排水量减小。

（3）恒温型（热静力型）疏水器。恒温型疏水器是利用蒸汽与凝结水的温度不同引起恒温元件膨胀或变形来工作的，主要包括波纹管式、液体膨胀式和双金属片式疏水器等。

疏水器的动作部件是一个波纹管的温度敏感元件。波纹管内部充入易蒸发的液体，当饱和状态的凝结水经过该液体时，由于凝结水温度较高，使得液体的饱和压力增高，波纹管轴向伸长，带动阀芯关闭凝结水通路，防止蒸汽逸漏。当疏水器中的凝结水散热以后温度下降时，液体饱和压力下降，波纹管收缩，打开阀孔，凝结水流出。疏水器尾部带有调节螺钉，向前调节可减小疏水器的阀孔间隙，提高凝结水过冷度。此种疏水器排放凝结水温度为 60～100℃。为使疏水器前凝结水温度降低，疏水器前 1～2m 管道不保温。

温调式疏水器加工工艺复杂，制造要求较高，主要适用于排除过冷凝结水，不宜安装在周围环境温度高的场合。

选择疏水器时，要求疏水器在单位压降下凝结水排量大，漏汽量小，能顺利排除空气，具有较强的对凝结水流量、压力和温度等参数波动的适应性，并且结构简单，活动部件较少，体积小，维修方便，使用寿命长。

2. 疏水器的选择计算

（1）疏水器排水量的计算。无论何种类型的疏水器，其内部都有一排水小孔，选择疏水器的规格尺寸，确定其排水能力，关键在于选择排水小孔的直径或者流通面积。

通常，生产厂家提供各种规格疏水器在不同工况下的样本，这样可以直接查得疏水器的排水量 G。如果缺少比较技术数据时，可通过式（1-51）计算，即

$$G = 0.1 A_p d^2 \sqrt{\Delta p} \tag{1-51}$$

式中 G——疏水器的设计排水量，kg/h；

  d——疏水器的排水阀孔直径，mm；

  Δp——疏水器前后的压差，kPa；

  A_p——疏水器的排水系数，通过冷水时 $A_p=32$，通过饱和凝结水时查附表 6 选取。

（2）疏水器的选择倍率。供热系统蒸汽的理论流量为

$$G = 3.6\frac{Q}{\gamma}$$

疏水器的理论排水量 G_L 应等于系统或用热设备中蒸汽的理论流量 G。但是，在选择疏水器阀孔尺寸时，应当使疏水器的排水能力大于疏水器的理论排水量，即

$$G_{sh} = KG_L \tag{1-52}$$

式中 G_{sh}——疏水器的设计排水量，kg/h；

  G_L——系统或用热设备处疏水器的理论排水量，kg/h；

  K——疏水器的选择倍率，参照表 1-6。

表 1-6 疏水器的选择倍率 K

系统	使 用 情 况	选择倍率 K	系统	使 用 情 况	选择倍率 K
供暖	$p_b \geq 100\text{kPa}$	2～3	淋浴	单独换热器	2
	$p_b < 100\text{kPa}$	4		多喷头	4
热风	$p_b \geq 200\text{kPa}$	2	生产	一般换热器	3
	$p_b < 200\text{kPa}$	3		大容量、常间歇、速加热	4

注 p_b—表压力。

确定疏水器的选择倍率 K 时应注意以下几点：

1）系统运行时，用汽压力下降、背压升高等因素，会使疏水器的排水能力下降；用户负荷增大，用汽量增加，系统的凝结水量也会增多。这样，理论计算与实际运行情况不一致，从安全因素考虑，疏水器应留有选择倍率。

2）用热设备在低压大负荷工况下启动时，或者用热设备需要被迅速加热时，疏水器的排水量会比正常运行时增加，这时也要求疏水器留有选择倍率。

（3）疏水器前后压力的确定。疏水器前的压力 p_1 取决于疏水器在蒸汽供热系统中的位置。当疏水器用来排除蒸汽管路的凝结水时，$p_1 = p_b$（p_b 表示连接疏水器处的蒸汽表压力）；当疏水器安装在用热设备的出口凝结水支管上时，$p_1 = 0.95p_b$（p_b 表示用热设备前的蒸汽表压力）；当疏水器安装在系统凝结水干管末端时，$p_1 = 0.7p_b$（p_b 表示供热系统入口蒸汽表压力）。

为保证疏水器正常工作，应保证疏水器前后有一个最小的允许压差 Δp_{min}，也就是说，疏水器前压力 p_1 给定后，疏水器后的背压 p_2 就不能超过某一允许的最大背压 p_{2max}，即

$$p_1 - \Delta p_{min} \geq p_{2max} \tag{1-53}$$

$$p_2 \leq p_{2max} \tag{1-54}$$

疏水器的最大允许背压 p_{2max} 值，取决于疏水器的类型和规格，通常由生产厂家提供实验数据。多数疏水器的 p_{2max} 约为 $0.5p_1$（浮筒式的 Δp_{min} 较小，约为 $50kPa$，也就是说，浮筒式的最大允许背压 p_{2max} 高）。

设计时，疏水器的背压 p_2 值如果选得过高，对疏水器后余压凝结水管路的水力计算有利，但疏水器前后的压差 $\Delta p = p_1 - p_2$ 会减小，这对选择疏水器不利。

通常疏水器的设计背压可采用：
$p_2 = 0.5p_1$。

疏水器之后的管路如果按干式凝结水管设计（如低压蒸汽供热系统），$p_2 = p_a$（大气压）。

（4）根据计算得到的疏水器设计流量和疏水器前后的压差，代入式(1-51)，即可确定疏水器的阀孔直径，或直接查用有关样本手册确定。

3. 疏水器的安装

常见的几种疏水器安装方式如图 1-50 所示。

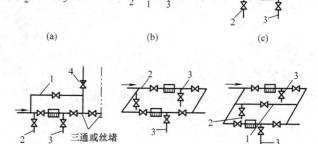

图 1-50　疏水器的安装方式

（a）不带旁通管水平安装；（b）带旁通管水平安装；
（c）旁通管垂直安装；（d）旁通管垂直安装（上返）；
（e）不带旁通管并联安装；（f）带旁通管并联安装

1—旁通管；2—冲洗管；3—检查管；4—止回阀

旁通管的作用：系统初运行时，通过旁通管加速排放大流量凝结水；正常运行时，应关闭旁通管，以免蒸汽窜入回水系统，影响其他用热设备的使用和室外管网的压力。为了避免装设旁通管的弊端，对于小型供热和单独热风供热系统，可不设旁通管；对于不允许中断供汽的生产供热系统，为了检修的需要，可以设旁通管。

冲洗管：主要用于排放空气和冲洗管路。

检查管：用来检查疏水器工作是否正常。

止回阀：防止停止供汽后，凝结水倒流回用户供热设备，导致下次启动时，系统内出现水击现象。

过滤器：用来过滤凝结水中的渣垢、杂质，如果疏水器本身带过滤网，可不设过滤器。过滤器应经常清洗，以防堵塞。

（二）减压阀

减压阀的作用为通过调节阀孔大小，对蒸汽进行节流减压，并且能自动将阀后压力维持在一定范围内。减压阀包括活塞式、波纹管式和薄膜式减压阀等。

活塞式减压阀的工作原理图如图 1-51 所示。活塞 2 上的阀前蒸汽压力与弹簧 3 的弹力相互平衡，控制主阀 1 上下移动，调节阀孔的流通面积。薄膜片 5 带动针阀 4 升降，调节室 d 和室 e 的通

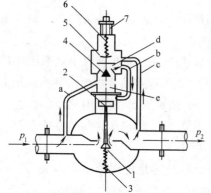

图 1-51　活塞式减压阀工作原理图

1—主阀；2—活塞；3—下弹簧；4—针阀；
5—薄膜片；6—上弹簧；7—旋紧螺钉

道，薄膜片的弯曲度靠上弹簧 6 和阀后蒸汽压力的相互作用操纵。启动之前，主阀关闭；启动时，旋紧螺钉 7 压下薄膜片 5 和针阀 4，阀前压力为 p_1 的蒸汽经过阀体内通道 a、室 e、室 d 和阀体内通道 b 流至活塞 2 的上部空间，推下活塞打开主阀。蒸汽通过主阀后，压力下

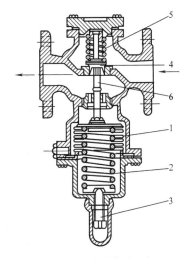

降为 p_2，经阀体内通道 c 进入薄膜片 5 的下部空间，作用在薄膜片上的力与旋紧的弹簧力相平衡。可调节旋紧螺钉 7，使得阀后压力达到设定值。当某种原因使阀后压力 p_2 升高时，薄膜片 5 由于下面的作用力变大而上弯，针阀 4 关小，活塞 2 的推动力减小，主阀上升，阀孔通路变小，p_2 下降。反之，动作相反。这样可以保持 p_2 在一个较小的范围内（一般在 $\pm 0.05\text{MPa}$）波动，维持基本稳定状态。

活塞式减压阀主要适用于工作温度低于 300℃，工作压力达 1.6MPa 的蒸汽管道，阀前与阀后最小调节压差为 0.15MPa。活塞式减压阀的特点为工作可靠，工作温度和压力较高，适用范围广。

波纹管减压阀结构简图如图 1-52 所示。该阀靠通至波纹箱 1 的阀后蒸汽压力和阀杆下的调节弹簧 2 的弹力平衡来调节主阀的开启度。压力波动范围在 $\pm 0.025\text{MPa}$ 以

图 1-52 波纹管减压阀
1—波纹箱；2—调节弹簧；3—调整螺钉；
4—阀瓣；5—辅助弹簧；6—阀杆

内。阀前与阀后的最小调压差为 0.025MPa。波纹管减压阀适用于工作温度低于 200℃，工作压力达 1.0MPa 的蒸汽管道。波纹管减压阀的特点为调节范围大，压力波动范围较小，适用于需减为低压的蒸汽供热系统中。

在工程设计中，从图 1-53 所示的曲线图及表 1-7 中可选择减压阀阀孔面积和接管直径。

表 1-7　减压阀接管直径与阀孔截面积

减压阀接管直径 DN（mm）	减压阀阀孔截面积 A（cm²）
25	2.00
32	2.80
40	3.48
50	5.30
65	9.45
80	13.20
100	23.50
125	36.80
150	52.20

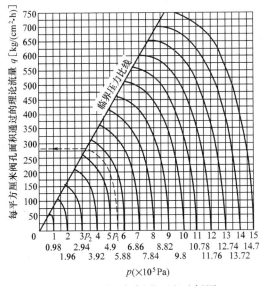

图 1-53 减压阀阀孔面积选择图

图 1-54 所示为减压阀安装图。减压阀安装时应注意不能装反,保证其垂直地安装于水平管道上。旁通管是安装减压阀的一个组成部分。当减压阀发生故障需要检修时,可关闭减压阀两侧的截止阀,暂时通过旁通管供汽。减压阀两侧应分别装有高压和低压压力表。阀后应装设安全阀,防止减压后的压力超过允许的限度。

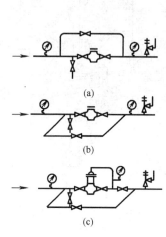

图 1-54　减压阀安装图

(a) 活塞式减压阀旁通管垂直安装;
(b) 活塞式减压阀旁通管水平安装;
(c) 薄膜式或波纹管式减压阀安装

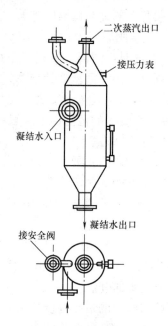

图 1-55　二次蒸发器

送汽之前,先将旁通管路的截止阀打开,使汽水混合的污垢从旁通管通过,然后再开动减压阀,避免管路内的污垢和积存的凝结水使主阀产生水击响动和磨损阀密封面。

（三）二次蒸发箱

二次蒸发箱的作用为将各用汽设备排出的凝结水,在较低压力下扩容,分离出一部分二次蒸汽,将低压的二次蒸汽输送到热用户加以利用。

图 1-55 所示为二次蒸发箱构造图。高压含汽凝结水沿切线方向进入箱内,在较低压力下扩容,分离凝结水中部分二次蒸汽。旋转运动使凝结水汽水容易分离,凝结水沿凝结水管向下流动送回凝结水箱。

在二次蒸发箱内,单位时间凝结水产生的二次蒸汽的体积为

$$V_q = Gxv \tag{1-55}$$

式中　G——每小时流入二次蒸发箱的凝结水质量,kg/h;

　　　x——每千克凝结水的二次汽化率,%;

　　　v——蒸发箱内压力 p_3 对应的蒸汽比体积,m³/kg。

二次蒸发箱的容积 V 可按单位时间内每立方米容积分离出 2000m³ 蒸汽来确定,即

$$V = Gxv/2000 \tag{1-56}$$

蒸发箱中 20% 体积存水,80% 体积为蒸汽分离空间。蒸发箱的截面积按蒸汽流速不大于 2.0m/s,水流速度不大于 0.25m/s 设计。

第四节　室内蒸汽供热系统的水力计算

蒸汽供热系统包括蒸汽管路和凝结水管路，需要分别进行水力计算。

一、室内低压蒸汽供热系统的水力计算

（一）蒸汽管路

对于低压蒸汽供热系统，蒸汽依靠锅炉出口处本身压力沿管道流动，最后进入散热器凝结换热。蒸汽在管路流动时，同样有沿程阻力损失 p_y 和局部阻力损失 p_j。

由达西公式可知，单位长度的沿程阻力损失（比摩阻）为

$$R = \frac{\lambda}{d} \frac{\rho v^2}{2}$$

在低压蒸汽供热系统中，蒸汽的流动状态通常处于紊流的过渡区，沿程阻力系数 λ 的计算公式可采用过渡区公式。公式中的绝对粗糙度 K，室内低压蒸汽供热系统可取 $K = 0.2mm$。蒸汽在管路中流动时，蒸汽的流量随沿途凝结水的产生而不断减少，蒸汽的密度因压力降低也不断减小。但是，由于压力变化不大，工程计算中可忽略压力和密度的变化，认为每个计算管段内的流量和整个系统的密度值是不变的。

附表 7 给出了室内低压蒸汽供热系统水力计算表，蒸汽密度取为 $\rho = 0.6kg/m^3$。

当已知平均比摩阻 R_{pj} 和蒸汽管段的热负荷时，查附表 7 即可确定管径 d、实际比摩阻 R_{sh} 和实际流速 v_{sh}。则该管段的沿程阻力损失为

$$\Delta p_y = R_{sh} l$$

低压蒸汽供热系统的各局部构件的局部阻力系数 ζ 查附表 4 确定。$\Sigma\zeta = 1$ 时，动压头 $\frac{\rho v^2}{2}$ 查附表 8 确定。则低压蒸汽供热系统的局部阻力损失为

$$\Delta p_j = \Sigma \zeta \frac{\rho v^2}{2}$$

低压蒸汽供热系统要求系统始端压力除了克服管路阻力外，到达散热器入口前应有 1500～2000Pa 的剩余压力，以便克服散热器入口阻力使蒸汽进入散热器，并且能排除其中的空气。

低压蒸汽供热系统蒸汽管路的水力计算，首先从最不利管路开始计算，最不利管路即为锅炉出口或系统始端至最远散热器之间的蒸汽管路。

最不利管路的水力计算方法有控制比压降法和平均比摩阻法两种。

（1）控制比压降法。该方法要求最不利管路每米长的总压力损失（沿程阻力损失和局部阻力损失之和）控制在 100Pa/m 的范围内。

（2）平均比摩阻法。当已知锅炉出口压力或室内系统始端蒸汽压力时，通常采用平均比摩阻法进行计算。管路的平均比摩阻为

$$R_{pj} = \frac{\alpha(p_g - 2000)}{\Sigma l} \tag{1-57}$$

式中　R_{pj}——低压蒸汽供热系统最不利管路的平均比摩阻，Pa/m；

　　　α——沿程压力损失占总损失的百分数，查表 1-4 可知低压蒸汽管路 $\alpha = 60\%$；

p_g——锅炉出口或室内系统始端蒸汽压力，Pa；

2000——散热器入口处要求的剩余压力，Pa；

Σl——最不利蒸汽管路的总长度，m。

如果锅炉出口或室内系统始端压力较高，计算得出的平均比摩阻 R_{pj} 值较大，仍推荐控制每米长的总压力损失在 100Pa/m 范围内。

通过水力计算确定管径时，为避免发生水击现象，产生噪声，便于顺利排除蒸汽管路中的凝结水，GB 50019 规定：

汽水同向流动时，管内流速不得大于 30m/s；

汽水逆向流动时，管内流速不得大于 20m/s。

另外，考虑蒸汽管内沿途凝结水和空气的影响，末端管径应适当放大，当干管始端管径在 50mm 以上时，末端管径应不小于 32mm；当干管始端管径在 50mm 以下时，末端管径应不小于 25mm。

（二）凝结水管路

低压蒸汽供热系统的凝结水管路分两种情况，在排气管之前的管路内，管路上部是空气，下部是凝结水，属于非满管流动的干式凝结水管；在排气管之后的管路内，凝结水全部充满，属于满管流动的湿式凝结水管。

低压蒸汽供热系统干式凝结水管和湿式凝结水管管径可根据管段热负荷查附表 9 确定。为顺利地排除系统内的凝结水和空气，水平干式凝结水管的始端管径不应小于 20mm。

二、室内高压蒸汽供热系统的水力计算

高压蒸汽管路水力计算的任务同样是选择管径和计算压力损失，其水力计算原理与低压蒸汽供热系统基本相同，沿途蒸汽量的变化和蒸汽密度的变化同样可以忽略不计。水力计算也包括蒸汽管路和凝结水管路两部分。

（一）蒸汽管路

高压蒸汽管路内蒸汽的流动状态属于紊流过渡区或阻力平方区，管壁的绝对粗糙度 K 值在设计中仍采用 0.2mm。室内高压蒸汽供热系统的水力计算表，是分别按表压力为 200、300、400kPa 三种情况制定的。

附表 10 给出蒸汽表压力为 200kPa 的水力计算表。室内高压蒸汽管路的局部压力损失通常用当量长度法计算，蒸汽管的管件、阀件等的局部阻力当量长度 l_d 可查附表 11 确定。

高压蒸汽供热系统蒸汽管路的水力计算方法包括平均比摩阻法、流速法和限制平均比摩阻法三种。

（1）平均比摩阻法。为了达到各并联管路之间阻力的平衡，增加疏水器后的余压以便凝结水顺利回流，在工程设计中规定：室内高压蒸汽供热系统最不利管路的总压力损失不应超过系统始端压力的 1/4。平均比摩阻可按式（1-58）计算，即

$$R_{pj} = \frac{1}{4}\frac{p\alpha}{\Sigma l} \tag{1-58}$$

式中　α——沿程压力损失占总损失的百分数，查表 1-4 可知高压蒸汽管路 $\alpha=80\%$；

p——蒸汽供热系统的始端压力，Pa；

Σl——最不利蒸汽管路的总长度，m。

（2）流速法。如果室内高压蒸汽供热系统的起始压力较高，蒸汽管路可以采用较高的流速，同样能够保证在用热设备处具有足够的剩余压力。GB 50019 规定，高压蒸汽供热系统的最大允许流速不应超过下列数值：

汽、水同向流动时，管内流速不得大于 80m/s；

汽、水逆向流动时，管内流速不得大于 60m/s。

在工程设计中，可以采用常用的流速确定管径并计算其压力损失。为了使系统节点压力不会相差很大，保证系统正常运行，最不利管路的推荐流速一般比最大允许流速低很多，通常推荐流速为 15～40m/s（小管径取低值）。确定其他支路的立管管径时，可采用较高的流速，但不得超过规定的最大允许流速。

（3）限制平均比摩阻法。由于蒸汽干管压降过大，末端散热器有充水不热的情况，因此，国外通常采用高压蒸汽供热干管的总压降不超过凝结水干管总坡度的 1.2～1.5 倍。选用管径较粗，但是实际运行时正常可靠。

（二）凝结水管路

对于室内高压蒸汽供热系统，通常在凝结水支、干管的末端设置疏水器。用热设备到疏水器入口之间的管段属于非满管流动的干式凝结水管，可查附表 9 确定此类凝结水管的管径。只要保证凝结水支、干管管路有向下坡度（$i \geqslant 0.005$）和足够的凝结水管管径，即使远近立管散热器的蒸汽压力不平衡，依靠干式凝结水管上部断面内空气与蒸汽的连通作用和蒸汽系统本身流量的自调性，同样能够保证该管段内凝结水的重力流动。

从疏水器出口到二次蒸发箱（或开式高位水箱）之间的管段，是余压凝结水管路。由于凝结水经过疏水器时形成了二次蒸汽和疏水器漏汽的共同影响，该管段中凝结水的流动状态属于复杂的汽液两相流动。其流动情况主要有：

（1）乳状混合物。如图 1-56（a）所示，乳状混合物是在二次蒸汽和细滴状凝结水充满管道截面时形成的白色乳状流动体，多在两相流体流速很高和凝结水大量汽化时出现。

（2）水膜状流动。如图 1-56（b）所示，蒸汽携带少量水滴在管道截面中部快速流动时，凝结水在管道内壁面形成一层凝结水薄膜，沿管壁回旋前进。

（3）汽水分层流动。如图 1-56（c）所示，汽水分层流动主要出现在流速较小、管径较大的凝结水管路中。

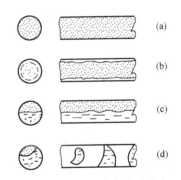

图 1-56　高压凝结水流动状态
(a) 乳状流动；(b) 水膜状流动；(c) 汽水分层流动；(d) 汽水充塞流动

（4）汽水充塞流动。如图 1-56（d）所示，汽水充塞流动主要出现在管径较小的凝结水管路中，是由积水的存在和疏水器的间歇工作造成的。

当二次蒸汽量较少时，还会出现汽泡状流动。

进行疏水器后的余压凝结水管路的水力计算时，可以认为管中流体的流态属于乳状混合物的两相流流体，且流动是满管流动，忽略汽液两相流体间的滑动摩擦和分子间碰撞而产生的能量损失。

余压凝结水管路的水力计算公式与热水管路基本相同，只是按照乳状混合物计算凝结水的密度。余压凝结水管路的平均比摩阻为

$$R_{pj} = \frac{p_2 - p_3 - \rho_h gh}{\Sigma l}\alpha \tag{1-59}$$

式中　p_3——二次蒸发箱或闭式水箱内的压力（对于开式系统，$p_3=0$），Pa；

　　　p_2——管段的始端压力，即疏水器之后的背压，Pa；

　　　h——疏水器后凝结水的提升高度，m，通常不超过 5m；

　　　α——沿程损失占总损失的百分数（查表 1-4），通常取 0.8；

　　　ρ_h——汽水混合物的密度，kg/m^3。

汽水混合物的密度可按式（1-60）计算，即

$$\rho_h = \frac{1}{v_h} = \frac{1}{x(v_q - v_s) + v_s} \tag{1-60}$$

式中　v_h——汽水混合物的比体积，m^3/kg；

　　　v_q——二次蒸发箱或闭式水箱压力下饱和蒸汽的比体积，m^3/kg；

　　　v_s——凝结水的比体积，可近似取 $0.001m^3/kg$；

　　　x——单位质量汽水混合物中所含蒸汽的质量百分数，%。

通常疏水器后凝结水管路中的蒸汽是由疏水器漏汽和二次蒸汽两项构成的，即

$$x = x_1 + x_2 \tag{1-61}$$

式中　x_1——疏水器的漏汽量，%；

　　　x_2——凝结水流经疏水器阀孔及在管内流动时，由于压力下降而产生的二次蒸汽量。

x_1 与疏水器类型、产品质量、工作条件和管理水平有关，通常取值为 1%～3%。x_2 可由式（1-62）计算，即

$$x_2 = \frac{i_1 - i_3}{\gamma_3} \tag{1-62}$$

式中　i_1——疏水器前压力 p_1 下饱和凝结水的焓，kJ/kg；

　　　i_3——二次蒸发箱或闭式凝结水箱压力 p_3 下饱和凝结水的焓，kJ/kg；

　　　γ_3——二次蒸发箱或闭式凝结水箱压力下蒸汽的汽化潜热，kJ/kg。

另外，余压凝结水管路的允许平均比摩阻通常不应大于 150Pa/m，最大允许流速为 10～25m/s。

管径可以根据平均比摩阻和管段热负荷查水力计算表确定。余压凝结水管路水力计算表也是按 200、300kPa 和 400kPa 不同供汽表压力制定的。如果实际使用条件与制表条件不符，应把实际平均比摩阻换算成制表密度条件下的平均比摩阻，然后再查表确定管径，即

$$R_{b,pj} = \frac{R_{sh,pj}\rho_{sh}}{\rho_b} \tag{1-63}$$

式中　$R_{b,pj}$——制表条件下的平均比摩阻，Pa/m；

　　　ρ_b——制表条件下的密度，kg/m^3；

　　　$R_{sh,pj}$——实际使用条件下的平均比摩阻，Pa/m；

　　　ρ_{sh}——实际使用条件下的密度，kg/m^3。

余压凝结水管路的实际压力损失按当量长度法确定，计算公式为

$$\Delta p = \Sigma R_{sh}(l + l_d) \tag{1-64}$$

式中　l_d——凝结水管道局部阻力的当量长度，m。

余压凝结水管路的水力计算步骤和方法，将在后面章节作详细介绍。

第五节　室外热水供热管网的水力计算

室外热水供热管网水力计算的主要任务为：

（1）已知热媒流量和压力损失，确定管道直径；

（2）已知管道直径和允许的压力损失，校核计算管道的流量；

（3）已知热媒流量和管道直径，计算管道的压力损失，进而确定网路循环水泵的流量和扬程。

依据室外管网的水力计算结果以及沿线建筑的分布情况和地形变化情况，可以绘制水压图，分析网路的热媒流量和压力分布状况，从而确定管网与用户的连接方式。

一、室外热水供热管网水力计算基本原理

（一）沿程阻力损失的计算

计算管段的比摩阻为

$$R = 6.25 \times 10^{-2} \frac{\lambda}{\rho} \frac{G^2}{d^2} \tag{1-65}$$

式中　G——管段的热媒流量，t/h；

　　　λ——沿程阻力系数；

　　　ρ——热媒密度，kg/m³；

　　　d——管道内径，m。

一般管网内热媒流速大于 0.5m/s，水的流动状态处于紊流粗糙区，沿程阻力系数 λ 的计算式为

$$\lambda = \frac{1}{\left(1.14 + 2\lg \frac{d}{K}\right)^2}$$

对于管径不小于 40mm 的管道，沿程阻力系数 λ 的计算式为

$$\lambda = 0.11 \left(\frac{K}{d}\right)^{\frac{1}{4}}$$

式中　K——管内壁面的绝对粗糙度，室外管网取值为 0.5mm。

将 $\lambda = 0.11\left(\frac{K}{d}\right)^{\frac{1}{4}}$ 代入式（1-65）可得比摩阻为

$$R = 6.88 \times 10^{-3} K^{\frac{1}{4}} \frac{G^2}{\rho d^{5.25}} \tag{1-66}$$

附表 12 给出热水网路水力计算表。该表的编制条件为绝对粗糙度 $K=0.5$mm，温度 $t=100℃$，密度 $\rho=958.38$kg/m³，运动黏滞系数为 $v=0.295\times10^{-6}$ m²/s。当实际使用条件与制表条件不相符时，应对流速、管径以及比摩阻进行修正。

当管道的实际绝对粗糙度与制表的绝对粗糙度不相符时，对式（1-66）进行下列修正

$$R_{sh} = \left(\frac{K_{sh}}{K_b}\right)^{\frac{1}{4}} R_b = m R_b \tag{1-67}$$

式中　R_b、K_b——附表 12 中的比摩阻和表中规定的管道绝对粗糙度；

R_{sh}、K_{sh}——热媒的实际比摩阻和管道的实际绝对粗糙度；

m——绝对粗糙度 K 的修正系数，参见表 1-8。

表 1-8   绝对粗糙度 K 值的修正系数 m 和 β 值

K(mm)	0.1	0.2	0.5	1.0
m	0.669	0.795	1.0	1.189
β	1.495	1.26	1.0	0.84

当流体的实际密度与制表的密度不同，但质量流量相同时有

$$v_{sh} = \left(\frac{\rho_b}{\rho_{sh}}\right) v_b \tag{1-68}$$

$$R_{sh} = \left(\frac{\rho_b}{\rho_{sh}}\right) R_b \tag{1-69}$$

$$d_{sh} = \left(\frac{\rho_b}{\rho_{sh}}\right)^{0.19} d_b \tag{1-70}$$

式中　ρ_b、R_b、d_b——制表条件下的密度、比摩阻和表中规定的管道绝对粗糙度；

　　　R_{sh}、K_{sh}——热媒的实际比摩阻和管道的实际绝对粗糙度。

在热水网路的水力计算中，由于水的密度随温度变化很小，可以不考虑不同密度下的修正计算，但对于蒸汽管网和余压凝结水管网，流体在管中流动，密度变化较大时，应考虑不同密度下的修正计算。

（二）局部阻力损失的计算

在室外管网的水力计算中，对于管网局部阻力损失的计算通常采用当量长度的方法。

局部阻力的当量长度为

$$l_d = \Sigma \zeta \frac{d}{\lambda}$$

将 $\lambda = 0.11\left(\frac{K}{d}\right)^{\frac{1}{4}}$ 代入上式可得局部阻力的当量长度为

$$l_d = 9.1 \frac{d^{1.25}}{K^{0.25}} \Sigma \zeta \tag{1-71}$$

式中　$\Sigma \zeta$——管段的总局部阻力系数。

附表 13 给出 $K=0.5$mm 情况下一些局部构件的局部阻力系数和当量长度值。实际计算时，当实际绝对粗糙度与制表的绝对粗糙度不相符时，应对当量长度 l_d 进行修正，即

$$l_{d,sh} = \left(\frac{K_b}{K_{sh}}\right)^{\frac{1}{4}} l_{d,b} = \beta l_{d,b} \tag{1-72}$$

式中　K_b、$l_{d,b}$——制表条件下对应的绝对粗糙度和表中查得的当量长度；

　　　K_{sh}——管网的实际绝对粗糙度；

　　　$l_{d,sh}$——实际粗糙度下的当量长度，m；

　　　β——绝对粗糙度下的修正系数，参见表 1-8。

室外管网的总压力损失为

$$\Delta p = \Sigma R(l + l_d) = R l_{zh} \tag{1-73}$$

式中　l_{zh}——管段的折算长度，m。

进行压力损失估算时，局部阻力的当量长度可以按照管道的实际长度 l 的百分数估算，即

$$l_d = \alpha_j l \tag{1-74}$$

式中　α_j——局部阻力当量长度百分数（查附表 14），%；

　　　l——管段的实际长度，m。

（三）室外热水供热管网水力计算方法

进行室外热水管网水力计算时，需要的已知条件有：

（1）网路的平面布置图，须注明管道所有的附件伸缩器及有关设备；

（2）热源的位置及热媒参数；

（3）用户的热负荷及各管段长度。

进行外网水力计算时，各管段的计算流量应根据管段所承担的各热用户的计算流量确定。当热用户只有热水供热用户，流量可按式（1-75）计算，即

$$G = 0.86 \frac{Q'}{t'_g - t'_h} \tag{1-75}$$

式中　G——各管段流量，t/h；

　　　Q'——各管段的热负荷，kW；

　　t'_g、t'_h——外网的供、回水温度，℃。

二、室外管网水力计算步骤

（一）主干线的水力计算

（1）确定热水网路的主干线及其平均比摩阻。热水网路的水力计算应从主干线开始计算，主干线为允许平均比摩阻最小的一条管线。通常情况下，热水网路各用户要求预留的作用压头基本相等，所以热源到最远用户的管线是主干线。

平均比摩阻 R_{pj} 的取值大小，直接决定着系统中各管段的管径。当管网设计温差较小或供热半径较大时，R_{pj} 应取较小值，这时管网管径较大，基建投资和热损失较大。但是，网路循环水泵的投资和电耗较小。因此，经济合理地选定平均比摩阻 R_{pj} 尤为重要。GB 50019 规定：热水网路主干线的设计平均比摩阻取值为 40～80Pa/m。

（2）根据主干线各管段的流量和平均比摩阻，查附表 12 确定各管段的管径和实际比摩阻。

（3）根据各管段的管径和局部构件的类型，查附表 13 确定各管段的局部阻力当量长度 Σl_d，计算各管段的折算长度 $l_{zh} = (\Sigma l_d + l_{sh})$，确定各管段的总压降 $\Delta p = R l_{zh}$。

（4）计算主干线的总压降。

（二）支线水力计算

（1）首先确定支线资用压力，计算其平均比摩阻。在支线水力计算中有两个控制指标，即：热水流速 $v \leqslant 3.5$m/s；比摩阻 $R \leqslant 300$Pa/m。

1）对于管径 $D > 400$mm 的管道，由于其实际比摩阻不足 300Pa/m，应控制其流速不大于 3.5m/s；

2）对于管径 $D \leqslant 400$mm 的管道，由于其实际流速不足 3.5m/s，应控制其平均比摩阻不超过 300Pa/m。

（2）根据平均比摩阻查附表 12 确定管径、实际比摩阻和实际流速。

第六节 蒸汽供热管网的水力计算

一、蒸汽管网水力计算的特点

蒸汽管网的水力计算包括蒸汽管路的水力计算和凝结水管路的水力计算两部分。热水管路水力计算的基本公式对于蒸汽管路同样适用，通常也可以依据这些基本公式制成水力计算图表。附表 15 给出室外高压蒸汽管路水力计算表，适用条件为绝对粗糙度 $K = 0.2\text{mm}$，密度 $\rho = 1\text{kg/m}^3$。

室外高压蒸汽管网压力高、流速大、管线长，并且压力损失也较大。同时，蒸汽在流动过程中，密度的变化比较明显，如果计算管段的蒸汽密度 ρ_{sh} 与水力计算的制表密度 ρ_b 不同时，应当对表中查出的流速 v_b 和比摩阻 R_b 进行相应修正

$$v_{sh} = \left(\frac{\rho_b}{\rho_{sh}}\right)v_b ; R_{sh} = \left(\frac{\rho_b}{\rho_{sh}}\right)R_b$$

当蒸汽管网的绝对粗糙度 K_{sh} 与水力计算表中的绝对粗糙度 K_b 不同时，应当对表中的比摩阻进行相应修正

$$R_{sh} = \left(\frac{K_{sh}}{K_b}\right)^{\frac{1}{4}} R_b$$

蒸汽管网的局部阻力损失采用当量长度法计算，即

$$l_d = \Sigma \zeta \frac{d}{\lambda}$$

另外，室外蒸汽管网局部阻力的当量长度可以查附表 13，由所查得的热水网路局部阻力当量长度的数值乘上修正系数 $\beta = 1.26$ 确定。

蒸汽管网的总压降为

$$\Delta p = \Sigma R(l + l_d) = R l_{zh}$$

二、蒸汽管网的水力计算方法

蒸汽管网水力计算的任务为合理选择蒸汽管网各管段管径，保证各热用户所需的蒸汽压力和流量。

进行蒸汽管网水力计算之前应首先绘制管网布置平面图，并在图中注明各热用户的热负荷，热源位置，供汽参数，各管段标号、长度及阀门、补偿器的形式、位置和数量。

蒸汽管网水力计算详细步骤如下：

（一）确定各热用户的计算流量和各管段的计算流量

各热用户的计算流量为

$$G_{js} = 3.6 \frac{Q_{js}}{\gamma} \tag{1-76}$$

式中　Q_{js}——热用户的计算热负荷，kW；

　　　γ——用汽压力下的汽化潜热，kJ/kg。

（二）确定主干线及其平均比摩阻 R_{pj}

主干线为允许单位长度平均比摩阻最小的一条管线，主干线的平均比摩阻为

$$R_{pj} = \frac{\Delta p}{(1 + \alpha_j)\Sigma l} \tag{1-77}$$

式中　Δp——热网主干线始端至末端之间的蒸汽压差，Pa；

　　　$\sum l$——主干线长度，m；

　　　α_j——局部阻力与沿程阻力的估算比值，查附表14。

（三）主管线各管段的水力计算

首先进行锅炉出口管段的水力计算。

（1）在已知一端压力情况下，根据平均比摩阻按比例假设另一端压力，确定该管段的压差。

（2）根据管段始末端蒸汽压力，计算该管段假设的平均密度。该管段假设的平均密度为

$$\rho_{pj} = \frac{\rho_s + \rho_m}{2}$$

式中　ρ_s、ρ_m——计算管段始端和末端的蒸汽密度，查附表16确定，kg/m^3。

（3）根据该管段假设的平均密度 ρ_{pj}，将主干线的平均比摩阻 R_{pj} 折算成蒸汽管路水力计算表密度 ρ_b 下的平均比摩阻 $R_{b,pj}$ 值，水力计算表中密度 $\rho_b = 1kg/m^3$，则

$$R_{b,pj} = \rho_{pj} \frac{R_{pj}}{\rho_b}$$

（4）根据该管段的计算流量和水力计算表 ρ_b 下的 $R_{b,pj}$ 值，查附表15选定蒸汽管段的直径 d、比摩阻 R_b 和蒸汽在管道中的流速 v_b。

（5）根据该管段假设的平均密度，将水力计算表中查得的比摩阻 R_b 和流速 v_b 折算成假设平均密度 ρ_{pj} 条件下的实际比摩阻 R_{sh} 和实际流速 v_{sh}，由于水力计算表的密度为 $\rho_b = 1kg/m^3$，则

$$R_{sh} = \frac{R_b}{\rho_{pj}}; v_{sh} = \frac{v_b}{\rho_{pj}}$$

计算时应注意蒸汽在管路中流动，其最大允许流速应满足下面规定：

对于过热蒸汽：公称直径 $\phi > 200mm$ 时，$v \leqslant 80m/s$；公称直径 $\phi \leqslant 200mm$ 时，$v \leqslant 50m/s$。

对于饱和蒸汽：公称直径 $\phi > 200mm$ 时，$v \leqslant 60m/s$；公称直径 $\phi \leqslant 200mm$ 时，$v \leqslant 35m/s$。

（6）根据选择的管径，查附表13计算管段的局部阻力当量长度 l_d，并且计算该管段的实际压降 $\Delta p_{sh} = R_{sh}(l + l_d)$ 值。

（7）根据该管段的始端压力和实际末端压力确定该管段中蒸汽的实际平均密度 ρ'_{pj}。

如果管段的实际平均密度 ρ'_{pj} 与原假设的蒸汽平均密度相差较大，应当重新假设 ρ_{pj}，按照上述方法重新计算，直至两者相差不大为止。

最后，依据上面介绍的对出口管段的计算方法，依次对主干线其他管段进行计算。

（四）分支管线的水力计算

（1）根据主干线的水力计算结果，确定各分支管线的平均比摩阻 R_{pj}。

（2）根据分支管线始末端蒸汽压力，确定假设的蒸汽平均密度 ρ_{pj}。

（3）将平均比摩阻折算成水力计算表 ρ_b 条件下的平均比摩阻，即

$$R_{b,pj} = \rho_{pj} \frac{R_{pj}}{\rho_b}$$

（4）查附表 15 选择适合的管径，查出表中对应的比摩阻 R_b 和流速 v_b。

（5）折算成假设蒸汽密度条件下的实际比摩阻 R_{sh} 和实际流速 v_{sh}。

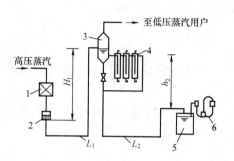

图 1-57　凝结水回收系统

1—用汽设备；2—疏水器；3—二次蒸发箱；4—多级
水封；5—分站凝结水箱；6—安全水封

（6）计算分支管线的当量长度和折算长度。

（7）计算压力损失。

（8）计算分支管线末端的蒸汽表压力。

（9）验算平均密度，如果两者密度相差较大，应重新假设密度进行计算。

三、凝结水管网的水力计算

前已述及，凝结水回收包括重力回水、余压回水和加压回水方式，并且介绍了室内余压凝结水管路的水力计算方法。室外余压凝结水管网中流体仍按乳状混合物的满管流进行计算，管网的水力计算方法与室内凝结水管路完全相同。室外余压凝结水管网指的是疏水器后到分站凝结水箱或热源凝结水箱之间的管路，管线较长，如图1-57所示。以下详细介绍各种凝结水管网的水力计算方法。

（一）疏水器出口至二次蒸发箱（或高位水箱）之间的管段计算

1. 确定管段内汽水混合物的密度

由于凝结水通过疏水器时会形成二次蒸汽，加上疏水器漏汽的影响，该管段内凝结水的流动状态属于复杂的汽液两相流动。通常，工程设计中认为疏水器之后的余压凝结水管路中的凝结水属于满管流的乳状混合物，可利用式(1-60)计算乳状混合物的密度，即

$$\rho_h = \frac{1}{v_h} = \frac{1}{x(v_q - v_s) + v_s}$$

2. 计算该管段的平均比摩阻 R_{pj}

利用式（1-59）计算该管段平均比摩阻 R_{pj}，即

$$R_{pj} = \frac{p_2 - p_3 - \rho_h g h}{\sum l} \alpha$$

通常，从安全角度考虑系统重新启动时管路中充满凝结水，因此 $\rho_h = 1000 \text{kg/m}^3$。

3. 确定管径

将平均比摩阻 R_{pj} 折算成附表 17 的凝结水水力计算表制表条件下的平均比摩阻 $R_{b,pj}$，然后查水力计算表选取管径大小。

附表 17 凝结水管径水力计算表的制表条件为 $\rho_b = 10 \text{kg/m}^3$，$K_b = 0.5 \text{mm}$。当余压凝结水管路中汽水混合物的密度 ρ_h 和管壁的绝对粗糙度 K 与水力计算表中规定的介质密度和管壁的绝对粗糙度 K_b 不同时，应将实际平均比摩阻 R_{pj} 换算成制表条件下的平均比摩阻 $R_{b,pj}$，折算方法为

$$R_{b,pj} = \left(\frac{\rho_h}{\rho_b}\right) R_{pj}$$

对于闭式凝结水系统，凝结水管道的实际绝对粗糙度 $K = 0.5 \text{mm}$；对于开式凝结水系统，凝水管道的实际绝对粗糙度 $K = 1.0 \text{mm}$。

4. 确定 R_{sh} 和 v_{sh}

将附表 17 中平均比摩阻 R_b 和流速 v_b 折算成实际比摩阻 R_{sh} 和流速 v_{sh}，折算方法为

$$R_{sh} = \left(\frac{\rho_b}{\rho_h}\right)R_b; v_{sh} = \left(\frac{\rho_b}{\rho_h}\right)v_b$$

（二）二次蒸发箱至闭式分站凝结水箱之间的管段计算

1. 确定该管段的作用压力 Δp

该管段中凝结水全部充满管路，依靠二次蒸发箱与凝结水箱之间的压力差和水面势差流动，该管段是湿式凝结水管。计算该管段的作用压力 Δp 时，应按最不利情况计算，即将二次蒸发箱看成开式水箱，设其表压力 p_3 为零，则该管段的作用压力 Δp 为

$$\Delta p = \rho_s g h_2 - p_4 \tag{1-78}$$

式中 h_2——二次蒸发箱（或高位水箱）水面与凝结水箱回形管顶的标高差，m；

p_4——凝结水箱的表压力（对于开式凝结水箱，$p_4 = 0$；对于闭式凝结水箱，表压力应为安全水封限制压力），Pa；

ρ_s——管段中凝结水密度（对于不再汽化的过冷凝结水，$\rho_s = 1000\text{kg/m}^3$），kg/m³；

g——重力加速度，$g = 9.81\text{m/s}^2$。

2. 计算管段的平均比摩阻 R_{pj}

管段的平均比摩阻 R_{pj} 为

$$R_{pj} = \frac{\Delta p}{l_2(1 + \alpha_b)}$$

α_b 为室外凝结水管网中局部阻力损失与沿程阻力损失之比，查附表14可得 $\alpha_b = 0.6$。

3. 确定管径

从用户系统的疏水器到热源或凝结水分站处的凝结水箱之间的管道，因是凝结水满管流动的湿式凝水管，可查附表12确定管径。

至此，该管段计算结束。

进行多个疏水器并联工作的余压凝结水管网水力计算时，也应首先进行主干线的水力计算，通常从凝结水箱的总干管开始进行主干线各管段的水力计算，直到最不利用户。各管段中，也需要逐段求出汽水混合物的密度。但是实际计算中，从设计安全考虑，通常以管段末端的密度作为管段汽水混合物的平均密度。

主干线各计算管段的二次蒸汽量，可用式（1-79）计算，即

$$X_2 = \frac{\sum\limits_{i=1}^{n} G_i x_i}{\sum\limits_{i=1}^{n} G_i} \tag{1-79}$$

式中 x_i——计算管段所连接的用户由于凝结水压降产生的二次蒸汽量，kg/kg；

G_i——计算管段所连接的用户的凝结水计算流量，t/h。

第七节 热水管网的水力工况

一、热水管网的水压图

在热水供热管网中，热媒压力的大小，对于热水供热系统的安全运行有着重要的影响。

例如：当用户系统内的压力超过用热设备或管道构件所能承受的极限压力时，就会出现故障；在用户入口处，若热水供热管网回水管内热媒的压力小于用户系统的充水高度，热水不能充满用户系统时，就会产生倒空现象；对于超过 100℃ 的高温热水供热系统，系统中任意一点热媒的压力，如果低于与该温度相对应的汽化压力时，就会产生汽化现象，破坏系统的正常运行。另外，热水供热管网连接着许多的用户，供热范围较大，而各用户的高度不同，这些因素对热水供热系统的热媒压力有很大的影响。

通过绘制热水管网的水压图，可以直观、清晰、全面地反应热水管网和用户系统的压力状况，为用户与管网采用合理的连接方式提供可靠的依据。水压图是热水网路设计和运行的重要工具。

（一）绘制水压图的基本原理

热水管网的水力计算只能确定热水管道中各管段的压力损失值，但不能确定热水管道上各点的压力值。通过绘制水压图，可以清晰地表示出热水管网中各点的压力。由流体力学中伯努利方程式，可列出流体流过某一管段截面 1 和截面 2 之间的方程

$$\frac{p_1}{\rho g} + z_1 + \frac{v_1^2}{2g} = \frac{p_2}{\rho g} + z_2 + \frac{v_2^2}{2g} + \Delta p_{1\text{-}2} \tag{1-80}$$

用水头高度表示，则为

$$\frac{p_1}{\rho g} + z_1 + \frac{v_1^2}{2g} = \frac{p_2}{\rho g} + z_2 + \frac{v_2^2}{2g} + \Delta H_{1\text{-}2} \tag{1-81}$$

式中　p_1、p_2——管段截面 1、2 的压力，Pa；

$\quad\quad z_1$、z_2——管段截面 1、2 的中心相对基准面 $O\text{-}O$ 的位置高度，m；

$\quad\quad v_1$、v_2——管段截面 1、2 的水流平均速度，m/s；

$\quad\quad \rho$——热水的密度，kg/m³；

$\quad\quad g$——重力加速度，m/s²；

$\quad\quad \Delta p_{1\text{-}2}$——水流经管段 1-2 的压头损失，Pa；

$\quad\quad \Delta H_{1\text{-}2}$——水流经管段 1-2 的压头损失，mH₂O❶。

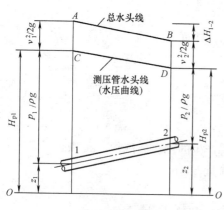

图 1-58　供热管道内热媒的压力

伯努利方程式可用水头高度的形式表示，如图 1-58 所示。图 1-58 中线 AB 称为总水头线；断面 1、2 的总水头差 $\Delta H_{1\text{-}2}$ 就是水流经管段 1-2 的压头损失；线 CD 为管段 1-2 的测压管水头线。管道中任意一点的测压管水头高度 H_p 就是该点距基准面 $O\text{-}O$ 的位置高度 z 与该点的测压管水柱高度 $\dfrac{p}{\rho g}$ 之和。

在热水管网中，将管道中各点的测压管水头高度顺次连接起来即为热水管网的水压曲线。通过水压曲线可以确定热水供热系统中任意一点热媒的压力。对于水压图，应注意以下

---

❶　1mH₂O=9.8×10³Pa。

几点：

（1）供热管道内任何一点热媒的压头压力值等于该点测压管水头所达到的高度 H_p 和该点相对于基准面的位置高度 z 之间的高度差。

（2）根据水压图的坡度，可以确定管段单位长度的平均压降的大小。水压图的坡度越大，管段单位长度的平均压降就越大。

（3）由于热水管路是一个连通器，因此，只要知道了某一点的压力，就可以得到其他点的压力。

（二）热水供热系统的水压图

水压图是研究热水供热系统的重要工具。通常，水压图的横坐标表示供热系统的管段单程长度，单位为米；纵坐标包括两部分，下半部分表示供热系统的纵向标高，单位为米，上半部分包括管网、散热器、循环水泵、地形以及建筑物的标高。对室外热水供热系统，如果纵坐标无法将供热系统组成表示清楚，可在水压图的下部标出供热系统示意图。示意图纵坐标的上半部分表示供热系统的测压管水头线。测压管水头线又包括动水压线和静水压线。动水压线表示供热系统在运行状态下的压力分布，静水压线表示供热系统在停止运行时的压力分布，描述供水管的水压线称为供水压线，描述回水管的水压线称为回水压线。

下面以一个简单的机械循环室内热水供热系统为例，说明绘制水压图的方法，并分析供热系统在工作和停止运行时的压力状况。

机械循环热水供热系统如图 1-59 所示，膨胀水箱 1 连接在循环水泵 2 的入口 O 点处。设其基准面为 O-O，并以纵坐标代表供热系统的高度和测压管水头的高度，横坐标代表供热系统水平干线的管路计算长度。

设膨胀水箱的水位高度为 j-j。如果不考虑系统的漏水或加热时水膨胀的影响，认为系统已经处于稳定状态，不再发生变化，在循环水泵运行时，膨胀水箱的水位是不变的。

在绘制水压图时，应首先绘制系统的静水压线。由于水不流动，系统中各点压力相等，并且都等于定压点（循环水泵入口 O点）的压力，即膨胀水箱的高度，因此系统

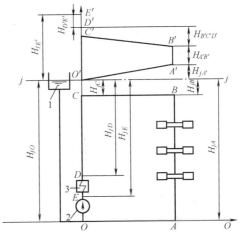

图 1-59　室内热水供热系统的水压图
1—膨胀水箱；2—循环水泵；3—锅炉

静水压线为一条平行于基准面，高度等于膨胀水箱高度的水平线，如图 1-59 中的 j-j 线。

系统的动水压线为系统工作时的水压曲线。当系统运行时，由于循环水泵驱动水在系统中循环流动，A 点的测压管水头必然高于 O 点的测压管水头，其差值等于管段 OA 的压头损失。O 点的压力无论在系统运行时还是停止时都恒定，为膨胀水箱的高度，因此，动水压线的起点与静水压线在此处重合，即图中的 O' 点，这样 A 点的测压管水头值可确定了，如图中的 A' 点。同理，也可确定 B、C、D、E 各点的测压管水头高度，即 B'、C'、D'、E' 各点在纵坐标上的位置。依次连接各点的测压管水头的顶端，便可得到系统的动水压线 $O'A'B'C'D'E'$。其中，$B'C'O'$ 表示供水干管的动水压曲线，$O'A'$ 表示回水干管的动水压

曲线。

因此，利用水压图，可以很方便地分析供热系统各点的压力分布情况：

（1）明晰系统中各管段的压力损失。图 1-59 中 $H_{jA'}$ 表示动水压曲线图上 O 和 A 两点的测压管水头的高度差，即热媒从 A 点流到 O 点的压力损失。同理，$H_{A'B'}$ 表示热媒流经立管 BA 的压力损失；$H_{B'C'D'}$ 表示热媒流经供水管的压力损失；$H_{D'E'}$ 表示从循环水泵出口侧至锅炉出水管段的压力损失；$H_{jE'}$ 表示循环水泵的扬程。当系统停止运行时，系统中各管段的压力损失为零。

（2）明晰系统中各点压力大小。利用水压曲线可以清晰地看出系统中各点的压力。如当系统运行时，A 点的压力就等于 A 点测压管水头 A' 点到 A 点的位置高度差，以 $H_{A'A}$ 表示。同理，其他点 B、C、D、E、O 的压力分别表示为 $H_{B'B}$、$H_{C'C}$、$H_{D'D}$、$H_{E'E}$、$H_{O'O}$（mH_2O）。

当系统停止运行时，系统中 A、B、C、D、E、O 各点的压力分别表示为 H_{jA}、H_{jB}、H_{jC}、H_{jD}、H_{jE}、H_{jO}（mH_2O）。

通过上述分析可知，当膨胀水箱的安装高度超过用户系统的充水高度，且膨胀水箱的膨胀管又连接在靠近循环水泵进口侧时，即可保证整个系统，无论在运行或停运时，各点的压力均可高于大气压力。这样，系统中将不会出现负压，从而避免热水汽化或吸入空气等现象，进而保证系统安全可靠地运行。因此，在机械循环热水供热系统中，膨胀水箱不仅起容纳系统水膨胀体积的作用，而且还能对系统定压。热水供热系统水压曲线的位置，取决于定压装置对系统施加压力的大小和定压点的位置。而采用膨胀水箱定压的系统各点的压力，主要取决于膨胀水箱安装高度和膨胀管与系统的连接位置。

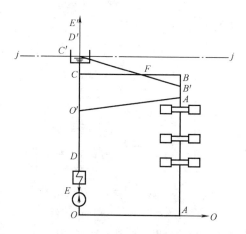

图 1-60　膨胀水箱连接在供水干管上的水压图

当把膨胀水箱连接在热水供热系统的供水干管上时，其水压图如图 1-60 所示，它与图 1-59 所示系统的水压线不同。图中整个系统各点的压力都降低了，如果供热系统的水平供水干管过长，其沿程阻力损失较大，则可能在干管上出现负压，如图 1-60 中的 FB 段。当系统中出现负压，便会吸入空气或发生水的汽化现象，影响系统的正常运行。因此，从安全运行角度出发，在机械循环热水供热系统中，最好将膨胀水箱的膨胀管连接在循环水泵的吸入口。

对于自然循环热水供热系统，由于系统的循环作用压头小，水平供水干管的压力损失只占一部分，膨胀水箱水位与水平供水干线的标高差，往往足以克服水平供水干管的压力损失，不会出现负压现象，所以可将膨胀水箱连接在供水干管上。

（三）热水网路的水压图

由于热水网路上连接着许多热用户，且各热用户对供水温度和压力的要求可能各有不同，所处的地势高低也不一致，在设计阶段必须对整个网路的压力状况有个整体的考虑。通过绘制热水网路的水压图，可以全面地反映热网和各热用户的压力状况，并确保实现不同热用户要求的技术措施。在运行中，通过网路的实际水压图，可以全面地了解整个系统在调节过程中或出现故障时的压力状况，进而从根本上发现症结并及时准确地采取措施，保证系统安全可靠运行。同时，各热用户的连接方式以及整个供热系统的自控调节装置，都要根据网路的压力分布或其波动情况进行选定，因此，水压图成为决策的重要依据。

　　水压图是在水力计算的基础上绘制的，在进行热水热力网设计时，应绘制各种主要运行方案的主干线水压图，对于地形复杂的地区，还应绘制必要的支干线水压图。对于多热源的热水热力网，应按热源投产顺序绘制每个热源满负荷运行时的主干线水压图以及事故工况水压图。可以说，水压图是热水网路设计和运行的重要工具，暖通专业技术人员应掌握绘制水压图的基本要求、步骤和方法，并会利用水压图分析系统压力状况。

　　1. 热水供热系统正常运行对水压的基本要求

　　为保证热水供热系统在运行或停止运行时，系统能够处于正常状态，系统内热媒的压力必须满足以下基本技术要求。

　　(1) 动水压线。动水压线为系统在运行时反映网路中各点的压力分布情况的曲线，其高度等于系统各对应点运行时的测压管水头。选取动水压曲线应满足以下技术要求：

　　1) 确保设备不被压坏。在与热水网路直接连接的用户系统内，压力不应超过该用户系统用热设备及其管道构件的承压能力。管道和阀门的承压能力通常在 1.6MPa 以上，一般被压坏的可能性不大。供热系统的危险部件主要是散热器等散热设备。对于普通铸铁散热器，其工作压力为 0.4MPa；板式钢制散热器承压能力在 0.4～0.5MPa 之间；钢串片散热器承压能力为 1.0～1.2MPa。因此，作用在用户系统最底层散热器上的表压力，不论热网处于运行状态还是处于停止运行状态，都不可超过散热器的承压能力。

　　2) 确保系统不倒空。与热水网路直接连接的用户系统，无论在运行或停止运行时，用户系统回水管出口处的压力应高于用户系统的充水高度，否则系统内易于出现负压。当管道处于负压时，管道中流体会逸出各种气体，容易形成空气隔层，导致水、气分离。对于运行中的管网，水不能完全充满管道，顶部存有空气。在这种情况下，供热系统很难排除空气，必然影响供热效果。另外，由于空气从水中逸出，造成电化学反应，会加快管道的腐蚀。为避免管道发生倒空现象，在管网设计时，必须检查其水压图的合理性。由于系统的顶部水压最小，应当在该处保证 2～5mH₂O 的富裕量，使整个供热系统不会倒空，不出现负压。

　　3) 确保热水不汽化。为了确保管网不汽化，应保证管网各处的水压均大于相应水温下的饱和压力。特别对于高温水（水温大于 100℃）系统，如果管网中出现汽化，形成水、蒸汽混流，容易造成水击现象，应当尽量避免。供热系统中随着供水温度的不同，为保证不汽化所要求的水压条件也不同，不同水温下的汽化压力参见表 1-9。最容易发生汽化的位置在系统的顶部，只要保证此处的压力满足汽化压力的要求并留有 3～5mH₂O 的富裕度，便可保证系统的正常运行。

表 1-9　　　　　　　　　　　　　　不同温度下的汽化压力

水　温（℃）	100	110	120	130	140	150
汽化压力，kPa（mH₂O）	0	45(4.6)	101(10.3)	172(17.6)	264(26.9)	378(38.6)

　　4) 确保热用户具有足够的资用压头。在热水网路的热力站或用户引入口处，供、回水管的资用压差应满足热力站或用户所需的作用压头。当外网提供的资用压头不足，将难以克

服用户室内供热系统的阻力，系统便不能正常运行。由于外网与用户系统可以采用不同的连接方式，所以要求的资用压头也不同。

当外网与用户采用直接连接的方式，要求的资用压头为 $19.6\sim49\text{kPa}$（$2\sim5\text{mH}_2\text{O}$）；当采用喷射器连接时，由于喷射器的动力要求，需要的资用压头较高，通常取 $78.4\sim117.6\text{kPa}$（$8\sim12\text{mH}_2\text{O}$）；当采用间接连接时，要求的资用压头为 $29.4\sim78.4\text{kPa}$（$3\sim8\text{mH}_2\text{O}$）。

5）热水网路回水管内任何一点的压力应符合下列规定：不应超过直接连接用户系统的允许压力；任一点的压力比大气压力至少高出 49kPa（$5\text{mH}_2\text{O}$），以防止空气的吸入。

（2）静水压线。静水压线为一条水平直线，高度等于定压点的压力，表示系统停止运行时，网路中各点的压力分布情况。选取静水压曲线的高度时，必须满足以下技术要求：

1）与热水管网直接连接的供热用户系统内，静态压力不应超过系统中任意一点的允许压力。

2）与热力管网直接连接的用户系统内，不会出现倒空。

3）不应使热水管网任何一点的水汽化，应保持 $29.4\sim49\text{kPa}$（$3\sim5\text{mH}_2\text{O}$）的富裕压力。

选定的静水压曲线位置依靠系统所采用的定压方式来保证。目前，国内的热水供热系统最常用的定压方式是采用高位水箱或补给水泵定压。另外，定压点的位置通常设在网路循环水泵的入口处。

2. 绘制热网水压图的步骤和方法

（1）选取基准面和坐标。通常以网路循环水泵中心线的高度为基准面，沿基准面取为横坐标 x 轴，按一定的比例尺作出距离的刻度。纵坐标 y 取与基准面的垂直线，按一定的比例尺作出标高的刻度。

（2）确定静水压线的位置。静水压线的下限值应等于供热中心供热范围内最高供水干管的几何高度加上供水温度下的饱和压力（低温热水采暖系统的饱和压力一般取 $30\sim50\text{kPa}$）。静水压线的上限值一般取下限值加 $30\sim50\text{kPa}$。上、下限间的区域为定压补水装置的工作区间。工作区间的惰性与补水泵的启停频率和定压补水装置有关。

（3）确定主干线回水管的动水压线位置。绘制静水压线后，再绘制主干线回水管的动水压线。在网路循环水泵运转时，网路回水管各点的测压管水头的连线，称为回水管动水压线。已知热水网路水力计算结果后，按照各管段的实际压力损失，绘制回水管动水压线。回水管动水压的位置应满足以下要求：

1）前以述及，回水管动水压线应保证所有直接连接的用户系统不倒空且网路上任意一点的压力不应低于 49kPa（$5\text{mH}_2\text{O}$）的要求。这是控制回水管动水压线最低位置的要求。

2）回水管动水压线最高位置还应保证设备不被破坏，如对采用普通铸铁散热器的供热用户系统，当与热水网路直接连接时，回水管的压力不能超过散热器的承压能力，即 392kPa（$40\text{mH}_2\text{O}$）。实际应用中，底层散热器处所承受的压力比用户系统供热回水管出口处的压力还要高一些，应等于底层散热器供水支管的压力。但由于这两者的差值与用户系统的热媒压力的绝对值相比较，其值很小。为分析方便，可认为用户系统底层散热器所承受的压力就是供热管网回水管在用户引入口的出口处的压力。

（4）选定主干线供水管的动水压线位置。网路循环水泵运转时，网路供水管内各点的测压管水头的连接线，称为供水管动水压线。供水管动水压线沿着水流方向逐渐下降，其在单位管长上降低的高度反映出供水管的比压降值（比摩阻值）。供水管动水压线的位置，应满足以下要求：

1）网路供水干管以及与网路直接连接的用户系统的供水管中，任何一点都不应出现汽化。

2）在网路上任何一处用户引入口或热力站的供、回水管之间的资用压差（资用压头），应能满足用户引入口或热力站所要求的循环压力。

以上要求实质上限制着供水管动水压线的最低位置。由于定压点位置一般设在网路循环水泵的吸入端，前面确定的回水管动水压线全部高出静水压线，所以在供水管上不会出现汽化现象。

网路供、回水管之间的资用压差在网路末端最小。因此，只要选定网路末端用户引入口或热力站处所要求的资用压头，就可确定网路供水主干线末端的动水压线的水位高度。根据水力计算结果给定的供水主干线的平均比摩阻，便可绘出供水主干线的动水压线。静水压线、回水管动水压线和供水管动水压线组成了主干线的水压图。

（5）支干线、支线的动水压线。

主干线的水压图绘制完成以后，可绘制分支线的动水压线。根据各分支线在分支点处的供、回水管的测压管水头高度和水力计算结果给出的支线比摩阻或压力损失，按上述同样的方法和要求绘制。如果在支干线或支线处为消除剩余压头装有调压装置，那么在绘制支线水压图时，要把调压装置所消耗的压头在水压图上表示出来。

（四）水压图的使用

利用热水网路的水压图，可以很清楚地了解供热系统各点的压力分布。

（1）管道上任一点压力的确定。管道上任一点的压力应等于水压图上的纵坐标与水位高度之差。

（2）散热器处压力的确定。在系统运行状态下，散热器处的压力能水头处于该处供水压线和回水压线之间。为了使用户内部各种设备处于较低的工作压力环境下，一般将调压节流装置布置于供水管线的入口处。回水管线压力应尽量接近散热器处压力，因此，常用回水压线数值代替散热器处的水头值。

（3）热用户资用压头的确定。对于室外热水供热系统，热用户资用压头是指热网提供给该用户室内系统可能消耗的最大压力，其值等于相应用户的供水总水头与回水总水头的差值。

（4）管网的压力损失。在水压图上，某管段的压力损失为该管段水压线起点与终点水头高度的差值。

（5）管段比摩阻的确定。管段比摩阻的定义为流体通过单位长度直管段的压力降。在水压图上，供水压线或回水压线的斜率即表示该管线的比摩阻。

（6）定压点的压力。定压点为无论系统工作或停止运行时压力始终保持不变的地方。定压点的压力根据系统中压力技术要求来确定。在水压图中，定压点的压力为静水压线的高度。

（7）循环水泵的扬程。在水压图上，循环水泵的扬程应为水泵出口总水头与水泵入口总水头之差值，即热网动水压线的最高点和最低点（也就是静水压线）高度之差。

二、外网与用户系统的连接方式

为了热网的正常运行，必须同时保证上述五方面的水压要求。热用户管网复杂时，要同时满足所有要求并不容易。绘制出热水网路的水压图后，便可合理分析选择外网与用户系统的连接方式。

1. 各种形式的直接连接

当外网提供给用户的资用压头在 $19.6\sim117.6$ kPa（$2\sim12$ mH$_2$O）以内时，可根据具体情况，分别选择简单直接连接、混水泵连接和喷射器连接等方式；当用户资用压头不足 $19.6\sim49$ kPa（$2\sim5$ mH$_2$O）时，可采用混水泵连接方式，如图 1-61（a）、（b）和（f）所示。

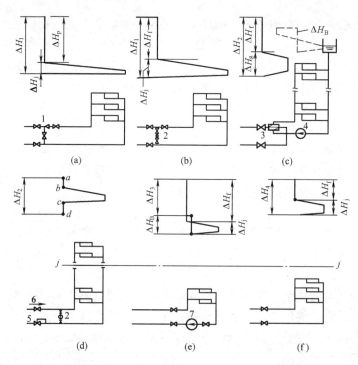

图 1-61　热水网路与供暖用户系统的连接方式和相应的水压图

1—水喷射器；2—混合水泵；3—水—水换热器；4—用户循环水泵；5—"阀前"压力调节阀；6—止回阀；7—回水加压泵；ΔH_1、ΔH_2、……—用户 1、2 等的资用压头；ΔH_f—阀门节流损失；ΔH_j—用户压力损失；ΔH_B—水泵扬程；ΔH_g—水—水换热器的压力损失；ΔH_p—水喷射器本身消耗的压力损失

2. 与高层建筑的连接

对于高层建筑（通常建筑高度都在 40m 以上）·热用户，如果采用简单直接连接方式，为保证不汽化、不倒空，水压图的静水压线和回水压线必须高于 412kPa（42mH$_2$O），此时容易把底层散热器压坏；若保证底层散热器不被压坏，水压图的静水压线和动回水压线将不能高于 392kPa（40mH$_2$O），此时系统顶部将发生汽化和倒空现象。针对该情况，通常采取以下方法：

（1）把水压图的静水压线和动回水压线提高，保证系统不汽化、不倒空。然后采用承压能力较高的散热器，如钢串片散热器，保证在水压较高时不被压坏。

（2）高层建筑采用分层间接连接方式，即建筑高度在 40m 以下的各层采用简单直接连接方式，40m 以上的各层与外网采用间接连接，如图 1-61（c）所示。

3. 加压泵的连接

当供热系统水压图的静水压线适中，但是个别热用户处回水动压线过高，用户底层散热器仍会发生破裂。针对此情况，通常在用户入口出设置回水加压泵，其作用为局部降低该用户处回水压线，使其满足散热器的承压能力，如图 1-61（e）所示。

4. 回水管上安装阀前压力调节阀的直接连接

如图 1-61（d）所示，在回水管上安装阀前压力调节阀，在供水管上布置止回阀。当回水管的压力超过弹簧的平衡力时，阀门便打开。弹簧的平衡力应高于用户静压 $3\sim5mH_2O$，以保证用户不倒空。当网路循环泵停止运行时，弹簧平衡力超过用户静压，阀门关闭，与供水管上的止回阀共同作用将用户和管网截断。

三、水泵的选择

（一）热网循环水泵的选择

热网循环水泵作为驱动热水在供热系统中循环流动的机械设备，直接影响热水供热系统的水力工况。在完成热水供热系统管路的水力计算后，便可确定网路循环水泵的流量和扬程。

1. 循环水泵流量的确定

对于包含多种热用户的闭式热水供热系统，原则上应首先绘制供热综合调节曲线，将各种热负荷的网路总水流量曲线相叠加，得出相应某一室外温度下的网路最大设计流量值，作为选择的依据。对于目前常见的只有单一供热热负荷，或采用集中质调节的包含多种热用户的并联闭式热水供热系统，通常把网路的最大设计流量作为计算网路循环水泵流量的依据。循环水泵的流量为

$$G = (1.1\sim1.2)G_{max} \tag{1-82}$$

式中　G——循环水泵的流量，t/h；

　　　G_{max}——热网最大设计流量，t/h。

2. 循环水泵扬程的确定

循环水泵的压力应不小于设计流量条件下热源、热网和最不利用户环路即主干线上的压力损失之和。循环水泵扬程为

$$H = (1.1\sim1.2)(H_r + H_{wg} + H_{wh} + H_m) \tag{1-83}$$

式中　H_r——网路循环水通过热源内部的压力损失，包括热源加热设备（热水锅炉或换热器）和管路系统等总压力损失，通常取 $H_r=10\sim15mH_2O$，mH_2O；

　　　H_{wg}——网路主干线供水管的压力损失，可根据网路水力计算确定或从水压图上读取，mH_2O；

　　　H_{wh}——网路主干线回水管的压力损失，可根据网路水力计算确定或从水压图上读取，mH_2O；

　　　H_m——主干线末端用户系统的压力损失，可根据用户系统的水力计算确定，mH_2O。

在热水网路水压图上，可清楚地表示出循环水泵的扬程和上述各部分压力损失值。应着重指出，循环水泵是在闭合环路中工作的，它所需要的扬程仅取决于闭合环路中的总压力损失，而与建筑的高度和地形无关，与定压线高度无关。

3. 循环水泵的选择原则

在选择循环水泵时，应符合下列规定：

（1）循环水泵的总流量不应小于管网总设计流量，当热水锅炉出口至循环水泵的吸入口装有旁通管时，应计入流经旁通管的流量。

（2）循环水泵的流量—扬程特性曲线，在水泵工作点附近应比较平缓，以便在网路水力工况发生变化时，循环水泵的扬程变化较小。通常单级水泵特性曲线比较平缓，一般选用单级水泵作为循环水泵。

（3）循环水泵的工作点应在水泵高效工作范围内。

（4）循环水泵的承压、耐温能力应与热网的设计参数相适应。循环水泵多安装在热网回水管上，循环水泵允许的工作温度，一般不能低于80℃。如安装在热网供水管上，则必须采用耐高温的热水循环水泵。

（5）循环水泵台数的确定，与热水供热系统采用的供热调节方式有关。循环水泵的台数不得少于两台，其中一台备用。当四台或四台以上水泵并联运行时，可不设置备用水泵。采用集中质调节时，宜选用相同型号的水泵并联工作。

（6）多热源联网运行或采用中央质—量调节的单热源供热系统，热源的循环水泵应采用变频调速泵。

（7）当热水供热系统采用分阶段改变流量的质调节时，各阶段的流量和扬程不同。为了节约电能，通常选用流量和扬程不等的泵组。

（8）对具有热水供应热负荷的热水供热系统，在非供热期间网路流量远小于供热期流量，可考虑增设专为供应热水负荷用的循环水泵。

（9）当多台水泵并联运行时，应绘制水泵和热网水力特性曲线，确定其工作点，进行水泵选择。

（二）补给水泵的选择

在采用补给水泵加压定压的热水供热系统中，补给水泵的作用是补充系统的漏水损失并保持系统的补水点的压力在给定范围内波动，在这种情况下，补水点也就是定压点。在采用蒸汽加压罐定压或氮气加压罐定压的热水供热系统中，补给水泵的作用同样是补充系统的漏水损失，但它不再保持补水点的压力一定。补水点的压力由受压容器中的压力来控制，在这种情况下，系统的补水点和定压点可以不在同一位置。

在热水供热系统中，如采用补给水泵对系统进行定压，补给水泵的流量和扬程按以下原则进行确定：

1. 补给水泵的流量

补给水泵的流量主要取决于整个系统的渗漏水量。系统的渗漏水量与供热系统的规模、施工安装质量和运行管理水平有关，难有准确的定量数据。CJJ 34—2002《城市热力网设计规范》规定：

（1）闭式热水网路的补水量，不应大于总循环水量的1%。但在选择补给水泵时，整个补水装置和补给水泵的流量，应根据供热系统的正常补水量和事故补水量来确定，通常取正常补水量的四倍计算，即总循环水量的4%。

（2）对开式热水供热系统，应根据热水供应最大设计流量和系统正常补水量之和确定，即流量不应小于生活热水最大设计流量和供热系统泄漏量之和。

2. 补给水泵的扬程

补给水泵的扬程为

$$H_b = 1.15(H_{bs} + \Delta H_x + \Delta H_c - h)$$ (1-84)

式中　H_{bs}——补给水点的压力值，即系统静水压线的高度，mH_2O；

　　　ΔH_x——补给水泵吸水管端压力损失，mH_2O；

　　　ΔH_c——补给水泵出水管端压力损失，mH_2O；

　　　h——补给水箱最低水位比补给点高出的距离，m。

系统的补水点一般选择在循环水泵入口处，补水点的压力由水压图分析确定。

3. 热水热网补水装置的选择原则

热水热网补水装置的选择应符合以下规定：

（1）闭式热水供热系统补给水泵的台数不应少于两台，可不设备用泵，正常时一台工作；事故时，两台同时运行。

（2）开式热力网补水泵不宜少于三台，其中一台备用。

（3）当动态水力分析考虑热源停止加热的事故时，事故补水能力不应小于供热系统最大循环流量条件下，被加热水自设计供水温度降至设计回水温度的体积收缩量与供热系统正常泄漏量之和。

（4）事故补水时，若软化除氧水量不足，可补充工业水。

若系统采用其他定压方式定压，补给水泵只作为补水之用，那么，补给水泵流量的确定与上述相同，但扬程的确定与上述有所不同。

四、供热系统定压方式

热水供热系统的动水压线在垂直方向上的位置确定之后，需要通过设置定压装置维持热水供热系统中某一点压力恒定的方法实现热水供热系统在设计工况下运行。为此，最简单的方法是，无论热网运行还是停止运行，都应使热网中一个点（或者在地形复杂时用数个点）的压力维持在给定值上，从而保证水压图的稳定，这个点称为定压点。定压点可以设在系统中任何地点。为了管理方便，工程上通常把定压点设在锅炉房内靠近循环水泵吸入端的回水干管上。

热水管网在运行中，常发生水的漏失，引起系统内压力的波动，为了维持热水供热系统内热媒压力一定或在一定范围内波动，必须不断地向系统补水。因此，热水供热系统的定压系统往往和补充水系统结合起来考虑。维持定压点压力恒定的装置称为定压装置。下面介绍几种常用的热水供热系统的定压方法及定压装置。

（一）开式膨胀水箱定压

开式膨胀水箱定压是利用安装在高处的开式水箱所造成的静压头来维持循环水泵吸入端的压力保持一定，如图1-62所示。这是一种最简单的定压方法，是机械循环低温水供水系统最常用的定压方式。水箱内水位的高度根据热水供热系统的静水压线来确定，膨胀水箱可装在高层建筑物或锅炉房的顶部。这种定压方式的优点是设备简单、

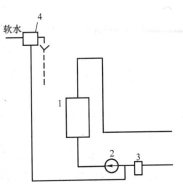

图1-62　高位水箱定压系统

1—热水锅炉；2—循环水泵；

3—除污器；4—高位水箱

压力稳定、运行管理方便，同时可作供热系统的补充水和溢水之用。

对于高温水系统，为了防止系统最高点产生汽化，水箱必须装得很高，使高位水箱的安装检修很不方便，所以，此种定压方式一般只应用于供热范围不大的低温热水供热系统。

另外，对于大型热水供热系统，由于系统水的膨胀量较大，所要求膨胀水箱的体积也较大。较大体积和质量的水箱设在建筑物的顶部，会使建筑物的造价大大提高。在较大型的供热系统中，有条件安装水箱的用户可能较远，也难以向膨胀水箱补充软化水以及向热源处泄水，并且膨胀水箱的膨胀管也较长。所以，对中型以上（建筑面积在 3 万 m² 以上）的集中供热系统，不宜采用开式膨胀水箱定压。

（二）补给水泵加压定压

利用补给水泵加压定压，无需高位水箱，不受安装条件的限制，因此，这种定压方式广泛应用于高温水系统以及中型以上的低温水集中供热系统。补给水泵定压是热源内靠补给水泵抽引补水箱的软化水，向供热系统补水的一种定压方式。补给水泵定压有连续补水定压和间歇补水定压两种。

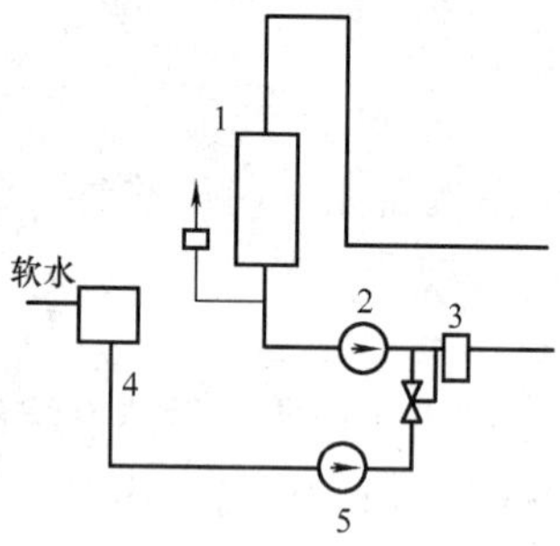

1. 连续补水定压

图 1-63 所示为采用连续补水定压的热水供热系统示意图。定压装置由补给水箱、补给水泵和压力调节阀组成。压力调节阀通常采用由阀门后压力直接控制的薄膜式压力调节阀。循环水泵运行时，通过薄膜式压力调节阀保持循环水泵入口处的压力恒定。如果该处压力过高，压力调节阀的薄膜便会发挥作用，使阀门的开启度减小，从而使进入热水供热系统中的水量减少，该点压力下降，直到规定值。而当该处压力过低时，压力调节阀的薄膜发挥作用，使控制阀门开启度增大，使进入热水供热系统中的水量增加，该点的压力回升到所要求的压力，从而使循环水泵吸入端的压力保持恒定。

如果循环水泵停止运行，补给水泵将继续工作，补给水量通过压力调节阀来控制，热水供热系统的压力便会维持在静水压线所要求的压力水平；如果热水供热系统内热媒的压力过高，安全阀会开启，泄水降压。

图 1-63 连续补水加压定压系统
1—热水锅炉；2—循环水泵；3—除污器；
4—补给水箱；5—补给水泵

这种补水定压方式的优点是：水箱无需高架，补水压力调节方便。其缺点是当突然停电时，补给水泵停止运行，不能保持系统内所必需的压力，有可能使系统产生倒空和汽化现象，而且补给水泵的耗能量较大。随着技术的发展，突然停电事故很少，因停电造成热水供热系统产生汽化的几率相当少，必要时，可以用城市供水维持热水供热系统具有一定压力。这种连续补水定压方式比较广泛地应用于热水供热系统。

近几年发展起来一种新的定压技术，即变频调速补给水泵连续补水定压。图 1-64 所示为变频调速补给水泵连续补水定压装置示意图。

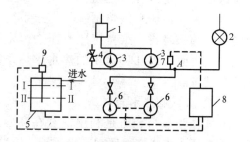

图 1-64 变频调速补给水泵连续
补水定压装置示意图
1—锅炉；2—热用户；3—循环水泵；4—安全阀；
5—补给水箱；6—补给水泵；7—压力变送器；
8—控制箱；9—水位控制器

这种补水定压装置可以随网路失水量瞬时变化来改变补水泵电动机转数，保证了给定压力值，形成一种无级调节的恒压补水方式。它是依靠连接在循环水泵入口（定压点 A 处）的压力变送器取出压力信号，反馈给控制箱中的微机控制系统，与给定压力比较后，通过控制箱内的变频器调节补给水泵的电动机转数，以改变补给水泵的流量。如果循环水泵的入口 A 点的压力超过给定压力，则控制补给水泵自动停止运转，如果压力仍继续升高，安全阀将自动打开向补水箱泄水。当 A 点压力低于给定压力时，补给水泵的频率增大，则补给水泵的流量增加。补给水箱水位控制器的作用是，当水箱水位低于下限水位 Ⅱ-Ⅱ 时，无论系统压力如何降低，都能自动控制补给水泵停止运转，当水箱水位恢复后又自动向系统内补水，达到补给水泵自身保护的目的。

与补给水泵连续补给水的定压方式相比，其优点为：自动化程度较高，安全可靠；定压点更趋近稳定；节省补给水泵的电能。其缺点为控制装置价格较高，设备的维护管理水平及控制设备安装环境要求较高（防潮和灰尘）。因此，只有在大型集中供热系统中才可能有条件选用这种定压方式并能充分发挥节能优势。

2. 间歇补水定压

图 1-65 所示为采用间歇补水定压的热水供热系统。补给水泵的运行由电接点压力表来控制。当循环水泵吸入端的压力下降到 p_A' 时，压力表的指针与下限点接触，启动补给水泵向热水供热系统补充水，直到该点

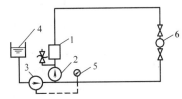

图 1-65　间歇补水定压

1—热水锅炉；2—循环水泵；3—补给水泵；
4—补给水箱；5—压力表；6—热用户

的压力上升到 p_A，电接点压力表的指针与上限点接触，补给水泵停止运行。可见，循环水泵吸入口点压力保持在 p_A' 和 p_A 之间波动。p_A' 和 p_A 的波动范围根据水压图来选定，一般采用的波动范围为 5×10^4 Pa。若波动范围选得太小，会引起电接点压力表触点开关动作过于频繁，易于损坏。

这种定压方式的水泵间断工作，耗电少，无需水箱高架。控制装置简单，补水压力调节方便。但动水压线是波动的，补给水泵启动频繁，启动电流较大易烧毁电动机。在系统供水温度不高、规模不大、系统漏水量较小的供热系统中，宜使用间歇补水定压方式。对于系统规模较大、供水温度较高的供热系统应采用连续补水定压方式。采用补水泵定压时，补水泵的流量主要取决于系统的漏水量，一般补水泵的流量按系统循环水量的 $3\% \sim 5\%$ 计算，补水泵的扬程，应根据水压图（如图 1-66 所示）静水压线压力要求确定。补水泵一般选 2 台。正常时一台工作，事故时两台全开。

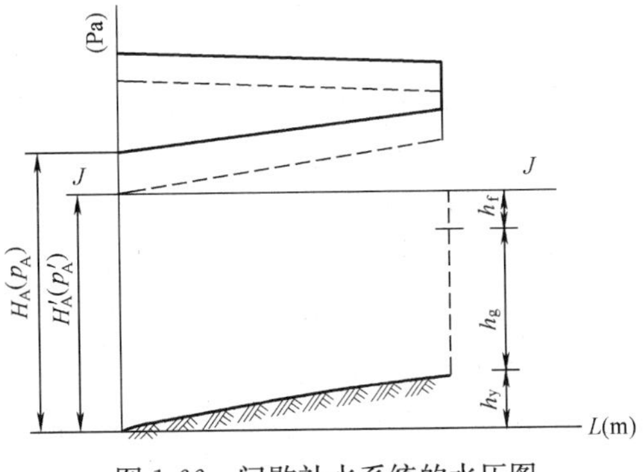

（三）氮气加压罐定压

开式膨胀水箱的定压受架设条件的限制，补给水泵加压定压，其可靠性又依赖于电源的保证。这就出现了利用惰性气体定压的定压方式，经常使用的是氮气加压罐定压系统。

图 1-67 所示为氮气加压罐自动补水定压装置示意图。管网回水首先经过除污器，除去水中杂质后，通过循环水泵加压进入

图 1-66　间歇补水系统的水压图

热水锅炉,被加热后重新送出。热水供热系统的系统压力状况靠连接在循环水泵吸入口侧的氮气罐内的氮气压力来控制。氮气从氮气瓶流出,经减压后进入氮气罐,并在氮气罐最低水位 I-I 时,保持一定压力 p_1,当然系统中水的容积因膨胀、收缩而发生变化时氮气罐内气体空间的容积及压力也相应地发生变化。

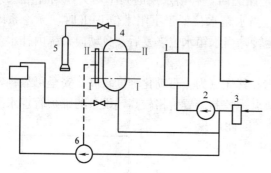

图 1-67　循环加压罐定压系统
1—热水锅炉；2—循环水泵；3—除污器；
4—氮气加压器；5—氮气瓶；6—补给水泵

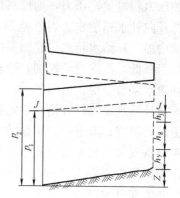

图 1-68　氮气加压罐定
压的热水供热
系统压力图

当系统中的水受热膨胀或补给水泵的补充水量大于系统的漏水损失时,氮气罐内水位上升,罐内气体空间减小而压力增高。达到最高水位 II-II 时,罐内的压力达到最大压力 p_2。如水继续受热膨胀引起罐内水位上升,则通过水位信号器自动控制排水阀开启,使水位下降到正常压力。当排水阀开启仍不足以使罐内水位下降,而罐内压力继续上升时,排气阀自动排气泄压。氮气定压方式的水压线也是在一定范围内变化的,如图 1-68 所示。罐内最高水位 II-II 相当于水压图中的实线；最低水位 I-I 相当于水压图中的虚线,$j-j$ 线是管网的最低静水压线位置。由此可见,氮气罐内氮气的压力是在 $p_1 \sim p_2$ 之间变化的。

氮气罐定压方式的主要特点是系统内压力较为稳定。此种定压系统适应停电的能力强。当突然停电时,在一定时间内用罐中所贮存的水补充系统漏水损失和系统中水的冷缩量,能较好地防止系统出现汽化和水击现象。氮气加压罐可以容纳热水供热系统中膨胀的水量。在补给水泵不断启停、水量发生变化时,保持氮气空间的压力在允许范围内波动,并起缓冲作用。但这种定压系统需要消耗氮气,设备也较复杂,氮气罐体积较大。因此,目前多用于要求较高的供热系统。

(四)蒸汽加压罐定压

在热水供热系统的热源中,有蒸汽锅炉生产的蒸汽时,可以采用蒸汽加压罐定压。蒸汽加压罐一般接在循环水泵的吸入端,来自蒸汽锅炉的蒸汽,经压力调节阀进入蒸汽加压罐内。蒸汽加压罐内蒸汽压力的大小由热水供热系统压力线来确定,由压力调节器控制并维持蒸汽加压罐内蒸汽压力一定,不像氮气加压罐内的压力会受水位变化的影响。

蒸汽加压罐中的水位是通过水位调节器控制补给水泵启动与停止来保持的。蒸汽加压罐属于受压容器,应装设安全阀、压力表、水位计、排气阀和排污阀等。

蒸汽加压罐定压系统比较简单,压力比较稳定,对于突然停电的适应性较好。缺点是设备投资较大。

五、热水管网的水力失调

供热管网是由众多串、并联管路以及各热用户组成的一个复杂的相互连通的管道系统。在运行过程中，由于各种原因的影响，往往使得网路的流量分配与各用户的设计要求不相符合，各用户之间的流量要重新分配。热水供热系统中，各热用户的实际流量与要求流量之间的不一致性称为该热用户的水力失调。

（一）水力失调基本原理

根据流体力学理论，各管段的压力损失为

$$\Delta p = S_p Q^2 \tag{1-85}$$

式中　Q——计算管段的流量，m^3/s；

　　　S_p——计算管段的特性阻力系数，kg/m^7。

管路的特性阻力系数 S_p 为

$$S_p = \frac{8\left(\lambda \dfrac{l}{d} + \Sigma\zeta\right)\rho}{\pi^2 d^4} \tag{1-86}$$

在水温一定（即管中流体密度一定）的情况下，网路各管段的特性阻力系数 S_p 与管径 d、管长 l、沿程阻力系数 λ 和局部阻力系数 $\Sigma\zeta$ 有关。对于某一管段而言，当阀门开启度不变时，其 S_p 值也不变。

任何热水网路都是由许多串联管段和并联管段组成的，以下分别分析这两种管段的总特性阻力系数。

1. 串联管路

如图 1-69 所示，在串联管路中，各管段流量相等，即 $Q_1 = Q_2 = Q_3$，总压力损失为各管段压力损失之和，即

$$\Delta p = \Delta p_1 + \Delta p_2 + \Delta p_3$$

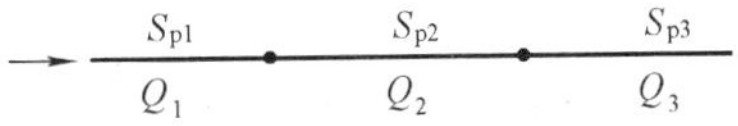

则

$$S_p = S_{p1} + S_{p2} + S_{p3} \tag{1-87}$$

图 1-69　串联管路

式（1-87）说明：串联管路中，管路的总特性阻力系数等于各串联管段特性阻力系数之和。

2. 并联管路

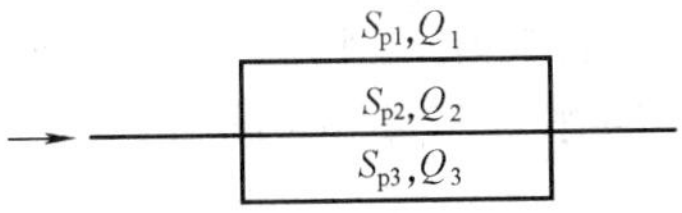

如图 1-70 所示，在并联管路中，各管段的压力损失相等，即 $\Delta p = \Delta p_1 = \Delta p_2 = \Delta p_3$，管路总流量为各管段流量之和，即

$$Q = Q_1 + Q_2 + Q_3$$

图 1-70　并联管路

则

$$\frac{1}{\sqrt{S_p}} = \frac{1}{\sqrt{S_{p1}}} + \frac{1}{\sqrt{S_{p2}}} + \frac{1}{\sqrt{S_{p3}}} \tag{1-88}$$

式（1-88）说明：并联管路中，管路总特性阻力系数平方根的倒数等于各并联管段特性阻力系数的平方根的倒数之和。

各管段的流量关系可用比例形式表示为

$$Q_1 : Q_2 : Q_3 = \frac{1}{\sqrt{S_{p1}}} : \frac{1}{\sqrt{S_{p2}}} : \frac{1}{\sqrt{S_{p3}}} \tag{1-89}$$

依据上述原理，可以得出以下结论：

（1）各并联管段的特性阻力系数 S_p 不变时，网路的总流量在各管段中的流量分配比例不变，网路总流量增加或减少多少倍，各并联管段的流量也相应地增加或减少多少倍。

（2）在各并联管段中，任何一个管段的特性阻力系数 S_p 值发生变化，网路的总特性阻力系数也会随之改变，总流量在各管段中的分配比例也相应地发生变化。

根据上述水力工况的基本计算原理，就可以分析和计算热水网路中的流量分配情况，研究它们的水力失调状况。水力失调的程度可以用实际流量与规定流量的比值 x 来衡量，x 称为水力失调度，即

$$x = \frac{Q_{sh}}{Q_g} \tag{1-90}$$

式中　Q_{sh}——热用户的实际流量，t/h；

　　　Q_g——该热用户的规定流量，t/h。

（二）水力失调的分类

对于整个网路系统而言，各热用户的水力失调状况一般分为以下几种：

（1）一致失调。网路中各热用户的水力失调度 x 均大于 1（或都小于 1）的水力失调状况称为一致失调。一致失调又分为：

1）等比失调：所有热用户的水力失调度 x 值都相等的水力失调状况称为等比失调。

2）不等比失调：各热用户的水力失调度 x 值不相等的水力失调状况称为不等比失调。

（2）不一致失调。网路中各热用户的水力失调度 x 有的大于 1，有的小于 1，这种水力失调状况称为不一致失调。

以几种常见的水力工况变化为例，利用上述原理和水压图，分析网路水力失调状况。

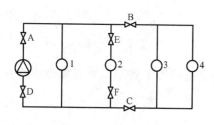

图 1-71　热水网路

如图 1-71 所示，该网路有四个用户，均无自动流量调节器，假定网路循环水泵扬程不变。

1）阀门 A 节流（阀门关小）。当阀门 A 节流时，网路总特性阻力系数 S_p 将增大，总流量 Q 将减小。由于未对各热用户进行调节，各用户分支管路及其他干管的特性阻力系数都没改变，各用户的流量分配比例也没有变化，各用户流量将按同一比例减少，各用户的作用压差也将按同一比例减少，网路产生了一致的等比失调。

图 1-72（a）所示为阀门 A 节流时网路的水压图，实线表示正常工况下的水压线，虚线为阀门 A 节流后的水压线，由于各管段流量减小，压降减小，干管的水压线（虚线）将变得平缓一些。

2）阀门 B 节流。当阀门 B 节流时，网路总阻力系数 S_p 增加，总流量 Q 将减少，如图 1-72（b）所示，供、回水干管的水压线将变得平缓一些，供水管水压线在 B 点将出现一个急剧下降。阀门 B 之后的用户 3、4 本身特性阻力系数虽然未变，但由于总的作用压力减小了，用户 3、4 的流量和作用压力将按相同比例减小，用户 3、4 出现了一致的等比失调；阀

门 B 之前的用户 1、2 虽然本身特性阻力系数并未变化，但由于其后面管路的特性阻力系数改变了，网路总的特性阻力系数也会随之改变，总流量在各管段中的流量分配比例也相应地发生了变化，用户 1、2 的作用压差和流量也是按不同的比例增加的，用户 1、2 将出现不等比的一致失调。

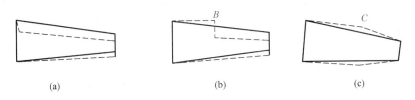

(a)　　　　　　　　　　　(b)　　　　　　　　　　　(c)

图 1-72　热水网路的水力工况

对于供热网路的全部用户来说，流量有的增加，有的减少，整个网路发生的是不一致失调。

3）阀门 E 关闭，用户 2 停止工作。阀门 E 关闭，用户 2 停止工作后，网路总阻力系数将增加，总流量将减少，如图 1-72（c）所示，热源到用户 2 之间的供、回管水压线将变得平缓，用户 2 处供、回水管之间的作用压差将增加。用户 2 之前用户的流量和作用压差均增加，但比例不同，是不等比的一致失调。由于用户 2 之后供、回水干管水压线坡度变陡，用户 2 之后的用户 3、4 的作用压差将增加，流量也将按相同比例增加，是等比的一致失调。

对于整个网路而言，除用户 2 以外，所有热用户的作用压差和流量将按同一比例增加，属于一致失调。

（三）水利失调的原因

热力系统产生水力失调的根本原因是由于在充分运行状态下热网特性不能在用户需要的流量下实现各用户环路的阻力相等，也就是通常所说的阻力不平衡。

实际中，产生水力失调的原因很多，主要包括以下几种：

（1）在设计计算时，未在设计流量下达到阻力平衡，结果导致在实际运行时管网在新的流量下达到阻力平衡。

（2）施工安装结束后，未进行初调节或初调节没能达到原来的设计要求。

（3）在运行过程中，一个或几个用户的流量变化（阀门关闭或停止使用），也会导致网路与其他用户流量的重新分配。

（4）热网管道规格的离散性使热量可能在不经过人为调节而难以使得各个用户环路的水力平衡。在热网设计时，一般是满足最不利用户点所必需的资用压头，而其他用户的资用压头都会有不同程度的富裕量。在这种自然状态下分配各个用户流量，必然产生水力失调。

（5）循环水泵选择不当，流量、压力过大或过小，都会使工作点偏离设计状态而导致水力失调。

（6）系统中用户的增加或减少，即网路中用户点的变化，要求网路流量重新分配而导致水力失调。系统中用户用热量的增加或减少，即用户流量要求的变化，也要求网路流量重新分配而导致水力失调。

（7）目前，绝大多数的用户系统是单种顺序式采暖系统，缺少必要的调节设备，用户系统无法调节，也会导致水力失调。

（四）水力失调的解决措施

1. 采用附加阻力技术

（1）用附加阻力技术消除用户剩余的资用压头。在系统设计时，实现热网各个用户环路的阻力平衡（相等）实际上是做不到的。循环水泵的压头是按照最不利（阻力最大的）环路消耗的阻力来确定的。因此，在设计无误时，其他各个环路都存在着或多或少的剩余压头。这些剩余压头都要在系统正式运行之前通过初调节予以消除，如果不能消除就会造成水力失调。

一般情况下，通过人工调节阀门系统阻力平衡是困难的，因为调节过程互相影响，需反复调节；当系统用户或用户负荷变化时，必须重新调节。在用户系统安装完善的自动调节设备（如温控阀、平衡阀等），实质上是通过自动改变附加阻力来消耗剩余压头的，是解决上述问题的一种有效方法。这是一种在用户系统中安装自动调节设备来消除剩余压头，使得各个环路实现阻力平衡的措施。循环水泵具有足够的流量和扬程，可以减少过热部分用户的热量浪费，获得节能效果。

（2）用附加压头提高用户不足的资用压头。随着城市住宅建设规模的不断扩大，系统循环水泵实际扬程不够的情况愈加普遍。此时，采取附加阻力的方法来调节系统的阻力平衡是做不到的，而采用附加压头技术则是经济有效的措施。这种在用户系统入口安装不同规格的小水泵来弥补资用压头的欠缺部分，使各个环路实现阻力平衡的措施，较之更换主循环泵其优点是基础投资少，水泵电耗降低，节能效果更显著。

2. 安装水力平衡阀

1962年，瑞典TA公司研制出第一个现代平衡阀。利用这种阀门可以简单地使每个管段和用户达到所需要的流量。进入20世纪80年代后，国外很多厂商十分关注平衡阀的智能化，将先进的计算机技术应用于这一领域，开发出一些效果更好、监控更方便的平衡阀，并在供热和空调系统中普遍采用，收到了极好的经济效益，系统节能率达到20%～30%。

并不是在供热系统中安装了平衡阀就肯定能够解决水力失调问题。在实际应用中，应该针对不同供热系统选取相应类型的平衡阀，使之与供热系统相匹配，与系统的调节方式相协调，才能充分发挥平衡阀效能。

目前，绝大多数热水集中供热系统采用单纯质调节或分阶段改变流量的质调节。采用纯质调节时，若用户用热量稳定，采用静态平衡阀即可很好地解决水力失调问题。当用户负荷波动较大时，宜采用动态平衡阀。采用分阶段改变流量的质调节时，宜采用动态平衡阀，但系统流量改变时，需对平衡阀开度重新设定。

六、热水网路的水力稳定性

为了深入研究热水网路水力失调程度的因素，探讨改善网路水力失调状况的方法，研究热水网路的水力稳定性尤为重要。所谓水力稳定性是指网路中各个热用户在其他热用户流量发生改变的情况下保持自身流量不变的能力。

（一）水力稳定性原理

实际分析中，通常用热用户的规定流量和工况变动后可能达到的最大流量的比值，即水力稳定性系数来衡量水力稳定性，即

$$y = \frac{1}{x_{max}} = \frac{Q_g}{Q_{max}} \tag{1-91}$$

式中 Q_g——热用户的规定流量，t/h；

Q_{max}——热用户可能出现的最大流量，t/h；

x_{max}——工况改变后热用户可能出现的最大水力失调度，按式（1-90）计算。

由式（1-85）可知，热用户的规定流量为

$$Q_g = \sqrt{\frac{\Delta p}{S_{xz}}} \tag{1-92}$$

式中 Δp——热用户正常工况下的作用压差，Pa；

S_{xz}——用户系统及其用户支管的总阻力系数，Pa/（m³/h）²。

若某热用户的最大流量出现在其他用户全部关断时，这时网路干管中的流量很小，阻力损失接近于零。热源出口的作用压差可认为是全部作用在这个用户上，这时

$$Q_{max} = \sqrt{\frac{\Delta p_c}{S_{xz}}} \tag{1-93}$$

式中 Δp_c——热源出口的作用压差，Pa。

Δp_c 通常近似地认为等于网路正常工况下的网路干管的压力损失 Δp_w 和这个用户在正常工况下的压力损失 Δp 之和，即

$$\Delta p_c = \Delta p_w + \Delta p$$

所以，式（1-93）又可写为

$$Q_{max} = \sqrt{\frac{\Delta p_w + \Delta p}{S_{xz}}} \tag{1-94}$$

因此，热用户的水力稳定性系数为

$$y = \frac{Q_g}{Q_{max}} = \sqrt{\frac{\Delta p}{\Delta p_w + \Delta p}} = \sqrt{\frac{1}{1 + \frac{\Delta p_w}{\Delta p}}} \tag{1-95}$$

从式（1-95）可以发现：水力稳定性系数的极限值为 1 和 0。

在 $\Delta p_w = 0$ 时（理论上，网路干管直径为无限大），$y=1$。此时，这个热用户的水力失调度 $x_{max}=1$，也就是说，无论工况如何变化，都不会水力失调，其水力稳定性最好。该结论对于网路上每个用户均成立。这种情况下任何热用户的流量变化，都不会导致其他热用户流量的变化。

当 $\Delta p=0$ 或 $\Delta p_w=\infty$ 时（理论上，用户系统管径无限大或网路干管管径无限小），$y=0$。此时，热用户的最大水力失调度 $x_{max}=\infty$，水力稳定性最差。任何其他用户流量的改变将全部转移到该用户上。

实际上，热水网路的管径不可能无限大也不可能无限小，热水管网的水力稳定性系数 y 总在0~1之间，当水力工况变化时，任何用户的流量改变，都会引起其他用户的流量发生变化。

（二）提高热水网路稳定性的措施

实际工程中，为了提高管网水力稳定性，保持管网水力工况稳定，常采用以下技术、施工和运行管理措施：

（1）在设计热水供热管路时，要减少网路干管的压力损失，适当增大网路干管的管径，即在进行管路水力计算时，选用较小的比摩阻 R 值，以达到相对减小干管压降的目的。还

要特别注意适当增大靠近热源的管网干管的管径，以便更有效地提高管网的水力稳定性。

（2）在设计热水供热管路时，要适当提高网路干管的压力损失。由于管径规格和管内允许流速的限制，依靠选用较小管径来增大支线和热用户系统的压降是有限的。所以经常采用其他消耗压降较大的方法，如采用水喷射器、调压板、安装高阻力小管径阀门等措施。

（3）施工时，不可随意选用不符合设计要求的管径和管道配件进行取代，因为这样会破坏原设计的干管和用户压降比例，从而破坏管网的水力稳定性。

（4）运行时，应合理地进行网络的初调整和运行调节，尽可能将网路干管上的所有阀门尽量开大，而把剩余的作用压差消耗在用户系统内。初调节后投入正常运行的热水管网，各热用户不得为了增加本用户流量而随意加装加压水泵，因为这种做法虽然可以增大加装水泵的用户的流量，但却使整个管网产生严重的水力失调。

（5）对于供热质量要求高的系统，可在各用户引入口处安装自动调节装置（如流量调节器）等，以保证各热用户的流量恒定。

以上措施自然要导致热网投资费用的相应增加，但提高了热网的水力稳定性，使供热系统正常运行。热网的正常运行可以节约热网泵的电能消耗，节省用户无益的热量消耗，便于系统的初调整和运行调节。因此，在热水供热系统设计中，必须在关心节省造价的同时，对提高系统的水力稳定性问题给予充分重视。

第八节　供热管网的布置原则、形式与敷设

供热管网是由彼此互相紧密连接的热力管段所组成的管网系统。它的建设是热力系统中重要投资部分，一般要占总投资的 50％ 以上。为了节省建设投资、减少供热管道的施工工程量，合理地选择供热管网是非常重要的。

一、布置原则

集中供热系统中，供热管道把热源与用户连接起来，将热媒输送到各个用户。管道系统的布置形式取决于热媒（热水或蒸汽），热源（热电厂或区域锅炉房等）与热用户的相互位置和供热地区热用户的种类、热负荷大小和性质等。选择管道的布置形式应遵循安全供热和经济性的原则。

1. 技术上可靠

供热管网线路应尽可能布置在地势平坦、土质好、水位低的地区，尽量避开主要交通干道和繁华街道，以免敷设于地下的热力管道承受过大的载荷，且给施工和运行管理带来困难；还应避开土质松软地区、地震断裂带、滑坡危险地带以及地下水位高等不利条件地段。在城市和居民区中，线路应选在平行于道路和绿化区以外的工程区内，一般平行于道路中心线，通常同一条管道应只沿街道的一侧敷设，避免横跨道路敷设。另外，为了消除管道受热而引起的热膨胀，还需设置一定数量的热补偿器，同时应尽量利用管道的自然拐弯作为管道受热膨胀时的自然补偿，管线上必须设置必要的阀门。

供热管道与建筑物、构筑物和其他管线的最小距离参见附表 18。

2. 经济上合理

供热管网的主干线力求短直，以减少金属耗量和工程投资；主干线应首先经过热负荷较为密集的地区，并靠近热负荷大的用户，以便使供热管道的直径随着热负荷量迅速减少，节

省建设投资。

3. 与周围环境的协调

供热管网管道的平面布置应注意与各种市政设施相配合，协调排列，合理布置，避免冲突，相互之间的距离应能保证运行安全，便于施工安装和维修。注意对周围环境的影响，不要妨碍交通，不要破坏城市环境的美观。

二、供热管网的布置形式

供热管道（供热管网）的形式根据热媒的不同分为热水管网和蒸汽管网两种。热水管网多为双管式，既有供水管，又有回水管，供、回水管并行敷设。蒸汽管网分单管式、双管式和多管式，单管式只有供汽管，没有凝结水管；双管式既有供汽管，又有凝结水管；多管式的供汽管和凝结水管都有一根以上，按照热媒压力的不同分别输送。

另外，供热管网的形式还分成环状管网和枝状管网。由于城市集中供热管网的规模较大，因而从结构层次上又将管网分为一级管网和二级管网。一级管网是连接热源与区域热力站的管网，又称之为输送管网。二级管网以热力站为起点，把热媒输配到各个热用户的热力引入口处，又称之为分配管网。一级管网的形式决定整个供热管网的形式。一级管网为环状时，供热管网即为环状管网；一级管网为枝状时，供热管网即为枝状管网。二级管网通常都是枝状管网。

（一）枝状管网

枝状管网，如图 1-73 所示，其结构比较简单，造价较低，运行管理方便，并且管径随距热源距离的增加而减小。但是，枝状管网的缺点是无后备性能。当管路上某处发生故障时，在损坏地点以后的所有用户都将停止供热。如果事故发生在热源附近，则该供热管网上所连接的大部分或全部热用户都将中止供热。

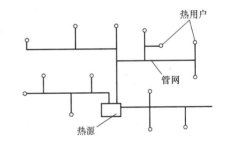

图 1-73 枝状管网

供热管网在设计合理、安装质量可靠、正确运行管理的情况下，一般是能够无故障工作的。对于采暖、通风等季节性热负荷的供热管网，可以利用非采暖期间供热管网停止运行时进行检修。因此为使供热管网具有后备性能而采用环状管网的必要性不大。对于只有一个热源的集中供热系统，一般都采用枝状管网。

（二）环状管网

环状管网，如图 1-74 所示，是用较大直径的管道将枝状管网的折线连接起来构成环状管网。环状管网中热力站后面的二级管网，可以按枝状管网布置，它将热能由热力站分配到一个或几个街区的建筑物内。增大由热源到连接管道的接点之间各管段的直径，使之具有足够的通过能力。环状管网的主要优点是使供热管网具有后备性能。当管路局部发生故障时，可经其他连接管路继续向用户供热，甚至当系统中某个

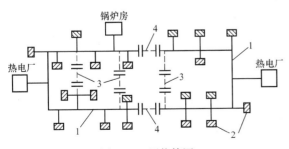

图 1-74 环状管网

1——一级管网；2—热力站；3，4—使热网具有备用功能的跨接管

热源出现故障不能向热网供热时，其他热源也可向该热源的网区继续供热，管网的可靠性好。环状管网通常设两个或两个以上的热源。环状管网与枝状管网相比，金属耗量增加很多，建设投资大，控制难度大，运行管理复杂。

另外一种环状管网分环运行的方案被广泛采用，在管网的供、回水干管上装设具有通断作用的跨接管，如图1-74所示，跨接管3为热网提供备用功能，当某段管路、阀门或附件发生故障时，利用它来保证供热的可靠性。跨接管4为热源提供备用功能，当某个热源发生故障时，可通过跨接管4把这个热源区的热网与另一个热源区的热网连通，以保证供热不间断。跨接管4在正常工况下是关断不参与运行的，每个热源保证各自供热区的供热，任何用户都不得连接到跨接管上。

在一个城市中，如果有几个热电厂或大型区域锅炉房，可以在各个热源之间建造连通各个热源点主干线之间的连接管道，形成环状管网，如图1-74所示。因为环状管网具有一定的后备性能，可以允许减小热源供热设备的备用系数。因此，建造环状管网所增加的投资可与由于减小热源的备用系数所节省的热源供热设备建设投资相抵，并提高了集中供热的可靠性。

三、供热管网的敷设

因为室外供热管网是供热系统中投资最多、施工最繁重的部分，所以合理地选择供热管道的敷设方式对节省投资、保证热网安全可靠地运行和施工维修方便等都具有重要的意义。

(一)供热管道的材料

供热管道一般采用钢管。钢管不仅能承受较大的内压力和动荷载，而且管道连接简便，但是易腐蚀。室内供热管道通常采用水煤气钢管或无缝钢管，室外供热管道采用无缝钢管或钢板卷焊管等。钢管的连接通常采用焊接、法兰连接和丝扣连接等方式。焊接连接可靠、施工简便迅速，广泛用于管道之间及管道与补偿器的连接。法兰连接拆卸方便，通常用在管道与设备、阀门等需要拆卸的附件处。

(二)供热管道的敷设方式

供热管道的敷设方式可分为地上敷设和地下敷设两种。地上敷设，又称为架空敷设，是指将供热管道敷设在地面一些独立的或行架式的支架上。地下敷设分为地沟敷设和直埋敷设。地沟敷设是将管道敷设在地下管沟内，直埋敷设是将管道直接埋设在土壤里。

1. 供热管道的地上敷设

供热管道地上敷设是较为经济的一种敷设方式，不受地下水位和土质的影响，管道使用寿命长，便于运行管理，易于发现和消除故障。但是，供热管道的散热损失较大，占地面积大，影响厂区和城市的美观。对于厂区和城市郊区的供热管道，在以下任何一种情况下，应首先考虑采用管道架空敷设。

(1)地形复杂，如遇有河流、丘陵、高山峡谷等的地区或铁路密集区。

(2)地质为湿陷性黄土层和腐蚀性大的土壤区，或永久性冻土区。

(3)地下水位距地面小于1.5m的地区。

(4)地下管道纵横交错、稠密复杂，难以再在地下敷设热力管道的地区。

(5)地面上有煤气管道及各种工艺管道时，可考虑供热管道与其他管道共架敷设。

(6)虽然没有以上情况，但在厂区和城市郊区对美观要求不高时，也应选用地上架空敷设。但在寒冷地区，因采用架空敷设而造成供热管道热损失过大，使热媒参数无法满足用户要求时，或因供热管道间歇运行而采用保温防冻措施造成架空敷设在经济上不合理时，则不采用架空敷设。

供热管道地上敷设形式按其支撑结构的高度不同分为低支架敷设、中支架敷设和高支架敷设三种。

1）低支架敷设。为了避免地面雨水对管道的浸蚀，低支架敷设的管道保温层外表面至地面的净距离一般不小于 0.3m。低支架通常采用毛石砌筑或混凝土浇铸，如图 1-75 所示。

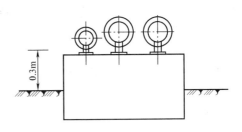

图 1-75   低支架敷设示意图

低支架敷设施工维修方便，可降低施工维修费用，缩短工期，节省大量土建材料，建设投资少。但是，低支架敷设使用范围小，在不妨碍交通，并且不影响厂区、街区扩建的地段可以采用该敷设方式。低支架敷设通常沿工厂围墙或平行公路、铁路布置。

2）中支架敷设。如图 1-76 所示，中支架敷设的管道保温结构底部距离地面的净高一般为 2.5～4.0m。中支架通常采用钢筋混凝土注浇（或）预制或钢结构。在行人交通频繁地段，需要通行车辆的地方宜采用中支架敷设。

3）高支架敷设。此种敷设方式中供热管道保温层外壳底部距地面净高为 4.5～6.0m，如图 1-77 所示。高支架通常采用钢结构或钢筋混凝土结构。与低支架敷设比较，采用中支架敷设和高支架敷设，耗费材料较多，施工维修不方便。管道上有附件（如阀门等）处必须设留操作平台。在行人交通频繁地段、需要跨越公路或铁路的地方宜采用高支架敷设。地上敷设的供热管道与地面之间应有足够的距离，根据不同的运输工具所需要的高度来决定，如汽车、电车高为 4.5m，火车为 5m。地上敷设的供热管道与铁路交叉时，不得小于 2.5m，支架距轨道中心的距离取决于火车机车的尺寸，与公路交叉时支架间距则取决于公路宽度。

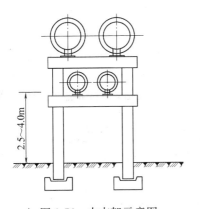

图 1-76   中支架示意图

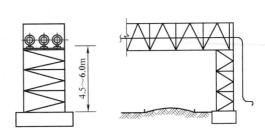

图 1-77   高支架敷设示意图

地上敷设的管道不受地下水的侵蚀，使用寿命长，管道坡度易于保证，所需的放水、排气设备少，可充分使用工作可靠、构造简单的方型补偿器，且土方量小，维护管理方便，但占地面积大，管道热损失大，不够美观。地上敷设适用于地下水位高、年降雨量大、地下土质为湿陷性黄土或腐蚀性土壤、沿管线地下设施密度大以及地下敷设时土方工程量太大的地区。

2. 供热管道的地下敷设

供热管道地下敷设是供热管网最常采用的一种敷设方式，可以分为地沟敷设和直埋敷设两种。

（1）地沟敷设。为使供热管道的保温结构不承受外界土壤的荷载，不受雨雪的侵袭，供热管道能自由胀缩，将供热管道敷设在特制的地沟内，这种敷设方式称为地沟敷设。

供热管道地沟的构造，一般是以混凝土为地沟底基础，以砖砌体或毛石砌体为地沟壁，钢筋混凝土为地沟盖板，在一些特殊工程中，如穿过重要的公路或街道，为避免开挖街道，有时采用预制的圆形钢筋混凝土地沟，用边挖边压的方法进行施工。

为避免供热管道地沟内积水，破坏供热管道的保温结构，增加供热管道的散热损失，腐蚀供热管道，缩短供热管道的寿命，供热管道地沟底应敷设在近 30 年来最高地下水位以上。为防止地面水渗入，地沟壁内表面应用水泥砂浆抹面，最好用防水砂浆粉刷。地沟盖板之间、地沟盖板与地沟壁之间应用水泥砂浆或沥青封缝。地沟盖板横向应有 0.01～0.02 的坡度。地沟底应有纵向坡度，坡度与供热管道坡度相一致，不小于 0.002，以便渗入地沟内的水流入检查室的集水坑内，用水泵抽出或设排水管就近排入下水管道内。如地下水位高于供热管道的地沟底，必须采用防水或局部降低地下水位的措施。常用的防水措施是在地沟壁外表面敷以防水层。防水层是用沥青粘贴数层油毛毡并外涂沥青或用防水布构成。局部降低地下水位的方法是沿地沟底下部铺上一层粗砂砾，在距地沟底 200～250mm 下敷设一根或两根直径为 100～150mm 的排水管道。排水管为无砂混凝土滤管，管壁有很多孔隙，地下水经此孔隙渗入排水管内排出，使供热管道地沟处的地下水位局部降低。为了清洗排水管道，需要每隔 50～70m 设一检查井。为减小地沟盖板的不均匀载荷，地沟盖板上的附土层厚度一般不小于 0.3m。

供热管道地沟按照其功用和结构尺寸分为通行地沟、半通行地沟和不通行地沟三种。

1）通行地沟。通行地沟是工作人员可以在其中通行的地沟，如图 1-78 所示。在下列情况下，可考虑采用通行管沟敷设：①当管道类型较多，管道数量较多，超过六根以上，或管径较大，管子垂直排列高度大于或等于 1.5m 时；②当热力管道通过的路面不允许挖开时。采用通行地沟敷设形式通常应用于热电厂出口、厂区主要干线或城市主要街区。

通行地沟敷设热力管道的优点是维护和管理方便，操作维修人员可经常进入地沟内进行检修，便于及时发现和迅速消除故障，更换或增加供热管道和设备，而无需开挖街道。缺点是施工土方量大，基建投资费用高，占地面积也大。

在大型工业企业中，有时把供热管道、城市上水管道、压缩空气管道、软化水管道和油管道等地下管道都敷设在通行地沟内。一般在地沟内一侧的管道安装高度大于 1.5m 时就可以采用通行地沟。

通行地沟内的管道有单侧布置和双侧布置两种形式，其横截面如图 1-78 所示。装有蒸汽管道的通行地沟每隔 100m 应设置一个事故人孔，其通道的宽度不小于 0.7m，高度不小于 1.8m。没有蒸汽管道的通行管沟每隔 200m 设置一个事故人孔。对于整体混凝土结构的通行地沟，每隔 200m 设置一个安装孔。

通行地沟内的供热管道应进行保温，以免烫伤工作人员。为使操作人员在通行地沟内正常工作，对于操作人员经常进入的通行地沟，应有良好的通风设施。当操作人员在地沟内工作时，地沟内的空气温度不得超过 40℃。当采用自然通风不能满足地沟内通风要求时，应设置机械通风系统进行通风。通行地沟内应装有照明设施，其电压不得高于36V。

2）半通行地沟。当供热管道数目较多并考虑能够进行一般的检修工作时，为节省建设投资，可采用半通行地沟。

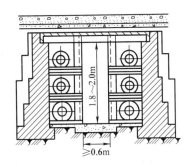

图 1-78　通行地沟

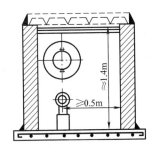

图 1-79　半通行地沟

半通行地沟内的管道有单侧布置和双侧布置两种布置形式。半通行地沟敷设比通行地沟敷设节省投资，其断面如图1-79所示。半通行地沟的断面尺寸，应满足维护检修人员进入沟内进行维修和弯腰行走的需要。半通行地沟的高度一般为1.2～1.4m，通道的宽度为0.5～0.7m，每隔60m设置一个检修出入口。考虑检修工作安全，半通行地沟敷设宜用于低压蒸汽和低于130℃的热水管道。半通行地沟敷设尺寸参见表1-10。

表 1-10　地沟敷设有关尺寸　　　　　　　　　　　　　　　　　　　　　　　m

名称　　　　地沟类型	地沟净高	人行通道宽	管道保温表面与沟壁净距	管道保温表面与沟顶净距	管道保温表面与沟底净距	管道保温表面间净距
通行地沟	≥1.8	≥0.6	0.1～0.15	0.2～0.3	0.1～0.2	≥0.15
半通行地沟	≥1.4	≥0.5	0.1～0.15	0.2～0.3	0.1～0.2	≥0.15
不通行地沟	—	—	0.15	0.05～0.1	0.1～0.3	0.2～0.3

3）不通行地沟。如图1-80所示，不通行地沟是工作人员不能在其中通行的一种地沟。不通行地沟敷设适用于土壤干燥、地下水位低、管道根数不多且管径小、管道维修工作量不大的情况。

不通行地沟的结构尺寸根据满足供热管道施工安装要求来决定。不通行地沟的宽度，根据两供热管道构件（如阀门、法兰盘等）的中心线间距来决定。当沟宽超过1.5m，可以考虑采用双槽地沟。不通行地沟断面尺寸较小，占地面积小，并能保证管道在沟内自由变形。管沟土方量及材料消耗少，省投资。不通行地沟敷设的最大缺点是难于发现管道中的缺陷和事故，维护检修也不方便。

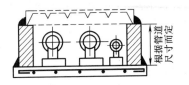

图 1-80　不通行地沟

（2）直埋敷设。供热管道直接埋设于土壤中，管道保温结构外表面与土壤直接接触的敷设方式称为直埋敷设。在热水供热管网中，直埋敷设采用最多的方式是供热管道、保温层和保护外壳三者紧密黏结在一起，形成整体式的预制保温管结构形式，如图1-81所示。

热力管道直埋敷设适用于下列情况：

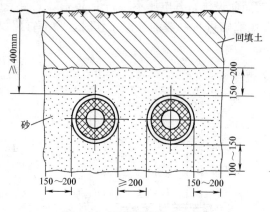

图 1-81　预制保温管直埋敷设

1）土质密实而又不会沉陷的地区，例如砂质黏土。如果在黏土中敷设热力管道，应在沟底铺一层厚度为 100～150mm 的砂子。

2）地震的基本烈度不大于 8 度、土壤电阻率不小于 20Ω·m、地下水位较低、土壤具有良好的渗水性以及不受工厂腐蚀性溶液浸入的地区。

3）公称直径不大于 500mm 的热力网管道。

直埋敷设和地沟敷设相比，直埋敷设不砌筑地沟，土方量和土建工程量小，节省供热管网的建设投资；直埋敷设可以采用预应力无补偿直埋敷设方式，使供热管道简化；预制保温管使用寿命长，大大延长了供热管道的更换周期；占用空间小，易于与其他地下管道和地下设施相协调；预制保温管所采用的保温材料导热系数很小，保温性能好。但采用直埋敷设方式时，难于发现管道运行及管道损坏等事故，一旦发生管道损坏进行检修时，需开挖的土方量也大。同时，直埋敷设也存在着管道容易被腐蚀的可能性，因此，必须从设计上选择防腐性能更好的保温材料和保温结构，从施工上强调保正保温、防水结构的施工质量。

如果采用直埋敷设，必须注意以下几个问题：

1）由于采用直埋敷设的管道管壁内的轴向温度应力比地沟敷设时大十多倍，其轴向力可达数十万帕至数百万帕之多。为了防止管路中的阀门直接承受管壁传来的轴向力载荷，需要用补偿器将阀门与管道隔开，补偿器起到卸载的作用。对于分支阀门，也需设补偿器给予隔开。为此，在管道的分支处，从保护三通及干线的安全考虑，无论有无阀门，都应设置补偿器。

2）由于直埋管道因温度引起的应力很大，管道被破坏的最大可能是由温度引起的塑性疲劳破坏，所以，应主要根据抗疲劳性能来选用管材。一般选择塑性好易焊接的 Q235 钢管。由于管道的轴向温度应力与管壁厚度无关，壁厚的管道会增加对固定墩的推力和过渡段的热伸长，为此应尽可能选用薄壁管。还应注意避免不同规格的管子混合使用，要求被补偿器、固定支架或弯头等分隔开的每一个直线管段使用同一规格的管子。使用不同直径的管道时，应在变径处用固定支墩隔开。

3）直埋敷设管道的三通处除承受内压载荷外，还承受极大的轴向压缩载荷，造成直埋管道中的三通处于十分不利的受力状态下工作。为此，当三通支管直径较大时，必须对三通进行补强加固。

4）直埋管道的定线原则，除了与一般管道走线原则相同外，还要考虑到使管道上设置的补偿器减少到最低限度。直埋管道的补偿器主要设置在 L 型管段的两端、地沟与直埋两种不同敷设方法的连接处、分支以及干线阀的两端等四个部位。而 L 型管段处的补偿器设置数量是与线路走向密切相关的，因此，在确定线路走向时，应尽可能使直管段长度不超过 L 型直管臂的允许值，争取不设补偿器。对于敷设在城市干道的干线，直管长一般都超过了 L 型直管臂的允许值。遇到转弯时需设补偿器以降低弯头的应力，为此，在干道上应尽可能地减少管道转弯，增加直线管段的长度。尤其要减少管线在道路横断面的位置改变。

5) 由于直埋管道经保温防水处理后是直接敷设在原状土地基上的, 为了防止由于地基软硬明显差异而造成管道的弯曲变形, 需要对原状土地基进行某些处理。例如: 弯头下部用矿砂土回填; 对于敷设在回填土、碴土等腐蚀性土壤中的管道, 应在管道周围 300mm 范围换以无腐蚀性的素土回填。对于不预热的无补偿直埋管道, 其最小覆土深度, 根据管道直径的不同不应小于 0.8~1.2m。

6) 直埋敷设的供热管道应有 0.002 的坡度。设置方型补偿器时, 应装在伸缩穴内; 管道弯曲部分, 应布置在管沟内。

施工安装时, 在管道沟槽底部要预先铺约 100~150mm 的粗砂砾夯实, 管道四周填充砂砾, 填砂高度约为 100~200mm, 之后再回填原土并夯实。整体式预制保温管直埋敷设与地沟敷设相比主要有以下特点:

1) 不需要砌筑地沟, 土方量及土建工程量减小, 管道预制, 现场安装工作量减少, 施工进度快, 可节省供热管网的投资费用。

2) 占地小, 易与其他地下管道的设施相协调。

3) 整体式预制保温管严密性好, 水难以从保温材料与钢管之间渗入, 管道不易腐蚀。

4) 预制保温管受到土壤摩擦力约束的特点, 实现了无补偿直埋敷设方式。在管网直管段上可以不设置补偿器和固定支座, 简化了系统, 节省了投资。

5) 聚氨酯保温材料导热系数小, 供热管道的散热损失小于地沟敷设。

6) 预制保温管结构简单, 采用工厂预制, 易于保证工程质量。

还有以沥青珍珠岩作为保温材料的, 它是将沥青加热掺入珍珠岩, 然后在钢管上挤压成型的。在保温层外面, 再包裹沥青玻璃布防水层。整体式沥青珍珠岩预制保温管造价低、耐温高 (可达 150℃), 但其强度低, 在运输吊装或施工中, 易产生环状及纵向裂缝, 而且接口处的保温处理不及采用聚氨酯方便。

另外, 还有采用填充式或浇灌式的直埋敷设方式, 它是在供热管道的沟槽内填充散状保温材料或浇灌保温材料 (如浇灌泡沫混凝土) 的敷设方式。由于难以防止水渗入而腐蚀管道, 目前应用较少。

四、供热管道的排水、放气与疏水装置

为了在需要时排除管道内的水, 放出管道内聚集的空气和排出蒸汽管道中的沿途凝结水, 供热管道必须敷设一定的坡度, 并配置相应的排水、放气及疏水装置。

(一) 管道的排水

在确定管网线路时, 应根据地形特点在适当部位设置排水点和放气点, 并且尽量使排水点邻近城市或厂区的排水管道。如图1-82所示, 热水和凝结水管道的低点处 (包括分段阀门划分的每个管段的低点处) 布置了放水装置。管道排水管直径的选择范围参见表

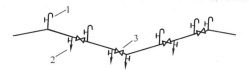

图 1-82 热水和凝结水管道
放气和排水装置位置示意图
1—放气阀; 2—排水阀; 3—阀门

1-11。热水管道的放水装置应保证一个放水段的排水时间不超过下面的规定:

(1) 管道直径不大于 300mm 的管道, 放水时间为 2~3h;

(2) 管道直径为 $\phi350$~$\phi500$ 的管道, 放水时间为 4~6h;

(3) 管道直径不小于 600mm 的管道, 放水时间为 5~7h。

规定放水时间主要是考虑在冬季出现事故时能迅速放水，缩短抢修时间，以免供热系统和管路冻结。

（二）放气装置

放气装置应设在管段的最高点，如图 1-82 所示。放气管直径应根据管道直径确定，常见规格管道所需放气管的直径参见表 1-11。

表 1-11　　　　　　　　　排水管、放气管直径选择表　　　　　　　　　　mm

热水管、凝结水管公称直径	<80	100～125	150～200	250～300	350～400	450～550	>600
排水管公称直径	25	40	50	80	100	125	150
放气管公称直径	15	20		25		32	40

（三）疏水装置

为排除蒸汽管道沿途的凝结水，蒸汽管道的低点和垂直升高管段前应设启动疏水和经常疏水装置。同一坡向的管段，在顺坡情况下每隔 400～500m，逆坡时每隔 200～300m 应设启动疏水和经常疏水装置。经常疏水装置排出的凝结水宜排入凝结水管道，以减少热量和水量的损失。

管道的坡度应根据管道所经过地区的地形状况来确定，一般不小于 0.002，对于汽水逆向流动的蒸汽管道，其坡度不小于 0.005。

室外供热管道的坡向，因受地形限制不可能都满足沿水流方向低头走的要求，尤其是直埋敷设的管道更无法满足此要求，管道只能随地形敷设。由于管道管径较大，管路上局部管件少，管内水流速度较高，不会产生气塞现象。

五、管道支座

供热管道的支座是布置于支承结构和管子之间的主要构件，其作用为支承管道或限制管道产生形变和位移。支座承受管道重力以及由内压、外载以及温度变化产生的作用力，并且将这些力传递到建筑结构或地面的管道构件上。管道支座对供热管道的安全运行有着重要影响。如果支座的构造形式选择不当或者支座位置不当，都将产生严重后果。

根据支座对管道位移的限制情况，管道支座分为活动支座和固定支座两种。

（一）活动支座

活动支座是承受管道重力，并保证管道发生温度变形时允许管道和支撑结构有相对位移的构件。活动支座按其构造和功能的不同分为滑动、滚动、弹簧、悬吊和导向等支座形式。

1. 滑动支座

滑动支座与支架由布置（采用卡固或焊接方式）在管子上的钢制管托和其下面的支撑结构构成，承受管道的垂直荷载，并且允许管道在水平方向滑动位移。根据管托横断面的形状，滑动支座主要包括曲面槽式（如图 1-83 所示）、丁字托式（如图 1-84 所示）和弧形板式（如图 1-85 所示）。

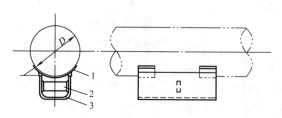

图 1-83　曲面槽式滑动支座
1—弧形板；2—肋板；3—曲面槽

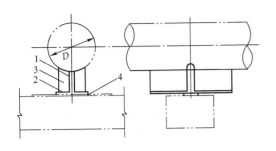

图 1-84　丁字托式滑动支座

1—顶板；2—底板；3—侧板；4—支撑板

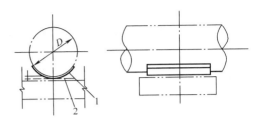

图 1-85　弧形板式滑动支座

1—弧形板；2—支撑板

对于曲面槽式和丁字托式滑动支座，支座托住管道，且滑动面低于保温层，以免保温层受到损坏。对于弧形板式滑动支座，其滑动面直接附在管道壁上，安装支座时需要去掉保温层，但是管道安装位置相对较低。

2. 滚动支座

滚动支座由安装（卡固或焊接）在管子上的钢制管托与设置在支撑结构上的辊轴、滚柱或滚珠盘等部件构成。

辊轴式（如图 1-86 所示）和滚柱式（如图 1-87 所示）支座，当管道轴向位移时，其管托与滚动部件间为滚动摩擦，但是管道横向位移时仍为滑动摩擦。对滚珠盘式支座，管道水平各向移动均为滚动摩擦。

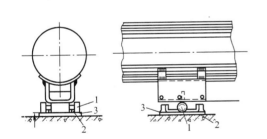

图 1-86　辊轴式滚动支座

1—辊轴；2—导向板；3—支撑板

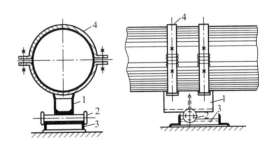

图 1-87　滚柱式滚动支座

1—槽板；2—滚柱；3—槽钢支撑座；4—管箍

滚动支座应进行必要的维护，以使滚动部件保持正常状态。滚动支座是利用滚子的转动来减小管道滑动时的摩擦力，这样可以减小支承结构的尺寸。滚动支座通常只用于架空敷设的管道上。地沟敷设的管道一般不宜采用这种支座，主要由于滚动支座的滚柱或滚轴在潮湿环境内会很快腐蚀而不能转动，反而变成了滑动支座。

3. 悬吊支架

悬吊支架一般用于供热管道上，管道用抱箍、吊杆等构件悬吊在承力结构下面。图1-88所示为几种常见的悬吊支架。

悬吊支架构造简单，管道伸缩阻力小，管道位移时吊杆发生摆动。但是，由于各支架吊杆摆动幅度不同，难以保证管道轴线在一条直线上，因此，管道热补偿需采用不受管道弯曲变形影响的补偿器。

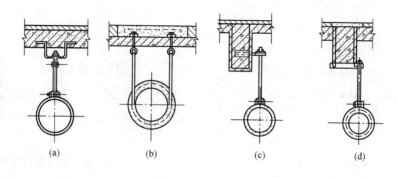

图 1-88　悬吊支架

(a) 可在纵向及横向移动；(b) 只能在纵向移动；
(c) 焊接在钢筋混凝土构件里埋置的预埋件上；(d) 箍在钢筋混凝土梁上

4. 弹簧支座

弹簧支座一般是在滑动支座、滚动支座的管托下或在悬吊支架的构件中加弹簧构成的，如图 1-89 所示。其特点是允许管道水平位移的同时，还可适应管道的垂直位移，使支座承受管道的垂直荷载变化。弹簧支座通常用于管道有较大的垂直位移处，避免管道脱离支座，导致相邻支座和相应管段受力过大。

5. 导向支座

导向支座只允许管道轴向伸缩，限制管道的横向位移，如图 1-90 所示。其构造通常是在滑动支座或滚动支座沿管道轴向的管托两侧设置导向挡板。导向支座的主要作用是防止管道纵向失稳，保证补偿器正常工作。

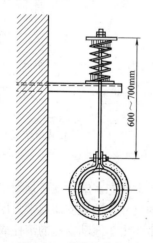

图 1-89　弹簧悬吊支座

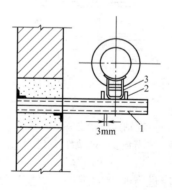

图 1-90　导向支座

1—支架；2—导向板；3—支座

6. 活动支座间距的确定

管道活动支座间距的大小决定着整个管网支架的数量，影响到管网的投资。在确保安全运行的前提下，应尽可能地增大活动支架的间距，减少支架的数量，降低管网投资。活动支座的最大间距是由管道的允许跨距决定的，而管道的允许跨距又是按强度条件和刚度条件通过计算确定的，通常选取其中的较小值作为管道支座的最大间距。

(1) 按强度条件确定活动支座的间距。在活动支座间距的计算中，主要考虑外载负荷，即自重和风荷载的影响。按强度条件确定的活动支座最大间距是根据外载负荷作用在管道断面上的最大应力不得超过管材的许用外载综合应力 $[\sigma_w]$ 值的原则来确定的。

对于供热管道的水平管段，可根据材料力学中均匀荷载多跨梁的弯曲应力计算公式，并考虑弹性条件，求出管道的允许跨距。计算公式为

$$L = \sqrt{\frac{15[\sigma_w]\varphi W}{q_d}} \qquad (1\text{-}96)$$

式中　$[\sigma_w]$——管材允用外载综合应力，见附表 20，MPa；

　　　　φ——管子横向焊缝系数，见表 1-12；

　　　　W——管子断面抗弯矩，见附表 21，$10^{-5}\,m^4$；

　　　　q_d——外载负荷作用下的管子单位长度计算质量，N/m。

表 1-12　　　　　　　　　　　　　管子横向焊缝系数 φ 值

焊接方式	φ 值	焊接方式	φ 值
手工电弧焊	0.7	手工双面加强焊	0.95
有垫环对焊	0.9	自动双面焊	1.0
无垫环对焊	0.7	自动单面焊	0.8

对于地沟敷设和室内供热管道，计算质量 q_d 即为管子的自身质量（蒸汽管道为管子本身及保温层的质量，热水管道还应加上水的质量）；对于室外架空敷设的管道，q_d 还要考虑风荷载的影响。

（2）按刚度条件确定活动支座的间距。管道在一定跨距下，在外载负荷的作用下将产生一定的挠度。具有一定坡度的管道，管道挠曲所产生的最大角变不应大于管道的坡度，避免管道内积水，如图 1-91 所示。刚度条件确定的管道允许跨距是根据对挠度限制所确定的管道允许跨距，即按刚度条件确定的活动支架最大间距。

根据材料力学中受均布荷载的连续梁的角变方程式，可求得活动支座的最大间距为

$$L = 5\sqrt{\frac{iEI}{q_d}} \qquad (1\text{-}97)$$

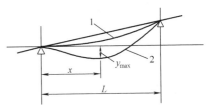

图 1-91　活动支座间
供热管道变形示意图
1—管线按最大角度不大于管线坡度
条件下的变形线；2—管线按允许最
大挠度 y_{max} 条件下的变形线

式中　i——管道坡度；

　　　　E——管子的弹性模数（见附表 19），N/m^2；

　　　　I——管道断面惯性矩（见附表 21），m^4；

　　　　EI——管子的刚度（见附表 21），$N\cdot m^2$。

附表 22 给出了按强度条件和刚度条件计算出的管道活动支座最大间距值。在工程设计中，若无特殊要求，为了简化，活动支座的间距可按表 1-13 中数据确定。

表 1-13　　　　　　　　　　　　　活 动 支 座 间 距 表

公称直径 DN（mm）			40	50	65	80	100	125	150	200	250	300	350	400	450
活动支座间距（m）	保温	架空敷设	3.5	4.0	5.0	5.0	6.5	7.5	7	10.0	12.0	12.0	12.0	13.0	14.0
		地沟敷设	2.5	3.0	3.5	4.0	4.5	5.5	5.5	7.0	8.0	8.5	8.5	9.0	9.0
	不保温	架空敷设	6.0	6.5	8.5	8.5	11.0	12.0	12.0	14.0	16.0	16.0	16.0	17.0	17.0
		地沟敷设	5.5	6.0	7.0	7.0	7.5	8.0	8.0	10.0	11.0	11.0	11.0	11.5	12.0

（二）固定支座

1. 固定支座形式

供热管道的固定支座是将管道固定，使其不能产生轴向位移的构件。固定支座的作用是将管道划分成若干补偿管段分别进行热补偿，从而保证补偿器正常工作。另外，固定支座还可以避免作用力依次叠加，从而传递到管路的附件和阀件上。

最常见的金属结构的固定支座，有卡环固定支座［如图 1-92（a）所示］、焊接角钢固定支座［如图 1-92（b）所示］、曲面槽固定支座［如图 1-92（c）所示］和挡板式固定支座（如图 1-93 所示）等。

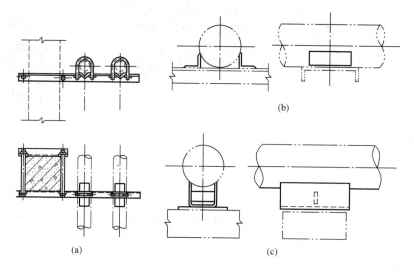

图 1-92　几种金属结构固定支座

（a）卡环固定支座；（b）焊接角钢固定支座；（c）曲面槽固定支座

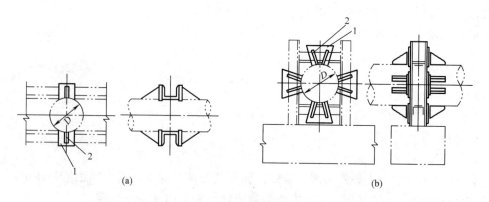

图 1-93　挡板式固定支座

（a）双面挡板式固定支座；（b）四面挡板式固定支座

1—挡板；2—肋板

卡环式、焊接角钢式和曲面槽式固定支座承受的轴向推力较小，通常不超过 50kN。当固定支座承受的轴向推力超过 50kN 时，通常采用挡板式固定支座。

在直埋敷设或不通行地沟中，固定支座也有做成钢筋混凝土固定墩的形式。图 1-94 所示是直埋敷设所采用的固定墩，管道从固定墩上部的立板穿过，在管子上焊有卡板进行固定。

2. 固定支座的设置

固定支座设置应遵循以下原则：

(1) 在管道不允许有轴向位移的节点处设置固定支座，如有支管分出的干管处。

(2) 在热源出口、热力站和热用户出入口处，均应设置固定支座，以消除外部管路作用于附件和阀件上的作用力，使室内管道相对稳定。

(3) 在管路弯管的两侧应设置固定支座，以保证管道弯曲部位的弯曲应力不超过管子的许用应力范围。

固定支座是供热管道中的主要受力构件，应按上述要求设置固定支座。为了节约投资，应尽可能加大固定支座间距，减少其数目，但固定支座的间距应满足下列要求。

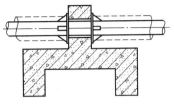

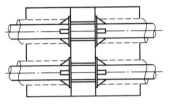

图 1-94　直埋敷设固定墩

(1) 管道的热伸长量不得超过补偿器所允许的补偿量。

(2) 管段因膨胀和其他作用而产生的推力，不得超过固定支架所能承受的允许推力。

(3) 不应使管道产生纵向弯曲。

附表 23 列出了地沟与架空敷设的直线管段固定支座最大允许间距。

第九节　热　力　站

热力站是指连接供热一次网与二次网并装有与用户连接的有关设备、仪表和控制设备的机房，是热量交换、热量分配以及系统监控、调节的枢纽。它的作用是根据热网工况和不同的条件，采用不同的连接方式，集中计量、检测供热热媒的参数和数量，将热网输送的热媒加以调节、转换，向热用户系统分配热量以满足用户需求。

集中供热系统的种类很多，根据服务对象的不同，可以分为工业热力站和民用热力站；根据供热管网热媒的不同，热力站可以分为热水供热热力站和蒸汽供热热力站；根据热力站的位置和功能不同，可以分为用户热力站、小区热力站和区域性热力站。本节重点介绍工业热力站和民用热力站。

一、工业热力站

工业热力站的服务对象是工厂企业用热单位，多为蒸汽供热热力站。图 1-95 所示为一个具有多类热负荷（生产、通风、供热、热水供应热负荷）的工业热力站示意图，热网蒸汽首先进入分汽缸，然后根据各类热用户要求的工作压力和温度，经减压阀（或减温器）调节后分别输送出去。如工厂采用热水供热系统，则多采用汽—水式换热器，将热水供热系统的循环水加热。

开式水箱多为长方形的，附件一般应有温度计，水位计，人孔盖，空气管，进、出水管和泄水管。当水箱高度大于 1.5m 时，应设置扶梯。闭式水箱是承压水箱，水箱应做成圆筒形，通常用 3～10mm 钢板制成。闭式水箱的附件一般有温度计，水位计，压力表，取样装置，人孔盖，进、出水管，泄水管和安全水封等。安全水封的作用是防止空气进入水箱内，

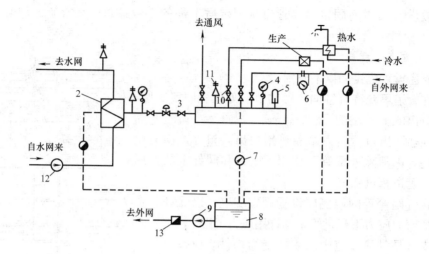

图 1-95　工业蒸汽热力站示意图

1—汽缸；2—汽—水换热器；3—减压阀；4—压力表；5—温度计；

6—蒸汽流量计；7—疏水器；8—凝结水箱；9—凝结水泵；10—调节阀；

11—安全阀；12—循环水泵；13—凝结水流量计

防止水箱的压力过高并且有溢流的作用。当箱内的压力正常时，水位在正常水平；当压力过高时，水封被突破，箱内的蒸汽和不凝结气体排往大气，将箱内的压力维持在一定的水平。凝结水泵不应少于两台，其中一台备用。

二、民用热力站

随着经济的发展和集中供热技术的不断进步，以及人们对环境保护的重视和国家有关政策的支持，使集中供热特别是民用热力站在我国北方地区迅速发展。

民用热力站的服务对象是民用用热单位（民用建筑及公共建筑），多属于热水供热热力站。热力站在用户供、回水总管进出口处设置截断阀门、压力表和温度计。用户进水管上应安装除污器，以免污垢杂物进入局部供热系统。如果引入用户支线较长，宜在用户供、回水管总管的阀门前设置旁通管。当用户暂停供热或检修而网路仍在运行时，关闭引入口总阀门，将旁通管阀门打开使水循环，以避免外网的支线冻结。另外，应当根据用户供热质量的要求，设置手动调节阀或流量调节器，便于供热调节。

图 1-96 所示为一民用热力站的示意图。各类热用户与热水网路并联连接。城市上水进入水—水换热器 4 被加热，热水沿热水供应网路的供水管输送到各用户。热水供应系统中设置热水供应循环水泵 6 和循环管路 12，使热水能不断地循环流动。当城市上水悬浮杂质较多、水质硬度或含氧量过高时，还应在上水管处设置过滤器或对上水进行必要的水处理。供热热用户与热水网路采用直接连接。当热网供水温度高于供热用户设计的供水温度时，热力站内设置混合水泵 9，抽引供热系统的网路回水，与热网的供水混合，再送向热用户。对于各种类型的换热器，将在后面章节作详细的介绍。

混合水泵的设计流量，可以按照式（1-98）进行计算，即

$$G'_{\mathrm{h}} = \mu' G'_0 \tag{1-98}$$

$$\mu' = (\tau'_{\mathrm{sh}} - t'_{\mathrm{g}})/(t'_{\mathrm{g}} - t'_{\mathrm{h}}) \tag{1-99}$$

式中　G'_{h}——从二级网路抽引的回水量，t/h；

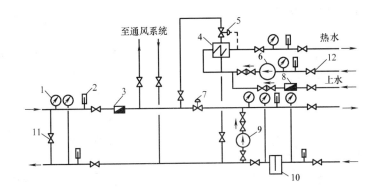

图 1-96 民用集中热力站示意图

1—压力表；2—温度计；3—热网流量计；4—水—水换热器；
5—温度调节器；6—热水供应循环水泵；7—手动调节阀；
8—上水流量计；9—供热系统混合水泵；10—除污器；11—旁
通管；12—热水供应循环管路

μ'——混水装置的设计混合比；

G_0'——承担该热力站供热设计热负荷的网路流量，t/h；

τ_{sh}'——热水网路的设计供水温度，℃；

t_g'、t_h'——供热系统的设计供、回水温度，℃。

混合水泵的扬程应不小于混水点以后的二级网路系统的总压力损失。流量应为抽引回水的流量。水泵数目不应少于两台，其中一台备用。

对于与热水网路采用间接连接方式的热力站，其工作原理与上面的系统基本相同，只是安装了为供热系统用的水—水换热器和二级网路的循环水泵，使热网与供热系统的水力工况完全隔绝开来。

热力站应设置必要的检测、自控和计量装置。在热水供应系统上，应设置上水流量表，用以计量热水供应的用水量。热水供应的供水温度，可用温度调节器控制。根据热水供应的供水温度，调节进入水—水换热器的网路循环水量，配合供、回水的温差，可计量供热量。

热力站的设置应以城市总体规划为依据，根据地区概况、城市路网、厂址位置与工矿企业、居民区、商业区、办公区等的相互关系合理布置热力站。热力站应设置在负荷集中区，供热半径一般不应大于 1500m，尽量减少跨街区、跨功能区布置。

民用热力站的经济效益与其规模是密切相关的，规模较大时，集中供热工程投资较低。在编制集中供热项目的可行性报告和城市供热规划的投资估算时，供热项目的投资只计算到热力站，因此，热力站的规模越大，热力站的数量越少，集中供热工程的投资越少。但是，规模大时二次管网水力失调现象较严重，供热效果不好，用户冷热不均，二次循环水泵能耗偏大，容易出现供热量浪费现象和失水率过高的问题。

优化热力站规模时，不仅要考虑系统的经济性，而且要以节能、环境保护、供热可靠性和安全性等进行多目标评价。如采用标准权重方法，应将供热可靠性、安全性放在首位，经济性居第二，节能性和环保性为第三。热力站的规模应符合分户供热、计量收费的要求，而分户供热的前提条件是实现系统的水力平衡。热力站的规模偏小，可减小系统的水力失调现象，提高系统的安全性、可靠性。

三、喷射器

在热力站中，喷射器是常用的一种装置。它的作用是使不同压力下的两种流体相互混合，进行能量交换，以形成一个居中压力的混合流体。喷射器结构简单，工作可靠，在供热系统中得到广泛的应用。

（一）喷射器的分类

根据工作流体和被引射流体的性质，在供热系统中喷射器主要包括水—水喷射器、汽—水喷射器和汽—汽喷射器三种不同形式。

（1）两种流体均为水的水—水喷射器，俗称水喷射泵或混水器，它常设在用户入口处，将热网的高温水和室内供热系统的部分回水混合，以满足供水温度的要求。

（2）工作流体为蒸汽，被引射的流体为水的汽—水喷射器，俗称蒸汽喷射泵，它可代替表面式汽—水加热器和循环水泵，适用于中小型热水供热系统。

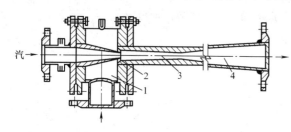

图 1-97　蒸汽喷射器构造图
1—引水室；2—喷管；3—混合室；4—扩压管

（3）两相流体均为蒸汽的汽—汽喷射器，俗称蒸汽引射器，常用于工业废气的回收利用，即用新蒸汽提高废气的压力和温度，在供热系统中也用于凝结水回收中除二次蒸汽。

以下详细介绍供热系统中常用的蒸汽喷射器和水—水喷射器，它们的构造、工作原理和设计计算方法基本相同，只是工作介质不同。

（二）蒸汽喷射器

蒸汽喷射器，如图 1-97 所示，由喷管、引水室、混合室和扩压管组成。混合室有圆筒形和圆锥形两种，由于圆筒形混合室参数变动范围大，适应性强，运行稳定，噪声和振动小于圆锥形混合室，且其制造简单，所以大多数蒸汽喷射器采用圆筒形混合室。

1. 蒸汽喷射器的工作原理

图 1-98 所示为蒸汽喷射器在热水供热系统的工作示意图。高压的工作蒸汽在喷管内作绝热膨胀后，以极高流速从喷管出口喷射出来，并卷吸引水室的水，使其以一定速度进入混合室，同时蒸汽被水凝结，水温升高。在混合室入口处，水的速度很不均匀，经混合室后水的流速均衡，压力升高，然后进入扩压管使压力进一步升高，再从喷射器流出。

图 1-98 中 I-I 线为系统停止工作时的系统测压管水头线，$1'-2'-3'-4'-5'-6'-7'-1'$ 为喷射器工作时的测压管水头线，p_h 表示热水供热系统的总水头损失，h'' 表示定压点 O 至喷射器引水室入口之间的管路水头损失。当定压点 O 控制在喷射器入口附近时，可以认为 h'' 近似为 0。

从喷射器的工作压力变化可知，混合

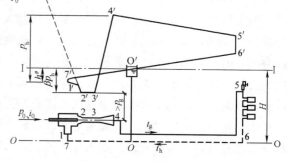

图 1-98　蒸汽喷射器在热水供热系统的工作示意图

室入口或喷嘴出口是压力最低且水温最高的地方，为了保证喷射器正常工作，防止混合室入口处不发生汽化现象，必须满足以下条件

$$p_p = (p_H - \beta p_h) > p_B \tag{1-100}$$

式中 p_p——喷嘴出口处的压力，相当于混合室入口处的回水压力 p_2，kPa；

p_H——喷射器入口处的回水压力，kPa；

β——负压系数，即喷射器工作时混合室入口处的压力降低值与系统压力损失的比值；

p_h——供热系统的压力损失，kPa；

p_B——对应供水温度的饱和压力，kPa。

为了满足上述条件，当喷射器入口处的回水压力（相当于系统膨胀水箱高度）及系统阻力一定时，应控制 β 值不超过一定数值，一般采用以下数值：

(1) $p_h < 20$kPa 时，$\beta = 2$；

(2) $p_h = 20 \sim 50$kPa 时，$\beta = 1$；

(3) $p_h > 50$kPa 时，$0 < \beta < 1$。

2. 蒸汽喷射器的设计方法与步骤

(1) 喷射器混合比的确定。喷射器的混合比为

$$\mu = \frac{G_2}{G_0} \tag{1-101}$$

式中 G_2——喷射器内喷入的蒸汽量，t/h；

G_0——喷射器的引水量，t/h。

由能量守恒定律，水得到的热量等于蒸汽失去的热量，即

$$G_2 c(t'_g - t'_h) = G_0(h_0 - ct'_g)$$

则喷射器的混合比为

$$\mu = \frac{G_2}{G_0} = \frac{h_0 - ct'_g}{c(t'_g - t'_h)} \tag{1-102}$$

式中 t'_g、t'_h——蒸汽喷射器出口和吸入口处的水温，即供热系统设计的供、回水温度，℃；

h_0——蒸汽进入喷射器前的焓，kJ/kg；

c——水的比热容，kJ/(kg·℃)。

由动量守恒定律，并考虑到两股流体在混合室内的碰撞和流动能量损失，混合室进、出口两个截面的动量方程式可表示为

$$G_0 u_p \eta_h + G_2 u_2 = (G_2 + G_0)u_3$$

则喷射器的混合比为

$$\mu = \frac{G_2}{G_0} \frac{u_p \eta_h - u_3}{u_3 - u_2} \tag{1-103}$$

式中 u_p——喷嘴出口的蒸汽流速，m/s；

u_2——混合室进口处水的流速，m/s；

u_3——混合室出口处水的流速，m/s；

η_h——混合室效率，取值为 0.975。

由于蒸汽喷射器在系统中不仅要加热循环水，而且要克服整个系统的压力损失，因此喷

射器的混合比 μ 必须同时满足式（1-102）和式（1-103）。由式（1-102）可知，当喷射器进口压力 p_0 和供、回水温度 t'_g 和 t'_h 给定后，喷射器的混合比 μ 即可确定。但是，由式（1-103）可知，喷射器的混合比 μ 还取决于喷嘴出口汽流速度 u_p 和混合室进、出口水流速度 u_2 和 u_3 值，与蒸汽和水在混合室内实现动能与热能的相互转换过程密切相关。

喷嘴出口蒸汽流速 u_p 为

$$u_\text{p} = 44.7 \sqrt{(h_0 - h_\text{p})\eta_1} \tag{1-104}$$

式中　h_0——压力为 p_0 时蒸汽的比焓，kJ/kg；

h_p——压力由 p_0 膨胀到 p_p 时蒸汽的比焓，kJ/kg；

η_1——喷嘴的效率，取值为 0.95。

混合室进口处水的流速 u_2 为

$$u_2 = \sqrt{2gH\beta\eta_2} \tag{1-105}$$

式中　η_2——引水室效率，取值为 0.9；

H——供热系统压力损失 p_h 折合的水柱高度，mH_2O。

混合室出口处水的流速 u_3 为

$$u_3 = \sqrt{\frac{2gH(1+\beta)}{\eta_3}} \tag{1-106}$$

式中　η_3——扩压管效率，取值为 0.8。

将式（1-104）～式（1-106）代入式（1-103）中，可得

$$\mu = \frac{u_\text{p}\eta_\text{h} - u_3}{u_3 - u_2} = \frac{8.58\sqrt{(h_0 - h_\text{p})/H} - \sqrt{1+\beta}}{\sqrt{1+\beta} - 0.85\sqrt{\beta}} \tag{1-107}$$

布置蒸汽喷射器的热水供热系统的设计供、回水温差不应过大，通常选 $\Delta t = t'_\text{g} - t'_\text{h} = 10\sim20℃$，此时相应的汽水混合比为 $28\sim60$。实践证明，在某一进汽压力下，蒸汽喷射器可在最大和最小混合比之间正常工作，当超出此范围，蒸汽喷射器就会出现运行异常，产生噪声或强烈振动。

在工程设计中，通常供热系统的压力损失 p_h 和设计供、回水温度 t'_g 和 t'_h 为给定值，选用某一负压系数 β 值后，在喷射器入口处回水压力（即供热系统膨胀水箱水位高度）已定的情况下，即可确定喷嘴出口的蒸汽压力 p_p 值和 h_p 值。然后根据式（1-107）确定进入蒸汽喷射器的蒸汽比焓 h_0 和相应的 p_0 值。

蒸汽喷射器的引水量 G_2 为

$$G_2 = \frac{3.6Q}{c(t'_\text{g} - t'_\text{h})\left(1 + \dfrac{1}{\mu}\right)} \tag{1-108}$$

式中　Q——供热系统的总热负荷，包括网路的热损失，kW。

蒸汽喷射器的喷汽量 G_0 为

$$G_0 = \frac{G_2}{\mu} \tag{1-109}$$

（2）蒸汽喷射器主要几何尺寸的确定。

1）喷嘴尺寸的确定。喷嘴出口内径为

$$d_p = 90 \sqrt{\frac{G_0 u_p}{\sqrt{h_0 - h_p}}} \qquad (1\text{-}110)$$

喷嘴临界断面至喷管出口断面之间的长度 L_z 由临界直径 d_1 到出口直径 d_p 之间的扩散角 θ 决定，其长度为

$$L_z = \frac{d_p - d_1}{2\tan\dfrac{\theta}{2}} \qquad (1\text{-}111)$$

式中　θ——最佳扩散角，$\theta = 6° \sim 10°$。

2）混合室尺寸的确定。混合室入口直径为

$$d_2 = \sqrt{(d_p + 2s)^2 + \frac{84G^2}{\sqrt{\beta h}}} \qquad (1\text{-}112)$$

式中　s——喷嘴出口处的壁厚，通常取值为 $0.5 \sim 1.0$mm。

混合室出口直径为

$$d_3 = 15 \sqrt{\frac{G_0(1+\mu)}{\sqrt{p_h(1+\beta)}}} \qquad (1\text{-}113)$$

混合室长度 L_h 一般取值为 $(6 \sim 10)\,d_3$。

3）扩压管尺寸的确定。扩压管出口直径 d_4 通常取值为 $(2 \sim 3)\,d_3$。扩压管长度为

$$L_k = \frac{d_4 - d_3}{2\tan\dfrac{\theta}{2}} \qquad (1\text{-}114)$$

（三）水喷射器

水喷射器如图 1-99 所示，由喷嘴、引水室、混合室和扩压管组成。水喷射器的工作流体和被抽引的流体均为水，从管网供水管进入水喷射器的高温水在其压力作用下，由喷嘴高速喷出，使喷嘴出口处的压力低于用户系统的回水压力，将用户系统的一部分回水吸入，一并进入混合室。在混合室内进行热能与动能交换，使混合后的水温达到用户要求，然后进入扩压管。在渐扩型的

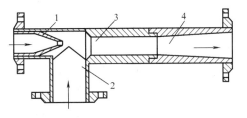

图 1-99　水喷射器
1—喷嘴；2—引水室；3—混合室；4—扩压管

扩压管内，热水流速逐渐降低而压力逐渐升高，当压力升至足以克服用户系统阻力时被送入用户。

水喷射器各断面流速分别为

$$u_p = \frac{G_0 v_p}{A_p} \qquad (1\text{-}115)$$

$$u_2 = \frac{\mu G_0 v_h}{A_2} \qquad (1\text{-}116)$$

$$u_3 = \frac{(1+\mu)G_0 v_g}{A_3} \qquad (1\text{-}117)$$

式中　u_p——混合室入口处加热水的流速，m/s；

u_2——混合室入口处被抽引水的流速，m/s；

u_3——混合室出口处混合水的流速，m/s；

G_0——外网进入用户的加热水流量，kg/s；

μ——水喷射器的混合比；

v_p——加热水的比体积，m³/kg；

v_h——被抽引水的比体积，m³/kg；

v_g——混合水的比体积，m³/kg；

A_p——喷管出口截面积，m²；

A_2——被抽引水在混合室入口截面上所占的面积，m²；

A_3——圆筒形混合室的截面积，m²。

水喷射器的动量方程为

$$\varphi_2(u_p + \mu u_2) - (1+\mu)u_3 = (p_3 - p_2)\frac{A_3}{G_0} \tag{1-118}$$

式中 φ_2——混合室的流速系数，取值为 0.975；

p_3——混合水在混合室出口处的压力，Pa；

p_2——被抽引水在混合室入口处的压力，Pa。

假定加热水在混合室入口截面上所占的面积与喷管出口面积 A_p 相等，有 $A_2 = A_3 - A_p$，此假设在水喷射器 $A_3/A_p \geqslant 4$ 的情况下比较准确。

所以，通过喷管的加热水的流量为

$$G_0 = \varphi_1 A_p \sqrt{\frac{2(p_0 - p_h)}{v_p}} \tag{1-119}$$

式中 φ_1——喷管的流速系数，取值为 0.95；

p_0——加热水进喷管时的压力，Pa；

p_h——被抽引水在引水室中的压力，Pa；

v_p——加热水的比体积，m³/kg。

引水室中被抽水的流速和混合水流出扩压管的流速比非常小，通常忽略不计。

由能量守恒定律可知

$$p_2 = p_h - \left(\frac{u_2}{\varphi_2}\right)^2 / 2u_h \tag{1-120}$$

$$p_3 = p_g - (u_3\varphi_3)^2 / 2u_g \tag{1-121}$$

式中 p_g——扩压管出口混合水的压力，Pa；

φ_3——扩压管的流速系数，取值为 0.9；

φ_2——混合室入口的流速系数，取值为 0.975。

如果 $u_p = u_3 = u_2$，水喷射器的扬程为

$$\Delta p_g = p_g - p_h = \left[\frac{1.76}{A_3/A_p} + 1.76\frac{\mu^2}{A_3/A_p(A_3/A_p - 1)}\right.$$

$$\left. - 1.05\frac{\mu^2}{(A_3/A_p - 1)^2} - 1.07\frac{(1+\mu)^2}{(A_3/A_p)^2}\right]\Delta p_p \tag{1-122}$$

$$\Delta p_p = p_0 - p_h$$

式中 Δp_p——工作水在喷管中的压降，Pa。

由式（1-122）可知，水喷射器的扬程取决于喷射器的混合比 μ 和截面比 A_3/A_p，但是与水喷射器的绝对尺寸无关。具有相同截面比 A_3/A_p 的水喷射器都具有相同的特征。

在热水供热系统中，水喷射器的设计，主要是要求选择最佳的截面比，水喷射器的最佳截面比应使水喷射器的效率最佳。在已知热网供、回水资用压差和混合比 μ 时，能提供水喷射器最大扬程以克服供热用户系统的压力损失，或者在供热系统压力损失一定和混合比 μ 一定时，水喷射器能提供供热管网供、回水管所需的最小资用压差。不同混合比 μ 条件下的最佳截面比和最佳压降比见表 1-14。

表 1-14　　　　　　　　　不同混合比 μ 条件下的最佳截面比和最佳压降比

μ	0.3	1.0	1.2	1.4	1.6	1.8	2.0	2.2
$(\Delta p_g/\Delta p_p)_{,opt}$	0.242	0.205	0.176	0.154	0.136	0.121	0.109	0.0983
$A_b = (A_3/A_p)_{,opt}$	3.8	4.5	5.2	5.9	6.7	7.5	8.3	9.2

在工程设计中，当已知水喷射器的混合比 μ 值，即可从表 1-14 中查出相应的最优值，相应的喷管出口截面积为

$$A_p = \frac{G_0}{\varphi_1}\sqrt{\frac{u_p}{2\Delta p_p}} \tag{1-123}$$

喷管出口截面与圆筒形混合室入口截面之间的最佳距离，通常取值为 $L_p = (1.0 \sim 1.5) d_3$，其中 d_3 为圆筒形混合室的直径。圆筒形混合室的长度 L_h，通常取值为 $L_h = (6 \sim 10)d_3$，扩散管的扩散角取值为 $\theta = 6° \sim 8°$。

第二章 换 热 器

在实际工程中，将某种流体的热量以一定的传热方式传递给他种流体的设备称为换热器，也称为热交换器。它在各工业部门，如动力、石油、化工、冶金、原子能、轻工、食品等部门，以及家用设备中都得到大量应用。因此，换热器的研究倍受重视。从换热器的设计、制造、结构改进到传热机理的试验研究一直都在进行。特别是 20 世纪 70 年代初发生能源危机以来，各国都纷纷寻找新的能源及节约能源的途径，而换热器是节约能源的有效设备。在余热回收，利用地热、太阳能等方面都离不开换热器。因此，各国都在致力于研究各种高性能换热器及换热元件。

换热器的形式繁多，不同场合使用的目的不同。有时是为了工作介质获得或散去热量，有时是为了制取或回收纯净的工质，有时是为了保持介质的恒定温度，有时则是为了回收工艺过程中的余热或有价值的工质，为适应上述目的，对换热器的结构、材料、参数等提出了不同的要求，因而出现了各式各样的换热器。必须根据具体条件、必要时通过方案比较和计算慎重地选择换热器的形式，为了便于选型，熟悉某些典型和常用的换热器的结构和工作特性是必要的。

本章将着重讲述换热器的结构与设计特点及其换热特性。

第一节 换热器分类及其简介

一、换热器的分类

随着科学和生产技术的发展，不同工业部门要求换热器的类型和结构要与之相适应，流体的种类、流体的运动方式、设备压力参数等也应满足生产过程的要求。虽然如此，换热器仍然可以依据它们的一些共同特征进行分类。例如：

（1）依据使用目的可分为加热器、冷却器、冷凝器、蒸发器和恒温器等。

（2）依据热媒种类不同，可分为汽—水换热器（以蒸汽为热媒）和水—水换热器（以高温水为热媒）。

（3）依据换热过程的特点可分为表面式（间壁式）、混合式（直接接触式）和蓄热式（再生式）三种型式换热器，该分类方法为换热器最主要的一种分类方法。

（4）依据传热面的结构形状可分为管式和板式两大类。管式中又有列管式、套管式、蛇管式以及翅片管式等多种型式；板式中又有波纹平板式、螺旋板式、板壳式、板翅式等多种型式。

（5）依据制造材料则可分为由金属材料、非金属材料或特殊材料制成的换热器，如陶瓷换热器、石墨换热器、钛或锆制换热器等。

二、加热器

按使用目的，加热器属于换热器中的一种，供热系统中经常采用的是水加热器，它是根据供热系统的热负荷来调节其工作状况的。

供热系统的热负荷是指在某一室外温度下，为了达到要求的室内温度，保持房间的热平衡，供热系统在单位时间内向建筑物供给的热量，它随着建筑物房间得失热量的变化而变化。而供热系统的设计热负荷是指在设计室外温度下，为了达到上述同样要求，供热系统在单位时间内向建筑物供给的热量，它是设计供热系统的最基本依据。在供热系统中，热负荷是供热工程设计中最基本的数据。

设计热负荷就是最大热负荷。通常的概念是：供热热源的最大供热能力应满足设计热负荷的需要。但是用什么方式满足供热，是以汽轮机排汽或抽汽还是以其他方式是很值得研究的技术经济问题。采暖热负荷有着自己独特的变化规律，这就是季节性热负荷的大小完全取决于室外温度。在采暖期，室外温度差异很大，有的地区最高温度为零上 5℃，最低温度则为零下 30℃，因而采暖热负荷的高峰和低谷相差悬殊。如果供热机组的最大供热能力满足了设计热负荷的要求，除在室外气温最低的情况下，机组的出力达到额定值外，在其他时间则长期处于低负荷状况下运行，供热期平均负荷过低，有的甚至低到原额定出力的 20%～30%，其结果必然是空载气耗大，内效率降低，效益很差，有的甚至得不偿失。因此，在实际工作中，为了有效地利用设备，提高机组的利用率，必须使选定的机组长期处于设计工况附近运行，使其承担均匀的热负荷，即基本负荷。供热机组不承担的尖峰负荷，由尖峰热水锅炉供应，或者用锅炉新蒸汽经减温减压，或者用高一级抽气经高峰加热器供应，这样就使得供热机组的最大供热能力小于设计热负荷，使供热机组能长期在满负荷或较大负荷下运行，以取得最佳经济效益。

因此，供热机组中长期运行的加热器为基本热负荷加热器，当室外温度降低时，为满足热负荷的需要，尖峰热负荷加热器协调运行。总的来说，尖峰热负荷加热器是基本热负荷加热器的补充，用来满足热用户的用热需求。

三、换热器的形式及其结构特点

（一）直接接触式换热器

直接接触式换热器，也叫混合式换热器，是冷热流体直接接触进行换热的设备。通常见到的是一种流体为气体，另一种流体为汽化压力低的液体，而且在换热后容易分离开来。这类换热器由于两种流体在换热过程中相互混合，而后又需分离，故其应用受到一定的限制。

1. 淋水式汽—水换热器

如图 2-1 所示，蒸汽从换热器上部进入，被加热水也从上部进入，为了增加水和蒸汽的接触面积，在加热器内布置有若干级淋水盘，水通过淋水盘上的细孔分散地落下与蒸汽进行热交换，加热器的下部用于蓄水并起膨胀容积的作用。淋水式汽—水换热器可以代替热水供热系统中的膨胀水箱，同时还可以利用壳体内的蒸汽压力对系统进行定压。

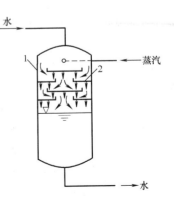

图 2-1 淋水式换热器
1—壳体；2—淋水板

淋水式汽—水换热器换热效率高，在同样热负荷时换热面积小，设备紧凑。但是，由于是直接接触换热，不能回收纯凝结水，故将增加集中供热系统热源处水处理设备的容量。

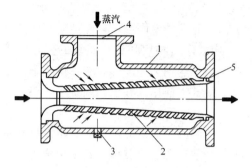

图 2-2　喷射式汽—水换热器

1—外壳；2—喷嘴；3—泄水栓；

4—网盖；5—填料

2. 喷射式汽—水换热器

如图 2-2 所示，喷射式汽—水换热器的蒸汽通过喷管壁上的倾斜小孔射出，形成许多蒸汽细流，并和水迅速均匀地混合。在混合过程中，蒸汽多余的势能和动能用来引射水作功，从而消耗了产生振动和噪声的那部分能量。蒸汽与水正常混合时，要求蒸汽压力至少应比换热器入口水压高出 0.1MPa 以上。

喷射式汽—水换热器可以减少蒸汽直接通入水中产生的振动和噪声，体积小，制造简单，安装方便，调节灵敏，加热温差大，运行平稳。但是，其换热量不大，通常仅适用于热水供应和小型热水供热系统上。用于供热系统时，一般布置于循环水泵的出水口侧。

（二）蓄热式换热器

蓄热式换热器，也称回热式换热器，它借助于由固体制成的蓄热体交替地与热流体和冷流体接触，蓄热体与热流体接触一定时间，并从热流体吸收热量，然后与冷流体接触一定时间，把热量释放给冷流体，如此反复进行，达到换热的目的。

（三）间壁式换热器

间壁式换热器，也称表面式换热器，其中冷热流体被一固体壁面隔开，热量通过固体壁面传递。构成间壁式换热器的间壁，主要是管和板，为了扩展传热面，管和板上常带有各种翅片。用它们组成的具体换热器可以是多种多样的，常用的有壳管式换热器、套管式换热器，管式换热器，板式换热器、板翅式换热器等。

1. 壳管式换热器

（1）壳管式汽—水换热器。壳管式汽—水换热器总的优点是结构简单、造价低廉、清洗方便、适应性强。虽然在结构的紧凑性、传热效率和单位传热面金属耗量等方面不及某些板型换热器和新型高效换热器，但由于上述优点，加之处理能力（容量）大，适应高温、高压能力强，因此始终是应用最广的一种换热器。常用的有固定管扳式、浮头式和 U 型管式三类，常作为蒸发设备应用的插套管式也可归入此类型。壳管式结构的共同特点是有一圆形外壳，内装平行管束，管内通道部分统称管程，管外面与壳体内表面之间的通道部分统称为壳程或管间。冷、热流体分别流过管程和壳程，通过传热壁面实现换热。下面对三种型式的壳管式换热器的结构、工作特点和应用条件作一介绍，作为选型时的参考。

1）固定管板式汽—水换热器。固定管板式汽—水换热器，如图 2-3（a）所示，主要包括：带有蒸汽出口连接短管的圆形外壳，由小直径管子组成的管束，固定管束用的管栅板，以及带有被加热水进出口连接短管的前水室及后水室。蒸汽在管束外表面流过，被加热水在管束的小管内流过，通过管束的壁面进行热交换。为了强化传热，通常在前室、后室中间加隔板，使水由单流程变成多流程，流程通常取偶数，这样进出水口在同一侧，便于管道布置。管束一般采用钢管、黄铜管或锅炉碳素钢钢管，较少应用不锈钢管。钢管承压能力高，

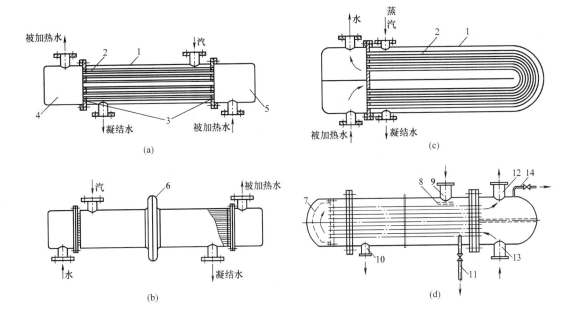

图 2-3　壳管式汽—水换热器

(a) 固定管板式汽—水换热器；(b) 带膨胀节的壳管式汽—水换热器；

(c) U型壳管式汽—水换热器；(d) 浮头壳管汽—水换热器

1—外壳；2—管束；3—固定管栅板；4—前水室；5—后水室；6—膨胀节；

7—浮头；8—挡板；9—蒸汽入口；10—凝结水出口；11—汽侧排气管；

12—被加热水出口；13—被加热水入口；14—水侧排气管

但易腐蚀；铜管、黄铜管导热性能好，耐腐蚀，但造价高。通常超过 140℃的高温热水加热器最好采用钢管。目前，随着科技的进步，新型实现珠状凝结的等离子管束也在换热器中有所应用。

固定管板式汽—水换热器结构简单，造价低。但是，蒸汽和被加热水之间温差较大时，由于壳、管膨胀性不同，热应力大，导致管子弯曲或造成管束与管板以及管板与管壳之间开裂，同时管间污垢较难清理。

这种型式的汽—水换热器仅适用于小温差、低压力，且结垢不严重的场合。当壳程较长时，常需在壳体中部加波形膨胀节，以达到热补偿的目的，如图 2-3（b）是带膨胀的壳管式汽—水换热器。

2）浮头式汽—水换热器。浮头式汽—水换热器的结构形式如图 2-3（d）所示。为解决热应力问题，可将固定板的一端不与外壳相连，不相连的一头称为浮头，浮头通常封闭在壳体内，可以自由膨胀。浮头封闭在壳体内的称为内浮头式，浮头露在壳体以外的称为外浮头式。浮头式换热器主要有内浮头式（如图 2-4 所示）和填函式（如图 2-5 所示）两种。为防止泄漏，填函式换热器的外浮头与外壳的滑动接触面处常采用填料函密封结构。

浮头式换热器的管束可以抽出，便于清洗管间和管内。由于管束膨胀不受壳体约束，不会产生温差应力，其管程可分成多程。另外，相对于固定管板换热器而言，能在较高的温度和压力条件下工作，适用于壳体与管束间壁温差较大或壳程介质易结垢的场合。但是，其结构复杂（尤其是单管程）、造价高（价格比固定管板式约高 20%）、笨重、材料消耗量大，而且由于浮头端小盖在操作中无法检查，填函式滑动面处在高压时易泄漏，其应用受到限制。

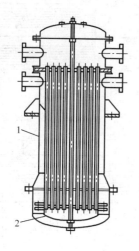 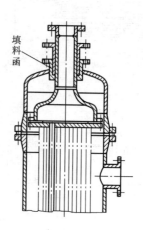

图 2-4　内浮头式换热器　　　　图 2-5　填函式换热器

1—壳体；2—浮头

3）U 型管式汽—水换热器。U 型管式汽—水换热器，如图 2-3（c）所示，是将管子弯成 U 型，再把两端固定在同一管板上。其特点是密封性好，在高温、高压的核动力工程中常有所应用。

由于每根管均可自由伸缩，热膨胀问题得到解决，不会因为管子与壳体间的壁温差而产生温差应力，并且结构简单，管束可以抽出，便于清洗管间，而且管束抽出的质量最轻。由于只有一块管板，且无浮头，所以造价比浮头式低。

但是，U 型管式换热器在管内清洗方面不如直管方便，管板上排列的管子较少，管束中心一带存在间隙，导致流体易走短路，影响传热效果。另外，通常弯管后管壁会减薄，因此直管部分也必须用厚壁管。由于各排管子曲率不一，管子长度不同，故物料分布不如直管的均匀。管束中部的内圈 U 型管不能更换，管子被堵以后，报废率大（一根 U 型管相当于两根直管）。由于管板只有一块，没有第二块管板的支撑作用，所以在相同的情况下，比其余类型的管板来得厚。U 型管式换热器不可能是单管程的，当管程的体积流量很大时，这是个明显的缺点。对于大直径设备，U 型部分的支承也有困难（管束有易于振动的危险）。

U 型管式汽—水换热器适用于管壳壁温差较大或壳程介质易结垢，需要清洗，又不适宜采用浮头式或固定管板式的场合。特别适用于管内走清洁而不易结垢的高温、高压、腐蚀性大的物料，因为这样，高压空间小，可以减轻质量，节省耐蚀材料，减少热损失和节约保温材料。

（2）分段式水—水换热器。分段式水—水换热器，如图 2-6 所示，是将壳管式的整个管束分成若干段，将各段用法兰连接起来。每段采用固定管板，外壳上有波形膨胀节，以补偿管子的热膨胀。分段后不仅能使流速提高，而且能使冷、热水的流动方向接近于纯逆流的方式，此外换热面积的大小还可以根据需要的分段数来调节。为了便于清除水垢，高温水多在管外流动，被加热水则在管内流动。

采用高温水作热媒时，为提高热交换强度，常常需要使冷热水尽可能地采用逆流方式，并提高水的流速，此时通常采用分段式或套管式的水—水换热器。

（3）套管式水—水换热器。套管式水—水换热器，如图 2-7 所示，是由标准钢管组成套管组焊接而成，其结构简单，传热效率高，但占地面积大，通常应用于以高温水作为热媒的系统。

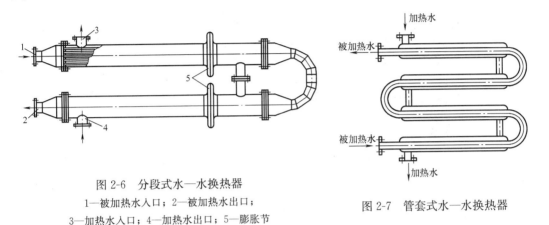

图 2-6　分段式水—水换热器

1—被加热水入口；2—被加热水出口；

3—加热水入口；4—加热水出口；5—膨胀节

图 2-7　管套式水—水换热器

2. 板式换热器

板式换热器，如图 2-8 所示，是一种新型的热交换器，是由许多传热板片叠加而成，板片之间用密封垫密封，冷、热水在板片之间流动，两端用盖板加螺栓压紧。其特点为质量轻、体积小，传热效率高，拆卸方便。

换热板片的结构形式众多，板片的形状不仅要有利于增强传热，而且应使板片的刚性好。图 2-9 所示为人字形换热板片，在安装时应注意水流方向要和人字纹路的方向一致，板片两侧的冷、热水应逆向流动。

板片之间密封用的垫片形式如图 2-10 所示。密封垫片的作用既要把流体密封在换热器内，又要使加热和被加热流体分隔开，不互相混合。通过改变垫片的左右位置，使加热与被加热流体在换热器中交替通过人字形板面。信号孔可检查内部是否密封，当密封不好并且有渗漏时，信号孔将有流体流出。

板式换热器的特点为传热系数高，结构紧凑，适应性好，拆洗方便，节省材料。但是，板片间流通截面窄，水质不好形成水垢或沉积物时容易堵塞，密封垫片耐温性能差时容易渗漏，影响使用寿命。

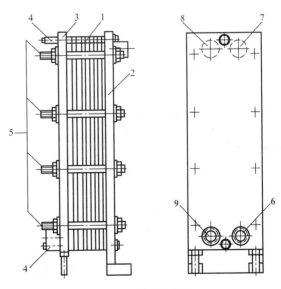

图 2-8　板式换热器

1—加热板片；2—固定盖板；3—活动盖板；

4—定位螺栓；5—压紧螺栓；6—被加热水进口；

7—被加热水出口；8—加热水进口；9—加热水出口

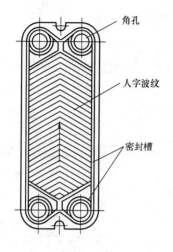

图 2-9　人字形换热板片

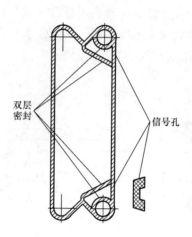

图 2-10　密封垫片

（四）容积式换热器

容积式换热器分为容积式汽—水换热器（如图 2-11 所示）和容积式水—水换热器。这种换热器兼起储水箱的作用，外壳大小应根据储水的容量确定。换热器中 U 型弯管管束并联在一起，蒸汽或加热水自管内流过。

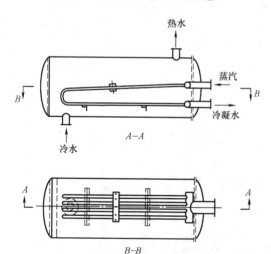

图 2-11　容积式汽—水换热器

容积式换热器易于清除水垢，主要用于热水供热系统，但是其传热系数比壳管式换热器低。

（五）板翅式换热器

多年来，管式换热器一直是工业换热设备的基本结构形式。随着生产和科学技术的发展，石油化工、原子能工业、车辆船舶等部门的发展迫切要求提供效率高、质量轻、结构紧凑的换热设备。板翅式换热器的出现满足了这种要求。

板翅式换热器又叫紧凑式换热器或二次表面换热器，是一种紧凑、轻巧、高效的新型换热器。其优点为传热效率高、结构紧凑、轻巧而牢固、适应性强以及经济性好。

它的主要缺点是，流道狭小，容易引起堵塞而增大阻力降。换热器一旦结垢难以清洗。由于这种换热器的隔板和翅片都是由很薄的铝板制成，所以对介质的要求高，对铝不能产生腐蚀。一旦腐蚀难以修补，易造成内部串漏。

板翅式换热器的基本结构是由翅片、平隔板和封条三种元件组成的单元体的叠积结构，如图 2-12 所示。波形翅片置于两块平隔板之间，并由侧封条封固，许多单元体进行不同组叠并用钎焊焊牢就可得到常用的逆流、错流或逆错流布置的组装件，称为板束或芯体。图 2-13 为错（逆）流布置的芯体。一般情况下，在工作压力较高和单元尺寸较大时，从轻度、绝热和制造工艺出发，板束上下各设置一层假翅层。假翅层无流体通过，由较厚的翅片和隔板制成。板束上配置导流片、封头和流体出入口接管即构成一个完整的板翅式换热器。

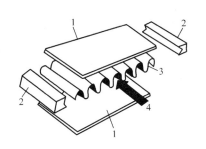 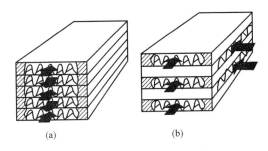

图 2-12 板翅式换热器单元体分解图
1—平隔板；2—侧条；3—翅片；4—流体

图 2-13 芯体布置
（a）逆流；（b）错流

平面形隔板多采用厚约 0.5～1.0mm 的铝合金板制造，两面热轧复敷 0.1mm 厚的钎料层，钎焊时钎料层溶化使隔板和波形翅片连接起来。封条除图 2-12 所示燕尾形断面外，还有燕尾槽形、矩形、工字形等断面型式，用精密成型模拉制，用钎焊与隔板组合。

翅片是板翅式换热器最基本的元件，传热过程主要依靠翅片来完成，仅有一部分直接由隔板完成。翅片与隔板的连接均为完善的钎焊，因此大部分热量就经翅片，通过隔板传到冷载体。由于翅片传热不像隔板是直接传热，故翅片又称为二次表面。二次传热面通常比一次传热面的传热效率低。翅片除承担主要的传热任务之外，还起着两隔板之间的加强作用。所以，虽然翅片和隔板材料都很薄，但它们却有很高的强度，能承受很高的压力。

目前，常见的型式主要有以下几种：

（1）平直翅片。平直翅片又称光滑翅片，是最基本的一种翅片，是由金属薄片作成的一种最简单的翅片形式，如图 2-14（a）所示。

（2）锯齿翅片。锯齿翅片的特点是翅片间隔一定距离就被切断并使之向流道突出，对促进流体湍流和破坏热阻边界层十分有效，所以传热性能很好，被称为高效能翅片，如图 2-14（b）所示。

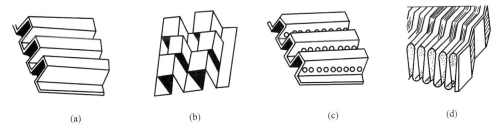

图 2-14 翅片形式
（a）平直翅片；（b）锯齿翅片；（c）多孔翅片；（d）波纹翅片

（3）多孔翅片。多孔翅片是在平直翅片上冲出许多按一定规律排列的孔洞而成的，如图 2-14（c）所示。

（4）波纹翅片。波纹翅片的结构如图 2-14（d）所示，它是在光直翅片上压成一定的波形而成。

另外，翅片型式还有百叶窗式翅片、片条翅片、钉状翅片等。

总而言之，翅片型式很多，并且各有所长。翅片的选择应根据最高工作压力、传热能力、允许压力降、流体性能、流量以及有无相交等因素进行综合考虑，通常翅片的高度和厚度是根据换热系数 h 的大小来确定的。

导流片的作用是汇集或分配流体，便于封头布置和均布流入通道的流体，其结构与多孔型翅片相同，只是尺寸稍大一些。导流片的布置型式与流体进出口的管径选择有关，常见的布置型式如图 2-15 所示。

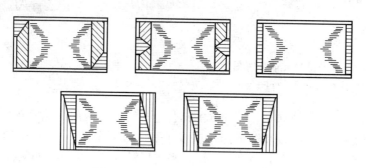

图 2-15　导流板（片）的布置型式

（六）其他新型换热器

1. PACKINOX 板壳式换热器

PACKINOX 板壳式换热器又称为大面积焊接板壳式换热，最早由法国开发研制。PACKINOX 换热器的结构如图 2-16 所示，由压力容器外壳与传热板束两部分组成，立式构造。压力容器外壳承受操作介质压力，板束由数百个板片焊接而成。板片流道设计成波纹状，人字形排列。相邻板片走向相反，板片间相互交叉的波纹顶端形成接触点，用以支撑冷热流换热介质的压差。板片流道可根据操作要求和操作介质的性质，设计成各种当量直径和形状。单台换热面积一般大于 $800\mathrm{m}^2$，最大已达 $15000\mathrm{m}^2$。板片单片面积 $10\mathrm{m}^2$ 以上，采用水下爆炸成型，焊接多采用激光焊。板片材质一般采用不锈钢（如 SUS321/347、SUS304L）或有色金属。

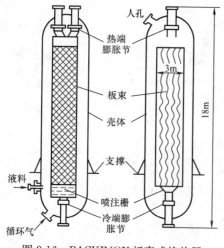

图 2-16　PACKINOX 板壳式换热器

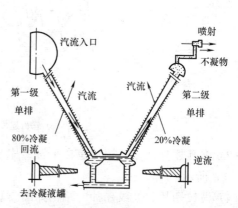

图 2-17　SRW 型单排翅片管空气冷凝器

PACKINOX 板壳式换热器的优点为：传热效率高、质量轻、压降小，由于换热过程中处于湍流状态，高剪切力抑制了板面上污垢的形成，操作安全，检修方便。虽然设备成本相对较高，但是，由于换热效率高，节能微耗，经济效益显著。

2. SRW 型单排翅片管空气冷凝器

该型换热器是 Hamon-Lummus 公司新推出的一种翅片管空气冷凝器。与一般用 3～4 根圆形管重叠构造的设备相比，其由单根（排）特殊形状的扁平翅片管（19mm×200mm）构成。翅片管两侧面焊接有波纹状板片，牢固可靠，整机构造如图 2-17 所示。同一般多排式空气冷凝器相比，其传热性能和流动特性均优良，操作中无偏流，抗冻结，非常适合于热力发电厂应用，使用范围广泛。

3. 变形翅片管换热器

为了提高翅片管螺旋冷凝蒸发器的效率，必须改变翅片的几何形状，进而促进沸腾缝隙效应的形成，即造成能强化汽化过程的条件（缝隙通道受限条件），俄罗斯推出了一种变形翅片管螺旋冷凝蒸发器。方法是将冷压制直翅片管拉过各种直径的定径器（模具），变形后的翅片表面成为半封闭腔，如图 2-18 所示。在其表面上，汽化情况与直翅片中的汽化截然不同。如图 2-19 所示，汽化过程发生在变形翅片表面，而不像直翅片那样汽泡的生成和逸出发生在翅片间隙中。另外，变形翅片由于翅片间隙出口较逸出汽泡直径为小，便能维持正常的汽相，从而免去分离相形成分离边界所需的能量。根据缝隙通道类推，在变形翅片形成的空腔中，能使已存汽相与翅片表面分离和决定基本热阻的微层液体的平均厚度较直翅片表面汽化时小。因此，采用变形翅片管便可以提高单位管子长度上的热熵，这样不仅强化了汽化过程，而且扩展了传热面。

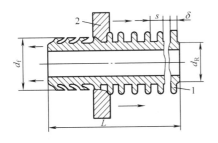

图 2-18　变形翅片制造过程
1—试样（管子）；2—定径器（模具）

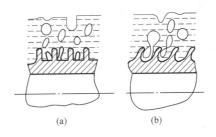

图 2-19　翅片表面汽化生成图
(a) 直翅片；(b) 变形翅片

4. 弹性管束型容积式热交换器

（1）结构和工作原理。弹性管束型容积式热交换器的结构如图 2-20 所示。冷水经进水管进入热交换器，进水射流卷吸壳体流体一起进入内筒底部，被加热后由上部流出。筒内上下放置的多层弹性管束作为加热元件。内筒与壳体之间由于水的密度差和进水入口射流卷吸作用形成封闭空间内的自循环，因此壳体内所有的水被加热，热水聚集在壳体上部，最后由出水管排出。加热介质（蒸汽或热水）从下部进口管导入并联的多组弹性管束内，在弹性管束管内放热后，再由下部管路排出。对于汽—水热交换器，在弹性管束下部设置再冷管束，充分利用凝结水的热量。

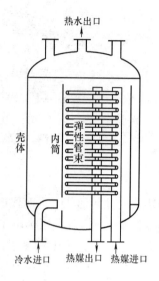

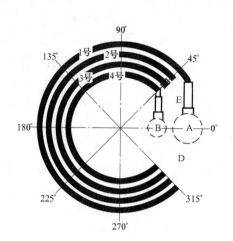

图 2-20　弹性管束型容积式
热交换器结构示意图

图 2-21　弹性管束结构示意图

　　弹性管束结构如图 2-21 所示。它具有 A、B 两上固定端和 D、E 两上自由端，在热交换器内呈水平悬壁多层布置。弹性管束在管内外流体的诱导下产生振动。振动可分为面外振动和面内振动。振动可对水流产生较大的扰动，从而大大强化水侧的对流换热系数。同时，面内振动又能防止污垢的生成，从而实现了复合强化换热。

　　热交换器采用内外筒复合结构，把换热元件放入内筒里面，这样在内外筒之间由于水的密度差会产生较强的自然对流；在内筒下部设置进水入口装置。通过水的进口射流卷吸作用，使得内外筒之间的水循环更加强烈。内外筒之间水流的强烈自循环，使得壳体内的水被迅速、均匀地加热。内外筒位置和尺寸的合理选择，可消除壳体内的水流死区。

　　（2）弹性管束热交换器传热特性。传热表面的振动能够破坏表面的流动附面层而达到传热强化的目的。但是，以前传热表面的振动通常是采用振动器和机械偏心装置来实现的，这些装置的高额功耗却根本无法从强化传热的收益中得到补偿，因此，振动强化传热技术很少投入工业应用。弹性管束元件的应用，可以实现在流体的诱导下自由振动，通过传热元件的特殊结构和系统阻尼，使得振动的振幅和频率均控制在适当范围内，既能防止剧烈振动造成的破坏，又有显著的强化传热的效果。该强化传热技术与传统的振动强化技术有根本的区别，它无需附加能量消耗，属于被动强化传热技术。

　　弹性管束管外平均对流换热系数与横掠固定光管的平均对流换热系数进行比较，从图 2-22 中可以看到：弹性管束管外的平均对流换热系数比同雷诺数下普通固定光管提高了三倍以上。管外对流换热的努塞尔数与壳程雷诺数的关系如图 2-23 所示。

　　通过对弹性管束热交换器流场和温度场分布研究发现，流体自循环较强烈，没有流动死区存在，壳体内温度分布均匀性较好。因此，弹性管束热交换器具有广阔的工业应用前景。

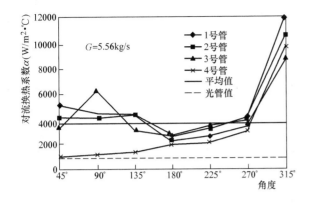

图 2-22　弹性管束管外对流换热情况

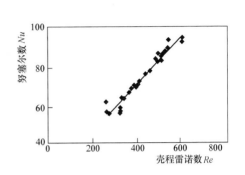

图 2-23　努塞尔数与壳程雷诺数的关系

第二节　换热器的结构及设计特性

间壁式换热器在工业中广泛应用，前面已就间壁式换热器作了简单介绍，本节将主要对间壁式换热器的结构特性作详细探讨。

间壁式换热器，从作为换热面的间壁面来分可以分为管式和板式两种。壳管式、套管式，管式换热器的换热面由管子构成；板翅式、螺旋板式、板式换热器使用板片构成换热面。各种间壁式换热器的特性、允许的使用范围等差别很大。

换热器设计就是在掌握了基本的传热学、流体力学和换热器结构知识以后，根据所给任务和条件设计选定一台或数台换热器。

由于换热器所用场合的工艺过程性质及使用目的是多种多样的，相应地具有多种结构形式。本章重点介绍最典型和通用的壳管式换热器。以必须掌握的基本知识为目的，说明换热器结构设计的要点，对于掌握其他类型的换热器设计知识也有帮助。

一、结构设计要点

结构设计的任务就是选择一个合适的翅片型式、几何尺寸和通道布置以满足传热要求，最终确定传热系数和传热面积。

所有元、部件的选择和通道布置形式可根据以上所介绍过的方法和原则决定，其中最关键的是翅片的设计，应根据最高工作压力、传热能力、允许压降、流体特性、有无相变、温差大小等因素选择翅片形式和翅片参数。

（一）翅片的几何尺寸及特性参数

翅片尺寸如图 2-24 所示，其主要参数符号主要为：

L——翅片高度，m；

δ——翅片厚度，m；

m——翅片间距，m；

L_W——翅片有效宽度，m；

l——翅片有效长度（图中未示出），m；

n——通道数；

x——翅片内距，m；

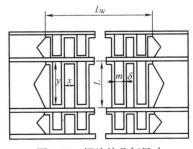

图 2-24　翅片的几何尺寸

y——翅片内高，m。

根据几何尺寸，可得下列特性参数：

（1）当量直径。

$$D_d = \frac{4a}{U} = \frac{4xy}{2(x+y)} = \frac{2xy}{x+y}$$

式中　a——每个通道的断面积，$a = xy$。

（2）水力周界，亦称槽道的湿周。

$$U = 2(x+y)$$

（3）每层通道的断面积。

$$a_i = \frac{x\,y\,L_W}{m}$$

（4）n层板束的通道截面积。

$$A = nA_i = \frac{nxyL_W}{m}$$

（5）每层通道的传热面积。

$$S_i = \frac{2(x+y)\,l\,L_W}{m}$$

（6）n层板束通道的传热面积。

$$S = nS_i = \frac{2(x+y)\,l\,L_W\,n}{m}$$

其中：一次传热面积　$S_1 = \left(\frac{x}{x+y}\right)S$

二次传热面积　$S_2 = \left(\frac{y}{x+y}\right)S$

（二）翅片效率 η_f 和板翅表面总效率 η_0

由于二次表面的传热是沿翅片高度方向进行的，类似长杆（枢轴）传热。翅片沿高度方向的热阻较大，故存在着温度梯度，而次表面的传热温差只能按翅片的平均温度来计算，故与一般翅片一样存在一个翅片效率 η_f，即

$$\eta_f = \frac{\mathrm{th}mb}{mb} = \frac{t_f - t_{pj}}{t_f - t_{gb}} \tag{2-1}$$

冷热通道间隔布置时　$b = \frac{1}{2}L$

两个热通道之间隔两个冷通道时　$b = L$

式中　t_f——流体温度，℃；

t_{pj}——翅片平均温度，℃；

t_{gb}——翅片与隔板接触处的温度，℃；

b——翅片的特征尺寸，m。

通过 η_f 可求得翅片（二次表面）的等效面积（S_2'）

$$Q = hS_2(t_f - t_{pj}) + hS_2\eta_f(t_f - t_{gb}) = hS_2'(t_f - t_{pj}) \tag{2-2}$$

式（2-2）中的最右端表示无翅片、传热面积为 $S_2' = \eta_f S_2$ 时的传热量。因为一次表面是无翅

表面，其等效面积就是 S_1，所以有式 (2-3)，即

$$S\eta_0 = S_1 + S_2\eta_f \qquad (2\text{-}3)$$

即

$$\eta_0 = \frac{S_1}{S} + \frac{S_2}{S}\eta_f = \frac{S - S_2}{S} + \frac{S_2}{S}\eta_f = 1 - \frac{S_2}{S}(1 - \eta_f) \qquad (2\text{-}4)$$

（三）通道结构设计应注意的问题

（1）当工作压力高、单元尺寸大时，应设置强度工艺层（假翅层）。

（2）单元并联组合的通道，应使各部分阻力尽可能相等，以免流体不均匀分配。

（3）尽量采用冷热通道间隔布置（单迭），这样可避免或减少温度交叉（即反传热或内耗现象）。

（4）当有两股流体需定期进行交替（切换）时，切换流体的通道数应相等，以防止产生脉动等不稳定流动工况。

（5）当相邻两股流体的换热系数相差很大时，为增强传热，除在翅片参数选择上采取措施外，也可增加换热系数较小一侧的通道数，即复迭的布置。

（6）封头和工艺管道的布置应综合考虑，例如流体出入口接管位置应与导流片布置型式密切配合。

（7）根据 S 计得的理论有效长度，在结构设计时应加 15% 的备用量，加上两端结构上和导流片所需占用的长度后求得单元的真实长度。

二、换热器的传热计算

根据热力学第二定律，温差即为热量传递的动力。对于稳定传热过程，传热量（Q 或 q）和传热温差 Δt 的关系可以用下列一般形式

$$Q = qS = \Delta t/R$$
$$r = RS \qquad (2\text{-}5)$$

式中　q——热流密度；W/m^2；

　　　　S——传热面积，m^2；

　　　　R——热阻，℃/W；

　　　　r——单位面积热阻，$m^2 \cdot ℃/W$。

能量传递的一般方式有热传导、辐射和对流三种。实际换热过程往往是以一种形式为主的复合方式。对于换热器而言，通常认为是对流换热。

以壳管式换热器为例，详细探讨其传热过程。

（一）热流量计算

在稳态下，热流量计算主要有两种方法。

（1）热平衡方程式。对冷热流体均有

$$Q = G c_p (t_1 - t_2) \qquad (2\text{-}6)$$

（2）传热方程式。

$$Q = KS\Delta t_{pj} = \frac{S\Delta t_{pj}}{r_\Sigma} \qquad (2\text{-}7)$$

式中　Q——热流量，在一般保温条件下根据热平衡式计算，两侧可能有 3%～5% 的误差；

　　　　c_p——流体质量定压热容，J/（kg·℃）；

　　t_1、t_2——流体初、终温度，℃；

Δt_{pj}——平均温差，℃；

K——传热系数，W/（m² · ℃）；

S——K 的基准传热面积，m²；

r_{Σ}——与 Δt_{pj} 对应的热阻之和，m² · ℃/W。

（二）传热系数和总热阻的计算

对于无翅的平壁和圆管传热，总热阻的计算公式为

$$r_{\Sigma} = \frac{1}{K} = \frac{1}{h_i} + r_{dw} + \frac{1}{h_0} + r_{dn} + \frac{\delta}{k} \tag{2-8}$$

式中 r_{dn}、r_{dw}——管内外污垢热阻，W/（m² · ℃）；

$\frac{1}{h_i}$、$\frac{1}{h_0}$、$\frac{\delta}{k}$——管内、外和管壁的热阻，W/（m² · ℃）。

如果用污垢系数 h_{di}、h_{do} 表示，则有

$$r_{dn} = 1/h_{dn} \quad r_{dw} = 1/h_{dw}$$

$$r_{\Sigma} = \frac{1}{K} = \frac{1}{h_i}\left(\frac{d_w}{d_n}\right) + r_{dw} + \frac{1}{h_0} + r_{di}\left(\frac{d_w}{d_n}\right) + \frac{\delta}{k}\left(\frac{d_w}{d_{pj}}\right) \tag{2-9}$$

式中 d_{pj}——平均直径。

传热系数 K 值随温度变化较大时，对式（2-9）求平均可得

$$K_{pj} = \frac{K_1 S_1 + K_2 S_2 + \cdots + K_m S_m}{S_1 + S_2 + \cdots + S_m} \tag{2-10}$$

（三）换热系数的计算

对流换热是壳管式换热器中的基本过程，管、壳程流体的对流换热系数是换热器设计中决定传热系数 K 的基本参量。由于管、壳程流体在各自流道中流动及换热状态均不相同，因此管、壳程流体的对流换热计算需分别讨论。

1. 管程流体单相对流换热计算

流体在管内的单相强制对流换热随其流态不同而异。

（1）层流，$Re < 2100$。

$$Nu_f = 1.86\, Re_f^{0.33}\, Pr_f^{0.33} \left(\frac{d}{L}\right)^{1/3} \left(\frac{\mu_f}{\mu_w}\right)^{0.14} \tag{2-11}$$

式中 Nu——努谢尔特准则数；

Re——雷诺准则数；

Pr——普朗特准则数；

μ_f/μ_w——考虑温度影响的黏度变化修正系数；

下标 f——以流体的平均温度作为定性温度计算的相关参数；

下标 w——以壁温作为定性温度计算的相关参数。

式（2-11）主要用于有机液、水溶液、气体等流体在水平或垂直管中层流换热计算，适用条件为

$$Re_f Pr_f \frac{d}{L} > 10$$

式中 d——管内直径或当量直径，m；

L——管长，m。

（2）过渡流，$Re = 2100 \sim 10^4$。Hausen 指出

$$Nu_f = 0.116[Re_f^{2/3} - 125]Pr_f^{1/3}\left[1 + \left(\frac{d_o}{L}\right)^{2/3}\right]\left(\frac{\mu_f}{\mu_w}\right)^{0.14} \tag{2-12}$$

式（2-12）对于低黏性流体，特别当 $2100 < Re < 6000$ 时，精度更为满意。

（3）紊流，$Re > 10^4$。对于低黏度流体，当流体与壁面温差不甚大（气体不大于 $50℃$，水温不超过 $20 \sim 30℃$，$\dfrac{1}{\mu}\dfrac{d\mu}{dt}$ 大的液体）可采用迪图斯—贝尔特公式

$$Nu_f = 0.023Re_f^{0.8}Pr_f^n \tag{2-13}$$

流体被加热：$n = 0.4$；

流体被冷却：$n = 0.3$。

式（2-13）适用范围为：$0.6 < Pr_f < 120$；$Re_f = 10^4 \sim 1.2 \times 10^5$；$L/d \geqslant 50$。

对于温差较大的黏滞流体，西得和塔持提出

$$Nu_f = 0.027Re_f^{0.8}Pr_f^{1/3}\left(\frac{\mu_f}{\mu_w}\right)^{0.14} \tag{2-14}$$

式（2-14）适用范围：$0.7 < Pr_f < 17000$，$Re_f > 10^4$，$L/d < 60$。按公式计算所得的换热系数 h 应乘以 $\left[1 + \left(\dfrac{d_d}{L}\right)\right]^{0.7}$。

对于水，可近似使用：$h = 3100\,(1 + 0.015t_f)\,\dfrac{w^{0.8}}{(100d_d)^{0.2}}$

式中　t_f——定性温度，$℃$；

$\quad\quad d_d$——当量直径，m；

$\quad\quad w$——管内流速，m/s。

2. 壳程流体单相强制对流换热计算

壳管式换热器的壳侧对流换热计算远比管程式复杂，其与壳侧是否加装折流板，折流板形式，各种漏流、旁流的大小及对传热影响的考虑方式等多种因素相关。

（1）无折流板（换热管为光管）。Short 提出

$$Nu_f = 0.16Re_f^{0.8}Pr_f^{1/3}\left(\frac{\mu_f}{\mu_w}\right)^{0.14} \tag{2-15}$$

$$Re = \frac{d_0\,\overline{W}_{gs}}{\mu}$$

$$\overline{W}_{gs} = \frac{G_{gs}}{A_{gs}}$$

$$G_{gs} = G_{kc}\left[\frac{A_{gs}}{A_{gs} + A_d\left(\dfrac{D_d}{D_{gs}}\right)^{0.715}}\right] \tag{2-16}$$

$$D_{gs} = \frac{4A_{gs}}{n\pi d_0}$$

$$D_d = \frac{4A_d}{\pi D_i}$$

式中　d_0——换热管外径，m；

$\quad\quad \overline{W}_{gs}$——通过管束部分的质量流速，kg/$(m^2 \cdot s)$；

G_{gs}——通过管束部分的壳侧流体流量，kg/s；

G_{kc}——壳程流体的总流量，kg/s；

A_{gs}——管束部分的流道面积（管束包围线如图2-25所示）与管子断面积之差，m²；

A_d——管束包围线与壳内径间的间隙面积，m²；

D_{gs}——管束流道的当量直径，m；

D_d——间隙流道的当量直径，m；

n——换热管数；

D_i——壳体内径，m。

式（2-15）使用范围为：$200 < Re < 20000$。

（2）装设弓形折流板。壳侧装设弓形折流板是壳管式换热器的常见型式。贝尔加法精度较高，其换热系数为

$$h_0 = FJ_{h0}(c_p \overline{W}_{max}) Pr_f^{-\frac{1}{3}} \left(\frac{\mu_f}{\mu_w}\right)^{0.14} \left(\frac{\phi\zeta_h}{X}\right)F_0 \tag{2-17}$$

式中 F——换热管类型修正系数，对于光管，$F=1.0$；低翅片管的 F 值由图 2-26 查得；

J_{h0}——传热因子，为雷诺数的函数；

$\overline{W}_{max}$——距换热器中心线最近的管排中横流(交叉流)流动最大质量流速，kg/(m²·s)；

ϕ——通过折流板圆缺部分流动的修正系数；

ζ_h——考虑壳体与管束间隙旁流而留的修正系数；

F_0——考虑折流板和壳体内径间漏流 E 及换热管外径与折流板管子间漏流 A 的修正系数；

X——管排修正系数。

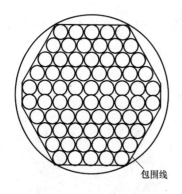

图 2-25　管束的包围线

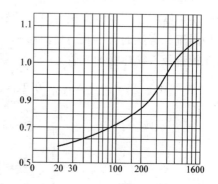

图 2-26　翅片管修正系数

$$\overline{W}_{max} = G_{kc}/A_{min}$$
$$A_{min} = B(D'_s - n_0 d_0)$$

式中 G_{kc}——壳程流体的总流量；

A_{min}——距换热器中心线最近管排中横流流动的最小流道面积，m²；

B——折流板间距，m；

D'_s——通过距换热器中心线最近管排管心的壳体内直径或弦长，m；

d_0——换热管外径；

n_0——距换热器中心线最近管排的管数。

传热因子 J_{h0} 的确定：

当 $Re=20\sim200$ 时 $J_{h0}=1.73Re^{-0.875}$

当 $Re=200\sim600$ 时 $J_{h0}=0.65Re^{-0.40}$

当 $Re=600\sim10000$ 时 $J_{h0}=0.35Re^{-0.30}$

通过折流板圆缺部分流动的修正系数 ϕ 的确定：

$$\phi=1.0-r+0.0524r^{0.32}\left(\frac{A_{\min}}{A_q}\right)^{0.03}$$

$$r=2n_1/n$$

对于光滑管 $A_q=\beta D_i^2-n_2\frac{\pi}{4}d_0^2$

对于低翅片管 $A_q=\beta D_i^2-n_2\frac{\pi}{4}d_{cw}^2$

式中 r——折流板圆缺部分的传热面积与总传热面积之比；

A_q——折流板圆缺部分的流道面积，m^2；

n_1——折流板圆缺部分换热管根数，在切口上的管子被切得的弧线按圆周比折合；

n_2——折流板圆缺部分换热管根数，切口上的管子按其面积比折算，若切口上有换热管，则 $n_1=n_2$；

n——换热管数；

β——通过折流板圆缺高度 h 和壳内径 D_i 的比值，由表 2-1 查得；

D_i——壳体内径；

d_{cw}——翅片管翅片外直径，m。

表 2-1 β取值与 h/D_i 关系

h/D_i	0.15	0.20	0.25	0.30	0.35	0.40	0.45
β	0.0793	0.112	0.154	0.198	0.245	0.293	0.343

考虑壳体与管束间隙旁流而留的修正系数 ξ_h 的确定：

$$\xi_h=\exp\left[-0.125F_{ld}\left(1-\sqrt[3]{\frac{2N_n}{N_0}}\right)\right]$$

对于光滑管 $F_{ld}=\dfrac{A_d}{A_{\min}}=\dfrac{B[D'_s-(n_0-1)S-d_0]}{B(D'_s-n_0\cdot d_0)}$

对于低翅片管 $F_{ld}=\dfrac{B[D'_s-(n_0-1)S-d_r]}{B\left\{D'_s-n_0\left[d_r+\dfrac{(d_{cw}-d_r)}{S_{cw}}\delta_{cw}\right]\right\}}$

$$N_0=2+2\frac{\theta}{2\pi}$$

式中 F_{ld}——距换热器中心线最近的管排上管束和壳体内径间间隙通流面积 A_d 与横流通流面积 $A_{\min}$ 之比；

N_n——旁通道板数；

N_0——横流流动范围流道上的收缩次数，即相邻两块折流板切口间之管排数，若折流板切口上有管排，则用位于折流板切口内的管圆周弧线弧度 θ 与管圆周长之比计入；

d_{cw}——翅片管翅片外直径，m；

S——布管管间距，m；

d_r——低翅管翅根直径，m；

S_{cw}——翅片管管间距，m；

δ_{cw}——翅片管翅片厚度，m。

F_0 为考虑折流板和壳体内径间漏流 E 及换热管外径与折流板管孔间漏流 A 的修正系数，计算如下

$$F_0 = 1 - \frac{\psi\ (A_{TB} + 2A_{SB})}{A_L}$$

式中　ψ——作为 A_L/A_{min} 的函数出现，当 $A_L/A_{min} = 0.1 \sim 0.8$ 时，$\psi = 0.10 + 0.45\ (A_L/A_{min})$，当 $A_L/A_{min} < 0.1$ 时，$\psi = 0.442\ (A_L/A_{min})^{0.5}$；

A_{TB}——折流板管孔和换热管外径间的间隙面积，对于光滑管，$A_{TB} = n_B \left(\dfrac{\pi}{4}\right) (d_H^2 - d_0^2)$，

对于低翅管，$A_{TB} = n_B \left(\dfrac{\pi}{4}\right) (d_H^2 - d_{cw}^2)$；

n_B——一块折流板的管孔数；

d_H——折流板管孔直径，m；

A_{SB}——折流板外径和壳体内直径间的间隙面积；

A_L——间隙面积总和，$A_L = A_{TB} + A_{SB}$。

管排修正系数 X 的确定：

当 $Re < 100$ 时，$X = \left(\dfrac{N_c'}{13}\right)^{0.18}$；

当 $Re = 100 \sim 2000$ 时，$X = 1.0$；

当 $Re > 2000$ 时，X 由表 2-2 查得。

表 2-2　　　　　　　　　　　　　　X 的 取 值

N_c'	1	2	3	4	5	6	7	8
X	0.63	0.70	0.77	0.83	0.86	0.88	0.90	0.91
N_c'	9	10	12	16	18	26	35	72
X	0.92	0.93	0.94	0.95	0.96	0.97	0.98	0.99

N_c' 为换热器壳程流道收缩的总有效次数，由下式确定，即

$$N_c' = (N_b + 1)\ N_n + (N_b + 2)\ N_w$$

式中　N_b——折流板数；

N_w——折流板圆缺部分中的管排数。

（3）盘环折流板。当 $Re = 3 \sim 2 \times 10^4$ 时，换热系数 h_0 的计算式为

$$\frac{h_0 d_0}{\lambda} = b d_0^{0.6} \left(\frac{W_{pj} d_0}{\mu}\right)^{0.6} Pr_f^{\frac{1}{3}} \left(\frac{\mu_f}{\mu_w}\right)^{0.14} \tag{2-18}$$

$$W_{pj} = \rho_s \omega_{pj}$$

式中　λ——导热系数，W/ (m · ℃)；

W_{pj}——加权平均质量流速，kg/ (m² · s)；

ρ_s——壳程流体的质量密度，kg/m^3；

ω_{pj}——壳程流体的平均流速，$m/\dot{s}$。

式（2-18）也适用于弓形折流板和无折流板情况，所不同的是系数有所变化，盘环折流板系数 $b=2.08$。

（四）定性温度及壁面温度的计算

在使用管、壳程换热计算公式时，其中的物性参数按定性温度查值。定性温度的选取视换热关联式的要求而定。在公式中所要求的流体平均温度（以下标 pj 表示）有以下几种：

（1）流体平均温度 t_{pj}。t_{pj} 为流体进、出口温度的算术平均值：

当流体进、出口温度变化小时，流体平均温度 t_{pj} 为

$$t_{pj}=\frac{t_{pj1}+t_{pj2}}{2} \tag{2-19}$$

式中　t_{pj1}、t_{pj2}——按截面平均的流体的进、出口温度，℃。

当流体进、出口温度变化大时，流体平均温度 t_{pj} 为

对于冷流体
$$t_{pj}=t_{pj1}+F_c(t_{pj2}-t_{pj1}) \tag{2-20}$$

对于热流体
$$t_{pj}=t_{pj2}+F_c(t_{pj1}-t_{pj2}) \tag{2-21}$$

壳程高温流体被水冷却时：$F_c=0.30$；

管、壳程流体均为油时：$F_c=0.45$；

黏度小于 $10^{-3}Pa \cdot s$ 的低黏性流体：$F_c=0.5$；

壳程流体被水蒸汽加热时：$F_c=0.55$。

（2）取平均膜温作定性温度 t_m 较为广泛。

层流时
$$t_m=t_{pj}+\frac{1}{4}(t_b-t_{pj}) \tag{2-22}$$

紊流时
$$t_m=\frac{1}{2}(t_b+t_{pj}) \tag{2-23}$$

或
$$t_m=\frac{1}{2}(t_b+t_{pj}) \tag{2-24}$$

式中　t_b——壁面温度，℃。

t_b 可按下式计算

冷侧
$$t_{bc}=t_c+q_c(\frac{1}{h_c}+r_{dc})=t_c+K_c(\frac{1}{h_c}+r_{dc})\Delta t_m$$

热侧
$$t_{bh}=t_h+q_h(\frac{1}{h_h}+r_{dh})=t_h+K_h(\frac{1}{h_h}+r_{dh})\Delta t_m$$

式中　t_h、t_c——热、冷流体的温度，℃；

q——热流密度，J/m^3；

h——同一基准面的换热系数；

K——同一基准面的传热系数；

下标 c——冷流体；

下标 h——热流体；

其他符号意义同前。

当两侧流体的换热系数和温度已知时，也可用式（2-25）估算，即

$$t_b=\frac{h_1t_1+h_2t_2}{h_1+h_2} \tag{2-25}$$

式中　h_1、h_2——管、壳程流体的平均换热系数；

　　　t_1、t_2——管、壳程流体的平均温度，℃。

（五）换热器的流动阻力

流体在流过换热器的过程中，沿程存在各种流动阻力。流动阻力的大小与流体的物理性能、流速及换热器流道的几何特征有关。要达到换热器工作所要求的流体流量和流速，必须在换热器的流体进、出口间建立一定的压差，以克服流体流过换热器通道各部位所遇到的流动阻力。换热器流道中流体压力的变化，在某些情况下，也会对传热发生影响。因此，换热器在热工计算中必须进行流动阻力计算，通过流动阻力计算：

（1）可以判断流体流过所设计的换热器所有的压降在系统上是否允许，或藉此确定泵送流体流过换热器所需的压头，以及泵送流体消耗的功率，以便对输送流体的机械作出选择。

（2）对于换热器中流体有相变（沸腾或冷凝）的情况，流动阻力造成的流体工作压力的改变，将明显影响其工作时的饱和温度，改变了它与另一流体之间的温压。在换热器热工计算时应考虑这一变化对传热的影响。

总之，在换热器设计过程中，结构布置、传热分析和流动阻力分析应交错进行，因为它们是相互影响的。泵送流体流过换热器所需要的泵送功率 P 正比于流体流经换热器的压降 Δp

$$P = \frac{M \Delta p}{\rho} \qquad (2\text{-}26)$$

式中　M——流体的质量流量，kg/s；

　　　Δp——换热器进出口间流体的压降，Pa；

　　　ρ——流体的密度，kg/m^3。

流体流经换热器需克服两类流动阻力：流体流经换热面通道的沿程摩擦阻力和流体流动中遇到的转弯、截面突然改变等所引起的局部阻力。

可以认为，换热面通道的沿程摩擦阻力 Δp_x（即换热器换热面芯体部分的阻力）正比于流道的长度 L。单位长度的摩擦阻力与其他参数的关系可用式（2-27）表示，即

$$\frac{\Delta p_x}{L} = \varphi(u, D_d, \rho, \mu, e) \qquad (2\text{-}27)$$

式中　u——流道中流体的速度，m/s；

　　　D_d——流道的当量直径，m；

　　　e——流道表面的粗糙度，m。

流体力学中习惯上将式（2-27）写成无量纲参数间的关系

$$\frac{\Delta p_x}{4 \dfrac{L}{D_d} \dfrac{\rho u^2}{2}} = \varphi\left(\frac{\rho u D_d}{\mu}, \frac{e}{D_d}\right) \qquad (2\text{-}28)$$

式（2-28）左侧是包含 Δp_x 的一无量纲参数，称为摩擦因子 f，即 f 的定义式为

$$f = \frac{\Delta p_x}{4 \dfrac{L}{D_d} \dfrac{\rho u^2}{2}} \qquad (2\text{-}29)$$

式（2-28）右侧分别是雷诺数 Re 和相对粗糙度 $\dfrac{e}{D_d}$，可写成

$$f = f(Re, \frac{e}{D_d}) \tag{2-30}$$

对于某种型式的换热面通道，粗糙度是某一定值，因此，换热面通道的流动阻力特性试验数据可以整理成摩擦因子与雷诺数之间的关系

$$f = f(Re)$$

也可用线图的形式表示，称为换热面的流动阻力特性。

根据换热面通道的流动阻力特性，由雷诺数可确定其摩擦因子，然后可计算通道的摩擦阻力 Δp_x

$$\Delta p_x = f \frac{\rho u^2}{2} \frac{4L}{D_d} \tag{2-31}$$

通过试验整理出的摩擦因子 f，显然与所选定的用以计算流速 u 的通道截面积 S_l 相对应。因此，使用有关资料计算摩擦阻力时，必须符合相应的计算通道截面积 S_l 的规定。

局部阻力的特性通常以局部阻力系数 ξ 来表示，其定义为

$$\xi = \frac{\Delta p_j}{\frac{\rho u^2}{2}} \tag{2-32}$$

$$\Delta p_j = \xi \frac{\rho u^2}{2} \tag{2-33}$$

式中　Δp_j——局部阻力，Pa。

局部阻力系数的值与流道局部形状特征及雷诺数有关，是通过试验测定的。

同样，使用局部阻力系数 ξ 值的资料时，也必须注意其用以确定流速 u 所规定的计算流道截面积 S_l。

通过换热器一侧的流体总压降，即需克服的总流动阻力为

$$\Delta p = \Sigma \Delta p_x + \Sigma \Delta p_j \tag{2-34}$$

由式（2-31）～式（2-34）整理可得：

$$\begin{aligned}
\Delta p &= \Sigma f \frac{4L}{D_d} \frac{G^3}{2\rho^2} S_l + \Sigma \xi \frac{G^3}{2\rho^2} S_l \\
&= \Sigma f \frac{4L}{D_d} \frac{\mu^3}{2\rho^2 D_d^3} S_l Re^3 + \Sigma \xi \frac{G^3}{2\rho^2 D_d^3} S_l Re^3
\end{aligned} \tag{2-35}$$

其中，换流器芯体和流道各局部处的计算通道截面积 S_l、流速 u、质量流速 G、物理性能、雷诺数 Re 和所用的特征尺寸都是不同的。

显然，换热器所需的流体泵送功耗，在很大程度上取决于流体的物理性能及流道的当量直径。对于高密度的流体（如液体），泵送功率较小，流阻对设计的影响较小。相反，对于低密度的流体（如气体），所需的泵送功率就很大，换热器设计中就必须对流动阻力给予足够的注意。

还可以看出，流体泵送功率正比于质量流速或雷诺数的三次方。因此，如欲通过提高流速来获得稍高的换热系数，其代价是很大的。

换热器的流动阻力分析中，要注意各部分流动阻力的大小对换热面芯体流速分布均匀性的影响。如换热面芯体部分流动阻力在总流动阻力中占主要部分，则换热面各部分流速较均匀。如果换热器进、出口，联箱，导流腔等的流动阻力很大，那么将引起换热面通道中各部分流速分布明显地不均匀，从而严重地影响换热器的传热性能。

三、换热器的运行

作为一台好的换热器，至少要满足以下几项要求：

(1) 满足生产上的要求；

(2) 强度足够，结构可靠；

(3) 便于制造、安装和维修；

(4) 经济效益好。

以上为换热器运行上的要求，要使换热器有效运行应采取一定的措施。首先，一个换热器在运行前需要试运转，试运转步骤如下：

(1) 清除可以看到的任何脏物及润滑脂。

(2) 安装好温度和压力测量仪器。

(3) 检查排气孔和疏水阀是否合格。

(4) 对于带有伸缩管的换热器，必须查清伸缩管是否可以自由伸缩。

(5) 启动之前，要阅读随机提供的所有技术资料，特别是说明书。

(6) 在启动阶段，应尽量使导入的流体造成的管子和壳体之间热膨胀差为最小。导入冷流体时，应当逐渐地进行，使加热速度不超过 $0.06℃/s$，并保证长度方向的温度梯度不大于 $30.4℃/m$。

(7) 启动过程中排气阀应当保持在打开状态，以便排出全部空气，避免换热器内部发生空气聚集，使换热器得以充满液体。启动过程结束后关闭排气阀。

(8) 如果使用碳氢化合物，在装入碳氢化合物之前应当用惰性气体替换出换热器中的空气，以避免爆炸的可能性。

(9) 设备进入正常运行后，所有的螺栓连接处均应按正确的方法再紧固一次。

(10) 设备运行的压力、温度和流速等绝对不允许高于设计数值，以免在换热器中产生过大的应力和振动而损坏管子。

(11) 停止运行时，首先要使热流体的流速逐渐减小至零，然后冷流体可以快速停止流动。这是为了使冷却过程中的不等量收缩减至最小。在启动、停机和正常运行过程中，都应当避免聚冷聚热、超压和水击现象。

(12) 如果换热器的工质为蒸汽，在停止蒸汽汽流，关闭换热器之后，应当使排气阀和疏水阀都保持打开状态，防止冷却时形成真空。形成真空有可能造成损坏。

(13) 停机后所有的液体都应当排出，以免冻结和腐蚀。设备较长时间不用时，封闭之前最好用水冲洗，然后用空气干燥。

另外还要注意以下几个问题：

(1) 在寒冷环境条件下，启动换热器时应逐渐加热，同时液体的压力应当维持在较低状态，直到温度达到安全的低温暖性转变温度以上时，再把液体压力加到工作压力。这样就不会产生脆裂。在设计和制造时要特别注意消除容易产生应力集中的地方。

(2) 换热器常使用手动和电动控制阀来控制液体流量，用流量计或流速计测量流速，用压力表测量压力，用安全阀或安全膜保证压力不超过预定的压力值。有些换热器还装有压降记录仪，以监视设备中流体压降的增加。温度使用热电偶测量，并可通过调节流率来控制温度。这些测量和控制装置对于启动、停机、紧急状态或异常工况都是重要的。

(3) 当发生以下情况时，换热器需要停机：

1）由于阻塞和结垢，传热性能明显变坏；

2）由于腐蚀、冲蚀、振动、热循环应力及其他原因造成管子泄露；

3）由于地震以及地基安装不平稳等原因造成的壳体泄露；

4）由于法兰连接密封压碎或连接不正确而造成的严重泄露；

5）管子与管板连接处或者膨胀节开裂；

6）在分程槽或沿着纵向分程板的边缘发生严重的流程间的泄露；

7）液体突然停止使产生的局部热点严重地损坏了管子。

第三节 散 热 设 备

供热系统通过管路将热媒送入散热设备，由散热设备向房间供应热量，以补偿房间的失热量，进而维持房间所需温度，达到供热要求。常用的散热设备有散热器、辐射板和暖风机三种。

一、散热器

供热散热器是通过热媒将热源产生的热量传递给室内空气的一种散热设备。散热器的内表面一侧是热媒（热水或蒸汽），外表面一侧是室内空气。

（一）散热器的传热过程

具有一定温度的热媒（热水或蒸汽）在散热器内流过，当热媒温度高于室内空气温度时，散热器就把热媒所携带的热量不断地传递给室内的空气和物体，其散热过程为：

（1）散热器内热媒以对流换热方式把热量传给散热器内壁；

（2）散热器内壁以导热方式把热量传给散热器外壁；

（3）散热器外壁以对流换热方式把大部分热量传给室内的空气，同时又以辐射的方式把部分热量传给室内物体和人体。

在这三种传热过程中，由于金属的导热系数非常大，可以认为散热器的内壁温度与外壁温度是相等的。在散热器内流动着的热媒与内壁的对流换热效率比较高，而外壁与空气的对流换热以及外壁的辐射传热效率比较低。外壁换热效率取决于散热器外表面的散热面积、外表面温度以及与外壁进行对流换热的室内空气的流动速度。因此，提高散热器的散热量，增大散热器的传热系数的主要途径为：增加散热器外壁的散热面积；提高散热器外壁温度以增大辐射强度。

（二）散热器的类型

散热器按其制造材质的不同可分为铸铁、钢制和其他材质（铝、合金、塑料、陶瓷、混凝土等）散热器。

散热器按其结构形状不同可分为管型、翼型、杆型、平板型等散热器。

散热器按传热方式的不同可分为对流型（对流换热占 60％以上）和辐射型（辐射换热占 60％以上）。散热器和暖风机属对流型，辐射板属辐射型。

1. 铸铁散热器

目前，铸铁散热器是应用最为广泛的散热器，其结构简单，耐腐蚀能力强，使用寿命长，且造价低。但是，铸铁散热器金属耗量大，承压能力较低，制造、安装和运输劳动繁重。

常用的铸铁散热器主要有翼型和柱型两种型式。

（1）翼型散热器。翼型散热器又分为长翼型和圆翼型两种。

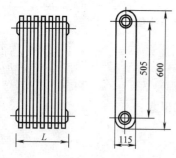

图 2-27　长翼型铸铁散热器

长翼型散热器，如图 2-27 所示，其外表面上有许多竖向肋片，内部为扁盒状空间。高度一般为 600mm，因此常称为 60 型散热器。每片的标准长度 L 有 280mm（大 60）和 200mm（小 60）两种规格，宽度为 115mm。

圆翼型散热器，如图 2-28 所示，是一根内径为 75mm 的管子，其外表面上铸有许多圆形肋片。圆翼型散热器的长度有 750mm 和 1000mm 两种，两端设置有法兰盘，可将数根散热器并联成散热器组。

翼型散热器的特点为：制造工艺简单，造价较低，但是金属耗量大，传热性能较柱型散热器差，外形不够美观，不易准确组成所需面积。因此，翼型散热器逐渐被柱型散热器所取代。

（2）柱型散热器。柱型散热器是现阶段应用最为广泛的散热器之一，其为单片的柱状连通体，每片各有几个中空的立柱相互连通，可以根据散热面积的需要，把各个单片组合为一组。

常用的柱型散热器有二柱 M-132 型、二柱 700 型、四柱 813 和四柱 640 等。

如图 2-29 所示，二柱 M-132 型散热器的宽度是 132mm，两边为柱状，中间有波浪型的纵向肋片。四柱散热器的规格以高度表示，

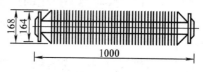

图 2-28　圆翼型铸铁散热器

如四柱 813 型，其高度为 813mm。四柱散热器有带足片和不带足片两种片形，通常将带足片的作为端片，不带足片的作为中间片组对成一组，直接落地安装。

我国常用的几种铸铁散热器的规格及性能参数见附表 24。

柱型散热器与翼型散热器相比传热系数高，释放相同热量时所需金属耗量少，表面光滑，消除积灰方便，外形比较美观，每片散热面积少，便于组合成所需散热面积。

2. 钢制散热器

常见的钢制散热器型式主要包括闭式钢串片式、板型式、钢制柱型式、扁管式及钢制光面管式等。

（1）闭式钢串片式。闭式钢串片式散热器，如图 2-30 所示，由钢管、钢片、联箱及管接头组成。钢片串在钢管外面，两端折边 90°形成封闭的竖直空气通道，具有较强的对流散

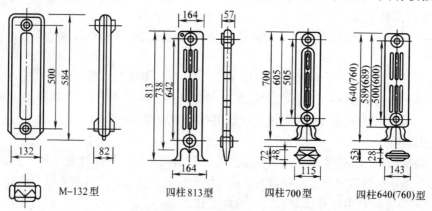

　　　　M-132型　　　　　四柱813型　　　　四柱700型　　　四柱640(760)型

图 2-29　柱型散热器

热能力。但是，当使用时间较长时，容易出现串片与钢管连接不紧或松动情形，从而影响传热效果。其规格通常用高×宽来表示，如图 2-30 中的 240×100 型和 300×80 型。

(2) 板型散热器。板型散热器，如图 2-31 所示，由面板，背板，进、出口接头，放水门固定套及上、下支架组成。面板和背板通常采用 1.2～1.5mm 厚的冷轧钢板冲压成型，其流通断面呈圆弧形或梯形。背板有带对流片和不带对流片两种规格。板型散热器的规格尺寸见表 2-3。

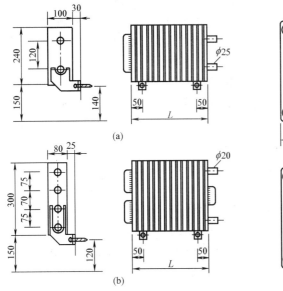

图 2-30 闭式钢串片式散热器
(a) 240×100 型；(b) 300×80 型

图 2-31 钢制板型散热器

表 2-3　　　　　　　　　　钢制板型散热器尺寸表（JG/T2—1999）　　　　　　　　　mm

项　　目	参　数　值				
高度	380	480	580	680	980
同侧进、出口中心距（H_1）	300	400	500	600	900
对流片高度（H_2）	130	230	330	430	730
宽度	50	50	50	50	50
长度（L）	600，800，1000，1200，1400，1600，1800				

(3) 钢制柱型散热器。钢制柱型散热器，如图 2-32 所示，其结构形式同铸铁柱型散热器相似，是用 1.25～1.5mm 厚的普通冷轧钢板经冲压加工焊制而成的，常用规格尺寸见表 2-4。

表 2-4　　　　　　　　　　钢制柱型散热器尺寸表（JG/T 1—1999）　　　　　　　　　mm

项　　目	参　数　值											
高度（H）	400			600			700			1000		
同侧进出口中心距（H_1）	300			500			600			900		
宽度（B）	120	140	160	120	140	160	120	140	160	120	140	160

（4）扁管散热器。扁管散热器，如图 2-33 所示，是由数根 50mm×11mm×1.5mm（宽×高×厚）的矩形扁管叠加焊接在一起，两端加上联箱制成的。高度有三种规格：416mm（8 根）、520mm（10 根）和 624mm（12 根）。长度有 600～2000mm 以 200mm 进位的八种规格。扁管散热器的板型有单板、双板、单板带对流片、双板带对流片四种型式。单、双板扁管散热器两面均为光板，板面温度较高，有较多的辐射热。带对流片的单、双板扁管散热器在对流片内形成空气流通通道，不仅可以辐射散热，而且可以对流散热。

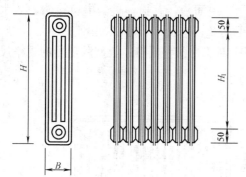

图 2-32　钢制柱型散热器

（5）钢制光面管散热器。钢制光面管散热器，又称为光排管散热器，是在现场或工厂用钢管焊接而成的。因其耗钢量大，造价高，外形尺寸大，不美观，一般只用在工业厂房内。

钢制散热器与铸铁散热器相比主要有以下特点：

1）金属耗量少。钢制散热器通常由薄钢板压制焊接而成，散出同样热量时，所需金属耗量少，因此整体质量轻。

2）承压能力高。普通铸铁散热器的承压能力一般在 0.4～0.5MPa，而钢制板型和柱型散热器的工作压力可达 0.8MPa，钢串片式散热器承压能力可达 1.0MPa。

3）外形美观整洁，规格尺寸多，占有效空间和使用面积少，布置安装方便。

4）除钢制柱型散热器外，其他钢制散热器的水容量少，持续散热能力低，热稳定性差，供水温度偏低而又间歇供热时，散热效果明显降低。

5）钢制散热器易腐蚀，使用寿命短。热水供热系统使用钢制散热器时，给水必须除氧。蒸汽供热系统不宜使用钢制散热器，对有酸、碱腐蚀性气体的生产厂房或相对湿度较大的房间不宜安装钢制散热器。使用钢制散热器的系统非工作时间应满水养护。

几种常用钢制散热器的规格见附表 25。由于钢制散热器易腐蚀，且使用寿命短，在我国已基本上不采用。

3. 铝制散热器

铝制散热器的材质为耐腐蚀的铝合金，经过特殊的内防腐处理，采用焊接连接形式加工而成。铝制散热器质量轻，热工性能好，使用寿命长，并且可以根据用户要求任意改变宽度和长度，其外形美观大方，造型多变，在供热的同时具有一定的装饰效果。

图 2-34 所示为一种多联式柱翼型铝制散热器，

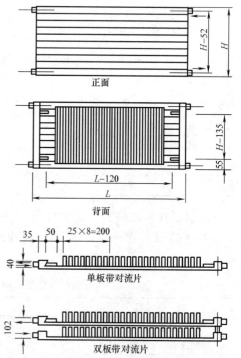

图 2-33　钢制扁管型散热器

其外形高度有 A345、B440 和 C435 等各种型式。长度为：A 型每片以 305mm 递增；B 型每片从 188mm 起以 66mm 递增；C 型以每片 305mm 递增。散热器宽度为 48mm，其工作压力可达 1.0MPa。

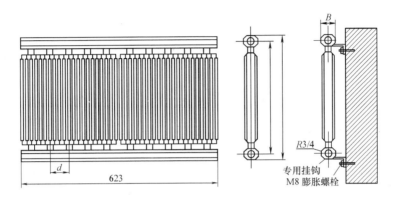

图 2-34　铝制多联式柱翼型散热器

二、散热器的选择

（一）散热器的选择要求

选择合适的散热器主要依据以下要求：

（1）热工性能好。散热器的传热系数 K 值要大，K 值越大，表明散热器的散热能力就越大。另外，通过提高室内空气的流速和散热器内热媒的温度，也可以增大散热器的传热系数。

散热器应以最好的散热方式向室内传递热量，散热器的主要传热方式有对流散热和辐射散热两种，其中以辐射散热方式为最好。靠辐射方式传热的散热器，由于辐射的直接作用，可以提高室内物体和围护结构内表面的温度，使生活区和工作区温度适宜，增加了人体的舒适感。以对流方式散热，会造成室温不均匀，温差过大，而且灰尘随空气对流，卫生条件也不好。

（2）金属热强度大。金属热强度 q 是指散热器内热媒平均温度与室内空气温度差为 1℃时，单位质量的散热器金属单位时间所放出的热量，即

$$q = \frac{K}{G} \tag{2-36}$$

式中　K——散热器的传热系数，W/（m² · ℃）；

　　　G——散热器单位面积的金属质量，kg/m²。

金属热强度 q 是衡量同一材质散热器的金属耗量和成本高低的重要指标。q 越大，表明散出同样热量时消耗的金属量越少，成本越低，且经济性越好。

（3）要求散热器具有一定的机械强度，承压能力高，价格便宜，经久耐用，使用寿命长。

（4）要求散热器规格尺寸多样化，结构尺寸小，占有效空间和使用面积少。结构形式便于组对出所需面积，且生产工艺能满足大批量生产的要求。

（5）外表面光滑，不易积灰，积灰清扫方便，外形美观，易于与室内装饰相协调。

能完全满足以上要求的散热器很难找到，选用时应根据实际情况，选择经济、实用、耐久、美观的散热器。选择散热器时应考虑系统的工作压力，选用承压能力符合要求的散热器；有腐蚀性气体的生产厂房或相对湿度大的房间，应选用铸铁散热器；热水供热系统选用钢制散热器时，应采取防腐措施；蒸汽供热系统不得选用钢制柱型、板型、扁管型散热器；散发粉尘和防尘要求较高的生产厂房，应选用表面光滑，积灰易清扫的散热器；民用建筑选

用的散热器尺寸应符合要求，且外表面光滑、美观，不易积灰。

（二）散热器的计算

确定了供热设计热负荷、供热系统的型式和散热器的类型以后，便可进行散热器的计算，确定供热房间所需散热器的面积以及片数。

1. 散热器的散热面积

供热房间的散热器向房间供应热量以补偿房间的热损失，散热器的散热量应等于供热房间的设计热负荷。散热器散热面积为

$$F = \frac{Q}{K(t_{pj} - t_{js})}\beta_1\beta_2\beta_3 \tag{2-37}$$

式中　Q——散热器的散热量，W；

K——散热器的传热系数，W/（$m^2 \cdot \text{℃}$）；

t_{pj}——散热器内热媒的平均温度，℃；

t_{js}——供热室内计算温度，℃；

β_1——散热器组装片数修正系数；

β_2——散热器连接形式修正系数；

β_3——散热器安装形式修正系数。

（1）散热器的传热系数 K。散热器的传热系数 K 表示当散热器内热媒平均温度 t_{pj} 与室内空气温度 t_{js} 的差为 1℃时，单位散热面积单位时间内释放的热量。选用散热器时，散热器的传热系数越大越好。

影响散热器传热系数的最主要因素是散热器内热媒的平均温度与室内空气温度的差值 Δt_{pj}。另外，散热器的材质、几何尺寸、结构形式、表面喷涂、热媒种类、温度、流量、室内空气温度、散热器的安装方式以及片数等因素都将制约传热系数的大小。因此，理论上无法推导出各种散热器的传热系数值，实际中只能通过实验方法对其进行确定。散热器传热系数 K 值的实验，应在一个长×宽×高为（4±0.2）m×（4±0.2）m×（2.8±0.2）m 的封闭小室内，保持室温恒定的条件下进行。

通过实验的方法可得到散热器传热系数 K 的表达式为

$$K = a(\Delta t_{pj})^b = a(t_{pj} - t_{js})^b \tag{2-38}$$

式中　a、b——由实验确定的系数，取决于散热器的类型和安装方式；

Δt_{pj}——散热器内热媒与室内空气的平均温差，$\Delta t_{pj} = t_{pj} - t_{js}$，℃。

由式（2-38）可知，散热器内热媒的平均温度与室内空气温差 Δt_{pj} 越大，散热器的传热系数 K 值就越大，散热效果便越好。附表 24 和附表 25 给出了各种不同类型铸铁和钢制散热器传热系数的公式，注意应用这些公式时首先应确定散热器内的热媒平均温度。

（2）散热器内热媒平均温度 t_{pj}。散热器内热媒平均温度 t_{pj} 应根据热媒种类（热水或蒸汽）和系统型式进行确定。

1）热水供热系统。对于热水供热系统，散热器内热媒的平均温度 t_{pj} 为

$$t_{pj} = \frac{t_j + t_c}{2} \tag{2-39}$$

式中　t_j——散热器的进水温度，℃；

t_c——散热器的出水温度，℃。

对于双管热水供热系统，各组散热器是并联关系，散热器的进、出口水温可分别按系统

的供、回水温度确定。比如，对于低温热水供热系统，供水温度为 95℃，回水温度为 70℃，则热媒平均温度为 82.5℃。

对于单管热水供热系统，由于各组散热器是串联关系，且水温沿流向逐层降低，因此应先确定各管段的混合水温，然后逐一确定各组散热器的进、出口温度，进而求出散热器内热媒的平均温度。

2）蒸汽供热系统。对于蒸汽供热系统，当蒸汽压力 $p \leqslant 30$kPa（表压）时，t_{pj} 取值为 100℃；当蒸汽压力 $p > 30$kPa（表压）时，t_{pj} 的取值为与散热器进口蒸汽压力所对应的饱和温度。

（3）传热系数 K 的修正系数。散热器传热系数的计算公式是在特定条件下通过实验确定的，如果实际使用条件与测定条件不相符，应对传热系数 K 进行修正。

1）组装片数修正系数 β_1。实验测定传热系数时，柱型散热器是以 10 片为一组进行实验的，在实际使用过程中，单片散热器安装成组，各相邻片之间由于彼此吸收辐射热，热量不能全部释放，只有两端散热器的外侧表面可以将绝大部分辐射热量传给室内，这样便减少了向房间的辐射热量。组装片数超过 10 片后，相互吸收辐射热的面积占总面积的比例将增加，散热器单位面积的平均散热量有所减少，传热系数 K 值也会相应减少，因此应对 K 值进行修正，增加散热面积。与之相反，当散热器片数少于 6 片，散热器单位面积的平均散热量将增加，K 值也将有所增加，因此需要减少散热面积。

散热器组装片数修正系数 β_1 见表 2-5。

表 2-5　　　　　　　　　　　　散热器组装片数修正系数 β_1

每组片数	<6	6～10	11～20	>20
β_1	0.95	1.00	1.05	110

注　表中数值仅适用于各种柱型散热器。长翼型和圆翼型不修正，其他散热器需要修正时，见产品说明。

2）连接形式修正系数 β_2。散热器与采暖系统支管的连接方式，有上进下出同侧连接、上进下出异侧连接、下进上出同侧连接、下进上出异侧连接和下进下出等五种方式。连接方式不同，通过散热器各水流通道内的水流情况就不同。对于竖向水流通道，采用上进下出连接时，受迫水流方向与自由水流方向是一致的。采用下进上出连接时，受迫水流方向与自由水流方向相反。而散热器内水的放热，是自由与受迫流动的综合流动散热。散热器与系统支管采用不同连接方式时，散热器内竖向水流通道截面的温度分布不同，从而导致散热器表面温度不同。大量的散热工程试验表明：上进下出连接方式的散热器外表面平均温度比下进上出连接方式的散热器外表面平均温度高，温度均匀性较差，其表面温度分布呈上热下冷。下进上出连接方式散热器外表面的温度分布比较均匀，温度沿竖直方向的变化较小，其表面温度分布为自下而上逐渐降低。散热器的热工测试还表明，对同种散热器，单侧连接与双侧连接方式相比，其外表面平均温度和温度分布都无明显差异。产生这种现象的原因主要由于散热器是多片组装，水流通道截面积很大，水在散热器内的流动速度很低，不管采用同侧或异侧连接，水在散热器内的流量分配都比较均匀。对于同侧连接的末片散热器，即便出现了流量较小的情况，由于此时温降增大，产生的重力压头增强了末片水流速度，从而增强了放热。因此，不管同侧或是异侧连接，散热器的传热系数或放热量都基本相同。

研究表明：采用上进下出连接方式的散热器，比采用下进上出连接方式的散热器，其传热系数要大。这是因为一个上热下冷的散热表面和同样一个下热上冷的散热表面相比，前者更容易促进空气对流；同时由于上进下出连接方式的散热器表面平均温度高，更有利于散热器和室内空气之间的对流和辐射热交换。由于散热器与系统支管连接方式的不同而造成了传热系数的差异，所以，当散热器与系统支管的连接方式与标准试验时的连接方式不同时，在计算散热器面积时，应乘以连接方式的修正系数 β_2，见表 2-6。

表 2-6 散热器连接形式修正系数 β_2

连 接 形 式	同 侧 上进下出	异 侧 上进下出	异 侧 下进上出	异 侧 下进上出	同 侧 下进上出
四柱 813 型	1.0	1.004	1.239	1.422	1.426
M-132 型	1.0	1.009	1.251	1.386	1.396
长翼型（大 60）	1.0	1.009	1.225	1.331	1.369

注 1 本表数值由原哈尔滨建筑工程学院供热研究室提供，该值是在标准状态下测定的。
　　2 其他散热器可近似套用表中数据。

3）安装形式修正系数 β_3。实验确定传热系数 K 时，散热器的安装形式为完全敞开，没有任何遮挡的情况下测定，此时 $\beta_3=1.0$。但是，有时为了室内美观的要求，在散热器前加设不同形式的遮挡壁板。有时为了提高热工性能，在散热器的上部安装不同形式的导流器和导流片等。由于安装形式不同，使散热器的辐射和对流放热条件发生了变化。因此，对于其他安装形式，应对散热器的传热系数 K 进行修正。表 2-7 给出散热器不同安装形式的修正系数 β_3。

表 2-7 散热器安装形式修正系数 β_3

序号	装置示意图	说　明	系　数	序号	装置示意图	说　明	系　数
1		敞开装置	$\beta_3=1.0$	5		外加围罩，在罩子前面上下端开孔	$A=130mm$ 孔是敞开的 $\beta_3=1.2$ 孔带有格网的 $\beta_3=1.4$
2		上加盖板	$A=40mm$ $\beta_3=1.05$ $A=80mm$ $\beta_3=1.03$ $A=100mm$ $\beta_3=1.02$	6		外加网格罩，在罩子顶部开孔，宽度 C 不小于散热器宽度，罩子前面下端开孔 A 不小于 100mm	$A\geqslant100mm$ $\beta_3=1.15$
3		装在壁龛内	$A=40mm$ $\beta_3=1.11$ $A=80mm$ $\beta_3=1.07$ $A=100mm$ $\beta_3=1.06$	7		外加围罩，在罩子前面上、下两端开孔	$\beta_3=1.0$
4		外加围罩，在罩子顶部和罩子前面下端开孔	$A=150mm$ $\beta_3=1.25$ $A=180mm$ $\beta_3=1.19$ $A=220mm$ $\beta_3=1.13$ $A=260mm$ $\beta_3=1.12$	8		加挡板	$\beta_3=0.9$

另外，在一定的连接方式和安装形式下，通过散热器的流量也将对一些型式散热器的 K 值和 Q 值产生影响。散热器表面采用不同的涂料，也会对 K 值和 Q 值有所影响。对于蒸汽供热系统，蒸汽散热器的传热系数 K 值通常高于热水散热器的 K 值。因此，对于不同散热器，可根据具体条件，查阅有关资料确定散热器的传热系数。

2. 散热器的片数或长度

散热器的片数或长度为

$$n = \frac{A}{A_i} \tag{2-40}$$

式中　A——所需散热器的散热面积，m^2；

　　A_i——每片或单位长度散热器的散热面积，可查附表 24 和附表 25 确定。

实际应用中，散热器每组片数或长度只能取整数。GB 50019 规定，柱型散热面积可比计算值小 $0.1m^2$，翼型或其他散热器的散热面积可比计算值小 5%。

另外，铸铁散热器的组装片数不宜超过以下数值：

柱型（M-132）：不宜超过 20 片；

柱型（细柱）：不宜超过 25 片；

长翼型：不宜超过 7 片。

3. 明装供热管道散入房间的热量

对于明装的供热管道，虽然热水沿途流动时散失的热量使散热器进水温度降低，但考虑到全部或部分散热量会散入供热房间，其影响将相互抵消，可以不计算供热管道散入室内的热量。当需要精确计算散热面积，就应考虑明装供热管道散入供热房间的热量，应首先计算热媒在管道中的温降，求出散热器的实际进水温度，确定散热器的传热系数，然后从供热房间设计热负荷中扣除管道散入房间的热量，再确定散热器面积。

明装供热管道散入房间的热量 Q_g 为

$$Q_g = f K_g L \Delta t \eta \tag{2-41}$$

式中　f——单位长度管道的表面积，m^2；

　　K_g——管道的传热系数，可查阅设计手册确定，估算时 K_g 值可取为 10，$W/(m^2 \cdot ℃)$；

　　L——明装供热管道的长度，m；

　　Δt——管道内热媒温度与室内计算温度的差值，$℃$；

　　η——管道敷设位置修正系数。

η 的取值：顶棚下水平管道，$\eta = 0.5$；地面上水平管道，$\eta = 1.0$；立管，$\eta = 0.75$；散热器支管，$\eta = 1.0$。

（三）散热器的布置

散热器通常布置于外墙窗台下，这样不仅能够迅速加热室外渗入的冷空气，阻挡沿外墙下降的冷气流，而且能够改善外窗、外墙对人体冷辐射的影响，使室温均匀。具体布置时应注意以下几点：

（1）散热器的安装尺寸应保证底部距地面不小于 60mm，一般取为 150mm；顶部距窗台板不小于 50mm；背部与墙面净距不小于 25mm。

（2）散热器一般明装或者布置于深度不超过 130mm 的墙槽内。

（3）楼梯间布置散热器时，考虑热气流上升的影响，应尽量布置于底层或按一定比例分布在下部各层。

（4）为防止散热器冻裂，两道外门之间、门斗及开启频繁的外门附近不宜设置散热器。

（5）设在楼梯间或其他有冻结危险地方的散热器，立、支管应单独设置，并且其上不允许再安装阀门。

（6）托儿所、幼儿园以及装修卫生要求较高的房间可考虑在散热器外加网罩、格栅或者挡板等。

三、辐射供热

辐射供热是利用建筑物内部顶面、墙面、地面或其他表面进行供热的系统，主要以辐射散热方式向房间供应热量，辐射散热量占总散热量的 50% 以上。

辐射供热作为一种卫生条件和舒适标准均较高的供热形式，与对流供热方式相比，主要有以下特点：

（1）对流供热系统中，人体的冷热感觉主要取决于室内空气温度的高低。而辐射供热时，人或物体受到辐射照度和环境温度的综合作用，人体感受到的实感温度可比室内实际环境温度高 2～3℃左右，即在具有相同舒适感的前提下，辐射供热的室内空气温度可比对流供热时低 2～3℃。

（2）在保持人体散热总量不变的情况下，适当地减少人体的辐射散热量，增加一些对流散热量，人会感到更舒适。辐射供热时人体和物体直接接受辐射热，减少了人体向外界的辐射散热量。而辐射供热的室内空气温度又比对流供热时低，正好可以增加人体的对流散热量。因此，辐射供热对人体具有最佳的舒适感。

（3）辐射供热时沿房间高度方向上温度分布均匀，温度梯度小，房间的无效损失有所减小，并且由于室温降低可以减少能源消耗。

（4）辐射供热不需要在室内布置散热器，少占室内的有效空间，也便于布置家具。

（5）减少了对流散热量，室内空气的流动速度也降低了，避免了室内尘土的飞扬，有利于改善卫生条件。

（6）辐射供热比对流供热的初投资高。

（一）辐射供热系统的分类

根据板面温度的不同，辐射供热系统可分为低温辐射式（板面温度低于 80℃）、中温辐射式（板面温度为 80～200℃）和高温辐射式（板面温度高于 500℃）。

根据辐射板结构的不同，辐射供热系统可分为埋管式（以直径 32～15mm 的管道埋设于建筑物表面内构成辐射表面）、风道式（利用建筑构件的空腔使热空气在其间循环流动构成辐射表面）和组合式（利用金属板焊以金属管组成辐射板）。

根据辐射板位置的不同，辐射供热系统可分为顶面式（以顶棚作为辐射供热面，辐射热占 70% 左右）、墙面式（以墙壁作为辐射供热面，辐射热占 65% 左右）、地面式（以地面作为辐射供热面，辐射热占 55% 左右）和楼面式（以楼板作为辐射供热面，辐射热占 55% 左右）。

根据热媒种类的不同，辐射供热系统可分为低温热水式（热媒水温低于 100℃）、高温热水式（热媒水温不小于 100℃）、蒸汽式（以高压或低压蒸汽为热媒）、热风式（以加热后的空气为热媒）、电热式（以电热元件加热特定表面或直接发热）和燃气式（通过燃烧可燃气体经特制的辐射器发射红外线）。

（二）低温辐射供热

1．结构形式

低温辐射供热的主要型式有金属顶棚式，顶棚、地面或墙面埋管式，空气加热地面型式，电热顶棚式和电热墙式等。

顶棚、地面或墙面埋管型式近几年得到了比较广泛的应用，比较适合于民用建筑与公共建筑中考虑安装散热器会影响建筑物协调和美观的场合。顶棚和墙面埋管是在混凝土板内距底面 25mm 处埋设盘管（排管或蛇形管），如图 2-35 所示。埋管常用的管材为塑料管，管径一般为 $\phi 15$ 或 $\phi 20$。顶棚埋管的管中心距一般为 $110 \sim 230mm$，顶棚的表面温度通常应不超过 50℃，一般限制管内热媒温度不超过 60℃。在地面或楼板内埋管时，必须将盘管完全埋设在混凝土层内，在保

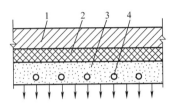

图 2-35　混凝土内埋管
1—建筑构体；2—保温隔热层；
3—混凝土板；4—加热排管

温层的下部应布置防水层，避免保温层被水分浸蚀，如图 2-36 所示。地面埋管的管中心距宜采用 $150 \sim 450mm$，盘管上部应保持厚度为 $40 \sim 100mm$ 的覆面层。

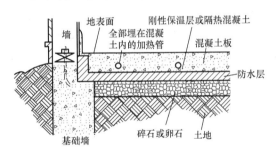

图 2-36　地面埋管

在顶棚、墙体或地面内设置盘管时，当所有的面层施工完毕后，应让其自然干燥，两周内不得向盘管供热。另外，系统第一次启动时，供水温度不应高于当时的室外气温 11℃，最高不能高于 32℃。在此温度下，让热媒循环两天，然后每日升温 3℃，直至 60℃ 为止。

低温辐射供热在建筑物美观和舒适感方面都比其他供热型式优越。但是，建筑物表面辐射温度受到限制，其表面温度应采用较低值，如地面式表面温度为 $24 \sim 30℃$，墙面式为 $35 \sim 45℃$，顶棚式为 $28 \sim 36℃$。系统中加热管埋设在建筑结构内部，使得建筑结构变得复杂，施工难度加大，并且维护检修不便。

另外，低温辐射供热系统用塑料管代替了钢管作加热管后，可以使系统造价大为降低。同时，由于塑料管耐腐蚀，可以延长系统的使用寿命。

2．地板采暖

低温热水地板辐射采暖又称为地板采暖，是采用低于 60℃ 低温水作为热媒（一般为热水），通过直接埋入建筑物的地板内的铝合金/聚乙烯型（PAP）或铝合金交联聚乙烯型（XPAP）等盘管辐射而达到一种方便灵活的采暖形式。实际应用表明，地板采暖主要的优势在于：

（1）舒适卫生。由于辐射强度和温度的双重作用，减少了四周表面对人体的冷辐射，室内地表温度均匀，室温由下而上逐渐递减，改变了散热器采暖室温上高下低的温度分布状态，给人体以头凉脚暖的良好感觉，造成了真正符合人体散热及生理要求的热状态，符合传统医学"温足凉顶"的健身理论，可以改善血液循环，促进新陈代谢，具有最佳的舒适感和保健功能。

（2）高效节能。

1）在建立同样舒适条件的前提下，由于辐射供暖方式与对流供暖方式相比热效率高，可节能约35％。因此，室内设计温度可以比其他采暖形式降低2℃。

2）室内沿高度方向上的温度分布比较均匀，温度梯度很小，热媒低温传送，在传递过程中无效热损失可大大减少。

3）该系统可以充分利用余热水。

4）热量相对集中在人体受益的高度内。

5）控制阀门集中于分配器，方便调节室内温度，可关闭，从而可节省供暖能耗达35％。

若分户设置壁挂式采暖热水两用燃气炉供热，则不仅可节省大量的城市集中供热设施费用，而且可做到用户自主决定采暖消费。

（3）低温隔声。由于地板采暖特殊的地面构造，上下层不采暖时，中间层的采暖效果几乎不受影响，且热媒体在盘管中流速较低，由于盘管与楼板间设有绝热层，不仅增强了保温效果，也起到了隔声作用，因此，可大大减少上层对下层的噪声干扰。

（4）热稳定性好。由于地面层及混凝土层蓄热量大、热稳定性好，因此，在间歇供暖的条件下，室内温度变化缓慢。

（5）应用范围广。可适用于任何采暖场所，尤其适用于跨度大、层数高和矮窗式建筑物的采暖要求。

（6）物业管理方便。因盘管始、终端集中于分配器，便于热力计算，可实现单独收费和强制收费。热网供暖时，还可实现微机远抄。

（7）使用面积增加，方便装修。室内取消了散热器及其立支管，不但不占用建筑面积，而且房间可任意分隔，从而使室内既美观、又便于装修和家具布置。

（8）系统使用寿命长。交联管和铝塑管是世界公认的、可连续使用50年以上的材料。

（9）清洁卫生。地板采暖室内空气平均流速小，能有效减少因空气急剧流动而引起的尘埃飞扬，以及明装散热设备和管道积尘面受热挥发的异味，减少室内空气污染。

地板采暖方式的不足主要包括：

（1）初投资较大。由于地板采暖管材（交联管、铝塑管）国产过程中存在国产原料供应断挡、生产设备投资大及目前市场占有率较小的原因，致使短期内地暖管材等主要部件尚需依赖进口，因而价位较高，以至于初投资较大。当然，随着行业技术的发展，投资并不是主要矛盾。

（2）层高及荷载增加。由于地板采暖管敷设于地板上需占用60～100mm的层高，为保证建筑物的净高，必须提高层高，从而导致结构荷载增大。

（3）土建费用增加。因地板采暖管敷设于地板内，增加了地板厚度60～100mm，致使楼板荷载增加多达2.4kN/m²，相应地建筑物层高增加，梁柱截面和结构荷载增大，地基处理复杂，使土建费用提高。

（4）可维修性较差。由于地板采暖属隐蔽性工程，一旦加热盘管渗漏或堵塞，维修工作相当麻烦。但可采取有效措施，克服这一缺点，如不允许隐蔽加热盘管有接头，管网系统中加过滤器等。

3. 设计计算方法

(1) 辐射供热系统热负荷的计算（包括低温、中温、高温辐射供热系统）。辐射供热系统热负荷的计算方法常用的主要有两种：修正系数法和降低室内温度法。

1) 修正系数法。辐射供热热负荷为

$$Q_f = \varphi Q_d \tag{2-42}$$

式中　Q_d——对流供热热负荷，W；

　　　φ——修正系数，对于中高温辐射系统，$\varphi = 0.8 \sim 0.9$，对于低温辐射系统，$\varphi = 0.9 \sim 0.95$。

2) 降低室内温度法。进行热负荷计算时，该方法是将室内空气的计算温度降低 2~6℃。对于低温辐射供热系统，可降低 2℃；对于高温辐射供热系统，特别是燃气红外线辐射供热系统，可降低 6℃。

(2) 板面的传热计算。经加热后的辐射板，其板面以辐射和对流两种形式与室内的其他表面和空气进行热量交换。热交换的综合传热量，可以近似地将辐射和对流两部分传热量相加求得。

1) 辐射传热量。低温辐射板单位面积的辐射传热量为

$$q_f = 4.98\left[\left(\frac{T_{pj}}{100}\right)^4 - \left(\frac{T_f}{100}\right)^4\right] \tag{2-43}$$

式中　T_{pj}——辐射板表面的平均温度，K；

　　　T_f——非加热面表面的平均温度，K。

2) 对流传热量。对于顶面辐射供热，低温辐射板单位面积的对流传热量为

$$q_d = 0.1\,(t_{pj} - t_{js})^{1.25} \tag{2-44}$$

对于地面辐射供热，低温辐射板单位面积的对流传热量为

$$q_d = 2.17\,(t_{pj} - t_{js})^{1.31} \tag{2-45}$$

对于墙面辐射供热，低温辐射板单位面积的对流传热量为

$$q_d = 1.78\,(t_{pj} - t_{js})^{1.32} \tag{2-46}$$

式中　t_{pj}——辐射板表面的平均温度，℃；

　　　t_{js}——室内空气计算温度，℃。

3) 确定辐射板的各项热损失，包括辐射板本身的热阻、地面上覆盖物的影响以及板面热损失等，可以按照常规的传热计算方法计算。

4) 确定辐射板的尺寸，按照常规作法设计辐射板供热系统。

4. 设计时的注意事项

在低温辐射供热系统设计时，应当注意以下问题：

(1) 低温辐射供热系统要求有适宜的水温和足够的流量，管网设计时各并联环路应达到阻力平衡，优先考虑采用同程式布置。

(2) 盘管可以由弯管、蛇形管或排管构成，为了确保流量分配均匀，支管的长度必须大于联箱的长度，否则应采用串—并联连接方式。

(3) 应注意防止空气漏入系统，盘管中应保持一定的流速，通常不应低于 0.5m/s，以避免空气聚积形成气塞。

(4) 尽可能不要在平顶内装置排气设施。

(5) 必须妥善处理管道和敷设板的膨胀问题，管道膨胀时产生的推力，绝对不允许传递

给辐射板。

（6）埋置于混凝土或粉刷层中的排管，禁止使用丝扣和法兰连接。

（7）顶面辐射板应靠外墙布置，距外墙1.5m范围内的供热量，通常不应少于外墙热负荷的50%。

（8）系统的供水温度和供回水温度差，一般可按表2-8采用。

表 2-8　　　　　　　　　　　　供水温度和回水温度差

辐射板形式	供水温度（℃）	供回水温度差（℃）
地面（混凝土）	38～55	6～8
地面（土地板复面）	65～82	15
顶棚（混凝土）	49～55	6～8
墙面（混凝土）	38～55	6～8
钢　板	65～82	

（9）辐射板表面的平均温度，一般不应超过以下数值：

地面辐射板，经常有人停留时　$t_{pf}=24\sim26℃$

地面辐射板，短期有人停留时　$t_{pf}=28\sim30℃$

地面辐射板，无人停留时　$t_{pf}=35\sim40℃$

顶面辐射板，房高2.5～3.0m时　$t_{pf}=28\sim30℃$

顶面辐射板，房高3.1～4.0m时　$t_{pf}=33\sim36℃$

墙面辐射板，离地1.0m以内时　$t_{pf}=35℃$

墙面辐射板，离地1.0～3.5m时　$t_{pf}=45℃$

（10）地面、顶面和墙面埋管的辐射板热惰性较大，设计自动调节系统时，应考虑这一特性并采取相应的措施。

（11）管路中如果采用电动阀自动调节流量，最好在干管末端装设一固定的迂回管，或者在最末房间或最末第二间的干管上装一旁通阀，以便电动节流阀进行调节时能迅速产生反应。

（三）中温辐射供热

1. 结构形式

中温辐射供热通常利用钢制辐射板散热，根据钢制辐射板长度的不同，可分成块状辐射板和带状辐射板两种形式。

块状辐射板的长度通常以不超过钢板的自然长度为原则，一般为1000～2000mm。其构造简单、加工方便，便于就地生产，在放出同样热量时，金属耗量比铸铁散热器供热系统节省50%左右。块状辐射板分为A型和B型两种，如图2-37所

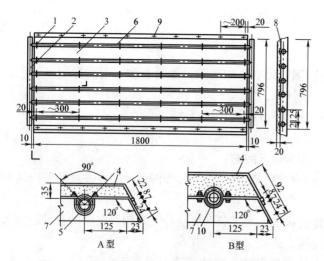

图 2-37　块状辐射板

1—加热器；2—连接管；3—辐射板表面；4—辐射板背面；
5—垫板；6—等长双头螺栓；7—侧板；
8—隔热材料；9—铆钉；10—内外管卡

示。A 型辐射板加热管外壁周长的 1/4 嵌入钢板槽内，并且用"U"型螺栓固定。B 型辐射板加热管外壁周长的 1/2 嵌入钢板槽内，以管卡固定。

带状辐射板是将单块的块状辐射板按长度方向串联而成的。通常沿房屋长度方向布置，长度可达数十米，水平吊挂在屋顶下或屋架下弦的下部，如图 2-38 所示。带状辐射板适用于大空间建筑，其排管较长，加工安装没有块状辐射板方便，而且其排管的膨胀性、排气及凝结水的排除问题等较难解决。

图 2-38　带状辐射板

如果在钢制辐射板的背面加保温层，可以减少背面的散热损失，热量可以集中在板前辐射出去，这种辐射板称为单面辐射板。它背面方向的散热量，大约只占板面总散热量的 10%。如果钢制辐射板背面不加保温层，就成为双面辐射板。双面辐射板的散热量可比同样的单面辐射板增加 30% 左右。

钢制辐射板的特点是采用薄钢板、小管径和小管距，薄钢板的厚度一般为 0.5 ～ 1.0mm，加热管通常为水、煤气钢管，管径有 $\phi15$、$\phi20$ 和 $\phi25mm$，主要应用在高大的生产厂房和一些大空间的民用建筑中，如商场、展览厅、车站等，也可用于公共建筑的局部区域或局部工作地点供热。

2. 钢制辐射板的设计计算

钢制辐射板的热负荷计算方法与低温辐射供热相同。如果是局部区域钢制辐射板供热，计算其热负荷时，可先按整个房间全面辐射供热进行计算，再乘以区域面积与整个房间面积的比值，最后乘以表 2-9 给出的局部区域辐射供热耗热量的附加系数。

表 2-9　　　　　　　　　　　局部区域辐射供热耗热量的附加系数

供暖区面积与房间总面积比	0.5	0.40	0.25
附加系数	1.30	1.35	1.50

辐射板的数量为

$$n = \frac{Q_f}{q} \tag{2-47}$$

式中　Q_f——辐射板的供热热负荷，W；

　　　q——单块辐射板的实际散热量，W/块。

附表 26 给出块状辐射板的规格及散热量。如果所采用的辐射板制造和使用条件与附表 26 所规定的不相符，应对辐射板的散热量进行修正，修正方法可查阅有关设计手册。

3. 设计时的注意事项

在设计钢制块状或带状辐射板时，应当注意以下几点：

（1）管子直径和间距要选配合适。

（2）钢板与加热排管应紧密接触，如果板面与排管接触不良，管内的热量就不能很好地传递给板面，整个辐射板的散热量将大大降低。

（3）水平安装的辐射板应在四周折边，减少板面向前方的对流散热量。

（4）辐射板的辐射表面直刷无光油漆，以提高其表面黑度，提高辐射板的散热量。

（5）单面辐射板应增加背面的保温层热阻，降低辐射板背面的平均温度，使背面散热量不超过总散热量的 10%。

（6）当以热水作热媒时，热水温度不宜低于130℃，不应低于110℃；当以蒸汽作热媒时，蒸汽压力不宜低于200kPa。

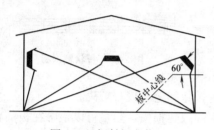

图2-39　辐射板安装图

4. 辐射板的安装

辐射板的安装主要有三种形式，如图2-39所示。

（1）水平安装：热量向下辐射。

（2）倾斜安装：可安装在墙面或柱之间，热量倾斜地向下方辐射，安装时应选择合适的倾斜角度，使辐射板中心法线穿过工作区。

（3）垂直安装：单面板可垂直安装在墙上，双面板可垂直安装在柱间向两面散热。

在多尘车间里，辐射板散出的辐射热有一部分会被尘粒吸收、反射变为对流热，使得辐射板的供热效果降低。

辐射板不应安装得过高，尤其沿外墙水平安装时，如果装置得过高，有相当一部分辐射热会被外墙吸收，从而增加车间的传热耗热量。但是，辐射板的安装高度也不应过低，过低会使人有被烧烤的感觉，这也是不允许的。辐射板的最低安装高度见表2-10。

表2-10　　　　　　　　　　金属辐射板的最低安装高度　　　　　　　　　　m

热媒平均温度（℃）	水平安装	倾斜安装（与水平面夹角）			垂直安装
		30°	45°	60°	
110	3.2	2.8	2.7	2.5	2.3
120	3.4	3.0	2.8	2.7	2.4
130	3.6	3.1	2.9	2.8	2.5
140	3.9	3.2	3.0	2.9	2.6
150	4.2	3.3	3.2	3.0	2.8
160	4.5	3.4	3.3	3.1	2.9
170	4.8	3.5	3.4	3.1	2.9

（四）高温辐射供热

高温辐射供热按应用能源类型的不同可分为电红外线辐射供热和燃气红外线辐射供热两种。

（1）电红外线辐射供热。电红外线辐射供热设备通常采用石英管或石英灯辐射器。石英管红外线辐射器的辐射温度可达990℃，其中辐射热占总散热量的78%。

（2）燃气红外线辐射供热。燃气红外线辐射供热利用可燃气体或液体通过特殊的燃烧装置进行无焰燃烧，形成800～900℃的高温，同时向外界发射出波长为2.7～2.47μm的红外线，可以在供热空间或工作地点产生良好的热效应。燃气红外线辐射供热主要适用于燃气丰富而价廉的地方，具有构造简单、辐射强度高、外形尺寸小、操作简单等优点。条件允许时，可应用于工业厂房或一些局部工作点的供热，是一种应用较广泛、效果较好的供热形式。但是，在使用时应注意防火、防爆以及通风换气，避免事故发生。

四、暖风机

（一）暖风机的特点及分类

暖风机是由通风机、电动机和空气加热器组成的联合机组，它将吸入的空气经空气加热器加热后送入室内，以达到维持室内所需温度的要求。热风供热是比较经济的供热方式之一，其对流散热量几乎占 100%，并且具有热惯性小，升温快，能够使室内温度场分布均匀，温度梯度小以及设备简单、投资少等优点。

暖风机供热主要适用于耗热量大的高大厂房、大空间的公共建筑、间歇供热的房间以及由于防火防爆和卫生要求必须全部采用新风的车间等。当空气中不含粉尘和易燃易爆气体时，暖风机可用于加热室内循环空气。如果房间较大，需要的散热器数量过多难以布置时，也可以用暖风机补充散热器散热量的不足。车间用暖风机供热时，一般还应适当设置一些散热器，在非工作期间，可以关闭部分或全部暖风机，由散热器维持生产车间要求的值班供热温度（5℃）。

暖风机分为轴流式（小型）和离心式（大型）两种。根据其结构特点及适用的热媒又可分为蒸汽暖风机，热水暖风机，蒸汽、热水两用暖风机和冷、热水两用暖风机等。

1. 轴流式暖风机

轴流式暖风机主要有冷、热水系统两用的 S 型暖风机和蒸汽、热水两用的 NC 型、NA 型暖风机。

图 2-40 所示为 NC 型轴流式暖风机。轴流式风机结构简单，体积小，出风射程远，风速低，送风量较小，一般悬挂或支架在墙上或柱子上，可用来加热室内循环空气。

2. 离心式暖风机

离心式暖风机主要有热水、蒸汽两用的 NBL 型暖风机，如图 2-41 所示，主要应用于集中输送大流量的热空气。离心式暖风机气流射程长，风速高，作用压力大，送风量大且散热量大，除了可用来加热室内再循环空气外，还可用来加热一部分室外的新鲜空气。这类大型暖风机是由地脚螺栓固定在地面的基础上的。

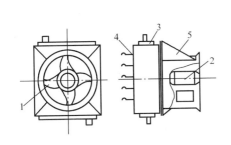

图 2-40　NC 型轴流式暖风机

1—轴流式风机；2—电动机；

3—加热器；4—百叶片；5—支架

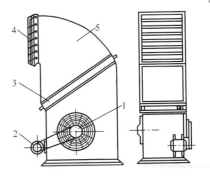

图 2-41　NBL 型离心式暖风机

1—离心式风机；2—电动机；3—加热器；4—导流叶片；5—外壳

（二）暖风机的设计计算

暖风机的台数为

$$n = \frac{Q}{Q_i \eta} \tag{2-48}$$

式中　Q——建筑物的热负荷，W；

Q_i——每台暖风机的实际散热量，W；

η——有效散热系数，热媒为热水时，$\eta = 0.8$，热媒为蒸汽时，$\eta = 0.7 \sim 0.8$。

通常，产品样本中给出的是暖风机进口空气温度为 15℃时的散热量，当实际进口温度不是 15℃时，应对暖风机的散热量进行修正，即

$$Q_i = Q_0 \frac{t_{pj} - t_s}{t_{pj} - 15}$$ (2-49)

式中　Q_0——产品样本给出的进口空气温度为 15℃时暖风机的散热量，W；

　　　t_{pj}——热媒平均温度，℃；

　　　t_s——设计条件下的进风温度，℃。

（三）暖风机的布置

在生产厂房内布置暖风机时，应考虑车间的几何形状、工作区域、工艺设备位置以及暖风机气流作用范围等因素。

1. 轴流式（小型）暖风机

（1）应使车间温度场分布均匀，保持一定的断面速度，车间内空气的循环次数不应少于 1.5 次/h。

（2）应使暖风机射程互相衔接，使供热空间形成一个总的空气环流。暖风机的射程为

$$X = 11.3 v_o D$$ (2-50)

式中　v_o——暖风机的出口风速，m/s；

　　　D——暖风机出口的当量直径，m。

（3）不应将暖风机布置在外墙上垂直向室内吹风，以免加剧外窗的冷风渗透量。

（4）暖风机底部的安装高度，当出风口风速 $v_o \leqslant 5\text{m/s}$ 时，取 2.5～3.5m；当出风口风速 $v_o > 5\text{m/s}$ 时，取 4～5.5m。

（5）暖风机送风温度为 35～50℃。

轴流式暖风机的布置方案主要有三种，如图 2-42 所示。

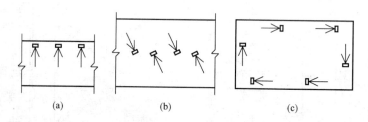

图 2-42　轴流式暖风机布置方案
(a) 直吹；(b) 斜吹；(c) 顺吹

1）直吹式：如图 2-42 (a) 所示，暖风机布置在内墙侧，射出的气流与房间短轴平行，吹向外墙或外窗方向。

2）斜吹式：如图 2-42 (b) 所示，暖风机布置在房间中部纵轴方向，将气流向外墙斜吹，多用在纵轴方向可以布置暖风机，且纵轴两侧都是外墙的狭长房间内。

3）顺吹式：如图 2-42 (c) 所示，暖风机沿房间四周布置成串联吹射形式，可避免吹出的气流相互干扰，室内空气形成循环流动，空气温度较均匀。

2. 离心式（大型）暖风机

由于大型暖风机的风速和风量都很大，所以应沿车间长度方向布置。出风口距侧墙不应小于 4m，气流射程不应小于车间供热区域的长度。在射程区域内不应有构筑物或高大设备，

另外，暖风机不应布置在车间大门附近。

离心式暖风机出风口距地面的高度，当厂房下弦小于等于 8m 时，取 3.5～6.0m；当厂房下弦大于 8m 时，取 5～7m。吸风口距地面不应小于 0.3m，且不应大于 1m。

集中送风的气流不能直接吹向工作区，应使房间生活地带或作业地带处于集中送风的回流区，送风温度一般采用 30～50℃，不得高于 70℃。

生活地带或作业地带的风速，一般不大于 0.3m/s，送风口的出口风速一般可采用 5～15m/s。

五、其他新型散热器

随着人们生活水平的提高和科学技术的不断进步，新型散热器不断被研制开发，以下介绍几种新型散热器。

（一）钢铝复合柱翼型散热器

1. 结构形式

上下联箱和立柱均由钢管焊接而成，立柱上套有挤压的铝型材，构成钢铝复合柱翼型散热器。铝翼管与钢管经胀管或其他方法紧密配对，出翼管形式多样，有柱翼、管翼、板翼等多种。上下联箱两端可共设 4 个螺纹接口。

2. 特点

（1）结构紧凑，占地面积小。

（2）钢管适用于集中供热锅炉直供热水系统，铝翼造型美观、散热快，强强复合，优势互补。

（3）板翼型外表面便于清扫，而柱翼型易藏污纳垢，难清扫。

（4）钢铝复合比铜铝复合价格低廉。

3. 使用条件

（1）热媒应为热水，勿用蒸汽。

（2）适用范围广，适用于任何水质、高层建筑、分户热计量、住宅、卫生间等各种建筑物。

（3）对于钢管壁厚度不大于 2mm 并且未进行防腐处理的散热器，不适合于开式系统，在闭式系统中停暖时应充水密闭保养，以减少氧化腐蚀。

（4）钢管壁厚大于 2.5mm 或壁厚不大于 2mm 且进行防腐处理的散热器，使用条件广泛，可以应用于开式系统。

（二）不锈钢铝复合柱翼型散热器

1. 结构形式

上下联箱和立柱均由不锈钢焊接而成，立柱与挤压的铝型材紧密配合，构成不锈钢复合柱翼型散热器。铝翼管形式多样，有柱翼、管翼和板翼等。上下联箱两端最多可设 4 个进、出口接头。

2. 特点

（1）采用优质不锈钢管做水道，能适用于任何水质，耐腐蚀，使用寿命长。

（2）结构紧凑，占地面积小。

（3）外形美观，装饰性好。

（4）板翼型、管翼型的表面便于清扫，柱翼型表面难清扫。

（5）价格较贵。

3. 使用条件

（1）使用无条件限制。

（2）热媒应为热水，双金属复合型不宜用于蒸汽。

（三）铝塑复合柱翼型散热器

1. 结构形式

立柱和上下联箱的水道全是塑料的，其外套装铝型材，构成铝塑复合柱翼型散热器。

2. 特点

（1）全塑料水道，耐热、耐压、抗老化，使用寿命长。

（2）内壁光滑，水阻力小，不易结垢，保证耐用及散热效率。

（3）承压高，质量轻，适用于高层建筑。

（4）热工性能好，金属热强度达 1.438W/（kg·℃），节能环保性能优越。

（5）结构紧凑，占地面积小。

（6）清扫方便。

（7）热惰性大，即热得慢，凉得也慢。

（8）耐低温，抗严寒，不易冻裂。

（9）外形美观，装饰性好。

3. 使用条件

（1）热媒应为热水，不宜用于蒸汽。

（2）适用水质条件广泛，可以应用于各种建筑物以及高层建筑。

（3）由于热惰性能优良，特别适用于寒冷地区的间歇供热。

（4）由于耐冻性能优良，可以用于寒冷地区不常供热区域。

（四）铜管铝串片强制对流散热器

1. 结构形式

在对流器罩内，主要包括三部分：

（1）铜管铝串片散热器：在铜管外串装许多矩形薄铝片，铜管与铝片经胀管紧密配合，用单串或多串铜管铝串片串联便构成一组散热器，铜管内通热水可散发热量。因有通风强制对流，故铝片较密，即铝片间距较小。

（2）小风机：实施通风强制对流散热。

（3）遥控三速开关：可调控风量，调节室温。

2. 特点

（1）强制对流，散热量大，快速供热，热效率高。

（2）遥控开关，可调控风量，调节室温，以人为本，调控方便，节约能源。

（3）水系统稳定。

（4）结构紧凑，占地面积小。

（5）外罩便于清扫。

（6）散热量大而罩不烫手，安全环保。

（7）外形美观，装饰性好。

3. 使用条件

（1）热媒应为热水，不宜以蒸汽作为热媒。

（2）适用水质不限，适用于高层建筑，适用于分户热计量，适用于住宅、卫生间等各种建筑物。

（3）特别适用于医院、幼儿园、敬老院等场所。

（4）工作压力不大于 1.0MPa。

（5）供热进水温度为 45～85℃。

第三章

供 热

第一节 热负荷的类型及确定

供热系统热负荷是确定供热方案、选择供热系统设备和设计供热系统的重要依据。供热系统的热负荷由采暖、通风、热水供应、生产工艺等热负荷组成，在确定各项热负荷时，不仅要考虑各种热负荷的性质及同时使用时间，还要考虑因为各种热用户的扩建规划而增加的负荷。

一、热负荷的类型及其确定

集中供热系统的热负荷一般包括采暖、通风、生活用热水供应和生产工艺等热负荷。居民住宅和公共建筑的采暖、通风和生活用热水供应热负荷属于民用热负荷。生产工艺，厂房的采暖、通风和厂区的生活用热水供应热负荷属于工业热负荷。

按照热负荷的性质，可以分为季节性热负荷和常年性热负荷。采暖、通风热负荷是季节性热负荷，与室外空气温度、湿度、风速、风向、太阳辐射等气象条件有关，而且室外空气温度是确定季节性热负荷的决定因素。生产工艺、生活用热水供应热负荷为常年性热负荷。生产工艺热负荷主要与生产的性质、工艺过程、规模和用热设备的情况有关。生活用热水供应热负荷主要由使用热水的人数、卫生设备的完善程度和人们的生活习惯来决定。

（一）生产工艺热负荷

生产工艺热负荷是为了满足生产过程中加热、烘干、蒸煮、清洗、溶化等的用热，或作为动力用于拖动机械设备。

生产工艺热负荷属于全年性热负荷。生产工艺设计热负荷的大小以及需要的热媒种类和参数，主要取决于生产工艺过程的性质、用热设备的形式以及生产企业的工作制度。由于用热设备多种多样，工艺过程对热媒要求的参数不一致，工作制度也不尽相同，因此，由不同生产类型的热用户组合起来的供热系统，其热负荷的特性也不会相同，它们很难用一个通用公式来确定，一般只能根据生产工艺提供的计算数据、用热设备制造厂家提供的设计资料或已有设备的运行记录等来概算确定，规划设计人员在处理和运用这些资料时，应该注意把它们和同类型企业的耗热量指标相比较，检查所采用的指标、选用的热媒参数等是否合理。如用户提不出确切的热负荷资料，则可通过实测或对历年用热量（或耗煤量）的统计来确定，也可根据企业生产的产品品种、产量，按照核定的单位热耗率进行计算。

按照工艺要求热媒温度的不同，生产工艺热负荷的用热参数大致可分为三类：供热温度在 130～150℃ 以下时称为低温供热，一般要供给 0.4～0.6MPa 的饱和蒸汽；供热温度在 150℃～250℃ 以下时，称为中温供热，这种供热的热源往往是中小型锅炉或热电厂汽轮机的 0.8～1.3MPa 的调整抽汽；当供热温度高于 250～300℃ 时称为高温供热，热源通常是大型锅炉房或热电厂取用新蒸汽经过减温减压后的蒸汽。

在有较多生产工艺用热设备或热用户的场合，它们的最大负荷往往不会同时出现。在考虑集中供热系统生产工艺总的设计热负荷或管线承担的热负荷时，应考虑各设备或各用户的同时使用系数。同时使用系数是用热设备运行的实际最大热负荷与全部用热设备的最大热负荷之和的比值。利用同时使用系数使总热负荷适当降低，有利于提高供热的经济效果。在考虑同时使用系数的情况下，每小时平均蒸汽的热负荷可以表示为

$$D = K \times D_{\max} \tag{3-1}$$

式中　$D_{\max}$——工艺设备的最大耗汽量，t/h；

　　　K——同时使用系数，一般为 0.75～0.9。

如果考虑管网中的压力损失和温降，供热参数可以按照式（3-2）确定，即

$$p' = p + \Delta p \tag{3-2}$$

$$t' = t + \Delta t \tag{3-3}$$

式中　p——工艺设备备用蒸汽压力，MPa；

　　　t——工艺设备备用蒸汽温度，℃；

　　Δp——汽网压力损失，一般不超过 0.07～1.0MPa/km；

　　Δt——汽网的温度损失，一般不超过 1～3℃/km。

（二）采暖热负荷

在冬季，室外温度低于室内温度，热量不断地经外围护结构（外墙、外门、外窗、屋顶、地面等）由室内传向室外。为使人们有一个良好的生产和生活环境，保持室内具有所规定的温度，必须装设采暖放热设备，补充由室内传向室外的热量。在室外采暖计算温度下，由室内传向室外的热量称为采暖计算热负荷。居民住宅、公共建筑物的采暖计算热负荷应根据有关的设计文件来确定。没有设计文件时，可以用热指标法估算采暖计算热负荷。

估算采暖计算热负荷的热指标法有体积热指标法和面积热指标法。

1. 体积热指标法

体积热指标法是以采暖建筑物的外围体积为基础的方法，具体方法如下：

$$Q_{js} = q_{v,n} V_w (t_{js} - t_{wj}) \tag{3-4}$$

式中　Q_{js}——建筑物的采暖计算热负荷，W；

　　$q_{v,n}$——建筑物的采暖体积热指标，W/（m³·℃）；

　　　V_w——建筑物的外围体积，m³；

　　　t_{js}——采暖室内计算温度，℃；

　　　t_{wj}——采暖室外计算温度，℃。

建筑物的采暖体积热指标表示各类建筑物，在室内、外温差为1℃时，每 1m³ 建筑物外围体积的采暖计算热负荷。建筑物的采暖体积热指标 $q_{v,n}$ 的大小，主要取决于建筑物的外围护结构的构造情况及其外形。各类建筑物的采暖体积热指标是通过对大量建筑物采暖工程的设计计算文件和实测数据资料的统计、归纳整理出来的，其数值可在相关设计手册中查得。

2. 面积热指标法

面积热指标法是以采暖建筑物的面积为基准，按式（3-5）估算采暖热负荷的方法。

$$Q_{js} = q_{fn} F \tag{3-5}$$

式中　Q_{js}——建筑物的采暖热负荷，W；

　　　q_{fn}——建筑物的采暖面积热指标，W/m²；

　　　F——建筑物的建筑面积，m²。

建筑物的采暖计算热负荷，主要取决于通过建筑物的外墙、外门、外窗、屋顶、地面等

外围护结构由室内向室外传递的热量，而与建筑物的建筑面积没有直接联系。为计算方便，并考虑各类建筑物的层高大体相同，通常用面积热指标法来估算建筑物的采暖计算热负荷。近年来，国内、外估算建筑物采暖计算热负荷大多采用这种方法。

建筑物采暖面积热指标值 q_{fn} 的大小与建筑物的种类、用途，建筑物外围护结构的形式，建筑物的外形和所处地区的气象条件等因素有关。因此，不同地区、不同类型建筑物的采暖面积热指标 q_{fn} 值是不同的。表 3-1 给出了某些建筑物的采暖面积热指标值。必须指出，随着建筑技术的进步，这一指标值会逐渐降低。实际上，按照目前的标准，表 3-1 中的数据是偏大的。

表 3-1　　　　　　　　　　　　　　　采暖面积热指标

建筑类型	住　宅	居住区综合	学校办公	旅　馆	商　店	食堂餐厅	影剧院展览馆	医院幼托	大礼堂体育馆
q_{fn} (W/m^2)	58~64	60~67	60~80	60~70	65~80	115~140	95~115	65~80	115~165

（三）通风热负荷

为了保证室内空气具有一定清洁度及温度等要求，就要对生产厂房、公用建筑及居住房间进行通风或空调，在供热季节中，加热从室外进入的新鲜空气所耗的热量，称为通风热负荷。通风热负荷也是季节性热负荷，但由于通风系统的使用情况和工作班次不同，一般公用建筑和工业厂房的通风热负荷，在一昼夜间的波动也较大。

一般住宅不设置进气通风设备，只是经外门、外窗的缝隙通风换气，其热负荷已包括在采暖计算热负荷内。公共建筑物的通风热负荷，通常是根据有关的设计文件计算求得。没有必要的设计文件可供计算时，同样采用热指标法进行估算。

根据建筑物的性质和外围体积，通风设计热负荷的概算多采用体积热指标法，可按式（3-6）计算，即

$$Q_t = q_{v,t} V_w (t_{js} - t_{wj})　\tag{3-6}$$

式中　Q_t——建筑物的通风热负荷，W；

　　　$q_{v,t}$——建筑物的通风热指标，W/（m^3·℃）；

　　　V_w——建筑物的外围体积，m^3；

　　　t_{js}——采暖室内计算温度，℃；

　　　t_{wj}——通风室外计算温度，℃。

建筑物的通风热指标是指各类建筑物，在室内、外温差为 1℃时，每 1m^3 建筑物外围体积的通风计算热负荷。

公共建筑物的通风热指标一般可以由相关设计手册查得。

在制定区域供热规划时，公共建筑物的通风计算热负荷，可根据公共建筑物的采暖热负荷按式（3-7）进行估算，即

$$Q_{t,g} = K_t Q_{js,g}　\tag{3-7}$$

式中　$Q_{t,g}$——公共建筑物的通风计算热负荷，W；

　　　$Q_{js,g}$——公共建筑物的采暖计算热负荷，W；

　　　K_t——公共建筑物的通风热负荷系数，一般采用 0.3~0.5。

（四）生活用热水供应的计算热负荷

热水供应热负荷为日常生活中用于盥洗等的用热。无论是居住建筑、服务性行业或工厂

企业，热水供应热负荷的大小都与人们的生活水平、生活习惯及生产发展情况（设备情况）有关。

生活用热水供应热负荷取决于热水耗量，具有昼夜的周期性，因此其小时热负荷是很不均衡的。但可以大体上认为在每一昼夜中热水耗量的变化是不大的，所以，生活用热水供应计算热负荷的确定方法，通常是首先确定一昼夜中生活用热水供应的耗热量，再根据用户热水供应系统的加热设备及其与供热管网的连接方式确定生活用热水供应的计算热负荷。

1. 生活用热水供应全日耗热量的确定

生活用热水全日耗热量是根据使用热水的人数、卫生设备和热水用量标准按式（3-8）确定的

$$Q_{sr} = q_s m(t_r - t_1) c_p \rho \times 10^3 \tag{3-8}$$

式中　Q_{sr}——一昼夜生活用热水供应的耗热量，kJ/d；

　　　q_s——热水消费量标准，L/（人·日）；

　　　m——使用热水的人数，人；

　　　t_r——生活用热水供应系统的供水温度，℃；

　　　t_1——冷水温度，℃；

　　　c_p——热水的比热容，取值为 4.1868kJ/（kg·℃）；

　　　ρ——热水的密度，$\rho = 994$kg/m³。

2. 生活用热水供应计算热负荷的确定

生活用热水供应计算热负荷按照式（3-9）确定，即

$$Q_s = K_h \frac{Q_{sr}}{3.6 \times 24} = 48.17 \times 10^{-3} K_h q_s m(t_r - t_1) \tag{3-9}$$

式中　Q_s——生活用热水供应计算热负荷，W；

　　　K_h——热水供应热负荷小时变化系数，表示最大小时用水量与平均小时用水量的比值。

如用户热水供应系统装设足够大的蓄水箱，供热管网可以均匀地供热，在这种情况下，热水供应计算热负荷可按平均小时用热量计算，小时变化系数 K_h 等于1。对于饭店、公共浴室等可取 2～3；对于短时间使用的用户热水供应系统，如工业企业、体育馆的淋浴设备，可取 5～12。

二、热负荷图

进行城市集中供热规划，特别是对热电厂供热方案进行技术经济分析时，往往需要绘制热负荷图。热负荷图是用来表示用户系统热负荷变化情况的图。按照热用户的用热情况来确定集中供热的方案，选定供热设备的规模，制定集中供热系统的工作制度和设备检修计划，都需要绘制热负荷图。

常用的热负荷图有全日热负荷图、月热负荷图、年热负荷图和连续性热负荷图。

全日热负荷图是表示用户系统热负荷在一昼夜中小时热负荷变化情况的图。全日热负荷图是以小时为横坐标，以小时热负荷为纵坐标，从零时开始依次绘制的。其图形的面积则为全日耗热量。全日热负荷图的形状同热负荷的性质和用户系统的用热情况有关。

月热负荷图是在全日热负荷图的基础上，以日为横坐标，以日热负荷为纵坐标绘制的。热负荷曲线下的面积为月耗热量。月热负荷图表明每月热负荷的均衡情况，是确定供热方

案、选定供热设备的重要依据。

年总耗热图是表明全年总耗热量的图，它是在月热负荷图的基础上，以月为横坐标，以月热负荷为纵坐标绘制的。热负荷曲线下的面积为年耗热量。

连续性热负荷图是表示随室外温度变化而变化的热负荷的总耗热量图。连续性热负荷图能表示出各个不同大小的供热热负荷与其延续时间的乘积，能够很清楚地显示出不同大小的供热热负荷在整个采暖季中的累计耗热量，以及它在整个采暖季总耗热量中所占的比重。

在采暖期间，采暖、通风热负荷随室外温度的变化而变化，其变化关系通常表达为室内、外温差的线性函数关系式

$$Q = Q_j \cdot \frac{t_{js} - t_w}{t_{js} - t_{wj}} \qquad (3\text{-}10)$$

式中　Q——任一室外温度 t_w 下的采暖或通风的热负荷，W；

　　　Q_j——在室外计算温度 t_{wj} 下的采暖或通风热负荷，W；

　　　t_{js}——室内温度，℃；

　　　t_w——采暖或通风的室外实际温度，℃；

　　　t_{wj}——采暖或通风的室外计算温度，℃。

随室外温度变化的小时耗热曲线是一条直线。因此，只要求得在室外计算温度时的最大小时耗热量和采暖期间室外最高温度时的最小小时耗热量，连接这两点的直线，就可以得到

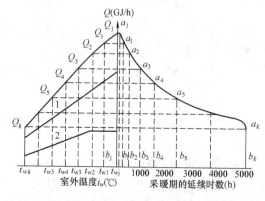

图 3-1　连续性热负荷图

随室外温度变化的小时耗热曲线。由该直线可获得任意室外温度下的小时耗热量。

如图 3-1 所示，连续性热负荷图是以采暖期的时数为横坐标，以小时耗热量为纵坐标绘制的。采暖期间各不同室外温度的延续小时数是根据地区气象局所提供的气象资料统计所得的。从采暖室外计算温度开始，依次将各室外温度 t_{wj}，t_{w1}，$t_{w2}\cdots t_{wk}$ 的连续小时数画在横坐标轴上，如图 3-1 右半部分横坐标轴上的 b_j，b_1，$b_2\cdots b_k$。然后，在左半图随室外温度变化的小时耗热曲线上查得与各室

外温度 t_{wj}，t_{w1}，$t_{w2}\cdots t_{wk}$ 相对应的小时耗热量，得到右半图 a_j，a_1，$a_2\cdots a_k$ 各点。连接各点，则得连续性热负荷曲线。该曲线和坐标轴围成的面积，就是采暖期间的总热耗量。

第二节　集中供热系统的热媒

一、集中供热系统的分类

集中供热系统按照其热媒、热源和管道数目的不同，可以分成许多类别。

根据使用热媒的不同，可分为蒸汽供热系统和热水供热系统。

根据供热系统热源的不同，可分为以热、电联合能量生产为基础的集中供热系统（热电厂供热系统），区域性热电站、企业自备热电站以及联片小型热电站均属此类；区域性大型锅炉房供热系统；利用工业余热的集中供热系统；利用新能源，如地热、太阳能等的城市集

中供热系统。

根据供热管道数目的不同，可分为单管、双管、三管或四管等的供热系统，这已经在第一章中有过详细论述。

二、集中供热系统的热媒

集中供热系统的热媒主要是热水和蒸汽。集中供热系统的热媒种类及其参数的选定，对于完成集中供热的任务、提高供热质量、提高热能利用率、提高集中供热系统的经济效益以及集中供热系统的建设投资、运行管理、维护检修都是非常重要的。下面从几个方面对热水供热系统和蒸汽供热系统进行分析。

1. 经济性

供热系统的投资包括热源的供热设备和供热管网的建设投资。以热电厂为热源的热水供热系统需要在热电厂内增设汽—水加热器、热网循环水泵和补给水泵等供热设备。而蒸汽供热系统，需要增大热电厂的水处理设备。两者投资大体相当。对于以区域锅炉房为热源的供热系统，热水锅炉和蒸汽锅炉相比较，其耗钢量少，造价低，但热水供热系统需装设循环水泵和补给水泵等设备，投资大体相当。在供热量相同的条件下，蒸汽管道的直径一般稍大于供水管道的直径，而凝结水管道直径小于回水管道直径。热水供热系统与蒸汽供热系统供热管道的金属耗量相差不多，建设投资也大体相等。综合考虑，对于供热量大的热网，热水供热系统的投资要小于蒸汽供热系统。

在供热系统的运行费用方面，蒸汽供热系统由于凝结水的回收率低，补充水量大，水质要求高，水处理费用高。热水供热系统补充水量少，水质要求较低，水处理费用少，但热水供热系统热网循环水泵和补给水泵耗电多，电费增加。两者相比，前者水处理费用多于电费，蒸汽供热系统的运行费大于热水供热系统。

在供热发电率方面，热水供热系统的供热发电率比蒸汽供热系统高。对于高压供热汽轮机组，在供热量相同的条件下，热水供热系统的供热发电率比蒸汽供热系统高 30%～50%。

在维护方面，蒸汽供热系统的供热管道构件较多，如疏水器、阀门等，易漏气，检修工作量较大。热水供热系统供热管道的构件较少，检修工作量少，但热水供热管道检修时，放水量较大。

在寿命方面，由于蒸汽供热系统凝结水管道中凝结水的 pH 值低，当有空气进入时，很容易被腐蚀，寿命较短，一般为 5～10 年。热水供热系统供热管道中，经常充满着水，腐蚀缓慢，管道寿命长，预制保温热水供热管道的寿命可达 60～100 年。

2. 适应性

以蒸汽作热媒适用面较广，能够满足不同热用户的需要。而热水供热系统仅用于民用热负荷，很少用于工业热负荷。

3. 供热距离

热水供热系统可以进行远距离输送，热能损失较小，供热半径大。汽网供热半径一般是 5～7km，不超过 8～10km。水网的供热半径与供水温度的高低有关。低温水网（150℃以下）一般为 15～20km，目前最远达 30km；高温水网（150～240℃）一般为 30～40km。国外有资料介绍，核热电站的经济输送距离可以超过 100km。长的供热距离，可使热电厂离城市较远，对热电厂的选厂和城市运输及环保均有很大好处。

4. 供热效率

蒸汽供热系统和热水供热系统的热损失不同，其供热效率也不同。蒸汽供热系统存在供热管道的散热损失，蒸汽的泄漏损失、凝结水损失和二次蒸汽损失。

热水供热系统热能利用效率高。由于热水供热系统中没有凝结水和蒸汽泄漏以及二次蒸汽的热损失，因而热效率比蒸汽供热系统高。实践证明，一般可节省燃料达 20%～40%。

5. 供热质量

热水供热系统的蓄热能力高，由于系统中水量多，水的比热容大，因此，在水力工况和热力工况短时间失调时，不会显著引起供热状况的波动。而蒸汽供热系统蓄热能力小，供热稳定性较差。另外，热水供热系统可以进行质调节，其供水温度可以很容易地随室外温度的变化进行调节，供热质量高。而蒸汽的饱和温度和压力有一定的依赖关系，只能进行量调节或间歇调节，供热质量较差，且运行管理较为复杂。

6. 用户系统的用热设备

由于蒸汽在散热设备中的温度和传热系数都比水要高，所以用户系统用热设备的换热面积减小，降低了用户设备费用。另外，由于蒸汽的密度小，所以在高度落差较大的位置，不会产生热水供热系统中的静压力，所以用户系统的连接方式较简单，运行也较方便。

综上所述，对于利用低位热能的热负荷（供热、通风、热水供应等），应首先考虑以高温水作为热媒，尽量利用供热汽轮机低压抽汽。而生产工艺热负荷，通常以蒸汽为热媒，蒸汽从供热汽轮机的高压抽汽口抽汽。

对于区域性锅炉房供热系统，在仅有供热热负荷的情况下，要优先考虑用热水作为热媒，特别是考虑采用高温水供热的可能性。

当供热系统既有生产工艺热负荷，又有供热、通风等热负荷时，通常多以蒸汽为热媒来满足生产工艺的需要。而供热系统的形式、热媒则应根据具体情况确定。对供热量不大，供热时间不长的工厂区，宜采用蒸汽系统向全厂供热，室内供热可采用蒸汽加热的热水供热系统或蒸汽供热系统。对于供热量大，时间又长的情况，宜采用单独的热水供热系统。

三、供热系统热媒参数的确定

热媒参数的确定，是供热系统方案的一个重要问题。

（一）蒸汽供热系统热媒参数的确定

蒸汽供热系统蒸汽参数的确定比较简单，以区域锅炉房为热源时，蒸汽的起始压力主要取决于用户要求的最高使用压力。以热电厂为热源时，用户的最高使用压力给定后，如采用较低的抽汽压力，有利于热电的经济运行，但是蒸汽管网管径相应要粗些，因而有一个通过技术经济比较确定热电厂的最佳抽汽压力的问题。

（二）热水供热系统热媒参数的确定

对以热电厂为热源的热水供热系统，由于供热量主要由供热汽轮机作功发电后的蒸汽供给，所以，热媒参数是确定的。但涉及热电厂的经济效益问题，如提高热网供水温度，就要相应提高抽汽压力，对节约燃料不利。但提高热网供水温度，加大供回水温差，却能降低热网基建费用和减少输送网路循环水的电能消耗。因此，热媒参数的确定，应结合具体条件，考虑热源、管网、用户系统等方面的因素，进行技术经济比较确定。目前国内热水供热系统供回水温度一般都采用 130℃/70℃。

第三节　集中供热系统的热源

根据供热系统热源的不同，集中供热系统可以分为热电厂供热系统，区域性大型锅炉房供热系统，利用工业余热的集中供热系统和利用新能源，如地热、太阳能等的城市集中供热系统。本节将重点介绍热电厂供热系统和区域性大型锅炉房供热系统。

一、热电厂供热系统

根据热电厂供热汽轮机组的形式，供热系统热媒种类及其参数的不同，主要有背压式汽轮机供热系统、抽汽式汽轮机供热系统和凝汽式电厂改造为热电厂的供热系统。

（一）背压式汽轮机供热系统

排汽压力高于大气压力的供热汽轮机称为背压式汽轮机。装设背压式汽轮机的热电联产系统称为背压式汽轮机供热系统。

图 3-2 为背压式汽轮机供热系统的示意图，蒸汽从锅炉经热力管道进入汽轮机中，在汽轮机内膨胀到一定的压力就全部排出，经蒸汽供热管道输送给用户或进入热水供热系统的换热器中，放出其汽化潜热后变为凝结水，由凝结水泵送到除氧器水箱，再由锅炉给水泵打入锅炉中。

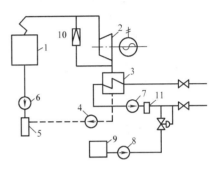

图 3-2　背压式汽轮机供热系统

1—锅炉；2—背压式汽轮机；3—汽水加热器；4—凝结水泵；5—除氧器水箱；6—锅炉给水泵；7—循环水泵；8—补热水泵；9—补给水箱；10—减压装置；11—除污器

利用背压式汽轮机的排汽进行供热时热电厂的热能利用效率最高。背压式汽轮机的发电功率是由通过汽轮机的蒸汽量来决定的，而通过背压式汽轮机的蒸汽量又取决于热用户负荷的大小，所以背压式汽轮机的发电功率受用户的热负荷的限制，由于热、电负荷相互制约，不能分别地独立进行调节，它只适用承担基本用户负荷比较稳定的供热量。

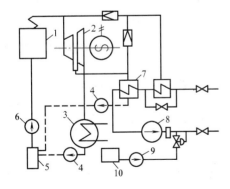

图 3-3　抽汽式供热汽轮机供热系统

1—锅炉；2—背压式汽轮机；3—凝汽器；4—凝结水泵；5—除氧器水箱；6—锅炉给水泵；7—汽水加热器；8—循环水泵；9—补给水泵；10—补给水箱

（二）抽汽式汽轮机供热系统

从汽轮机中间抽汽对外供热的汽轮机称为抽汽式汽轮机。如图 3-3 所示，抽汽式供热汽轮机为了保持其抽汽压力一定，设有调压装置，所以亦称为可调节抽汽式供热汽轮机。抽汽式供热汽轮机的汽缸分为高压和低压两部分，由中间抽出一部分蒸汽进入供热系统的换热器中。抽出来的蒸汽在换热器中放出其汽化潜热变为凝结水，由凝结水泵送入除氧器水箱，再由锅炉给水泵打入锅炉中去。

这种类型的机组，分装有低压可调节抽汽汽轮机机组（通称为单抽式供热汽轮机）和装有高、低压可调节抽汽汽轮机机组（通称为双抽式供热汽轮机）两种形式。

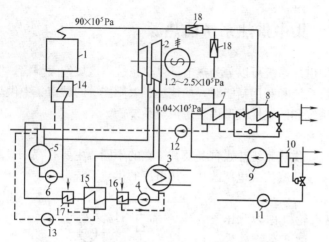

图 3-4　装有低压可调节抽汽汽轮机的热电厂供热系统图

1—蒸汽锅炉；2—低压可调节抽汽汽轮机；3—凝汽器；4—凝结水泵；
5—除氧器水箱；6—锅炉给水泵；7—基本加热器；8—高峰加
热器；9—热水供热系统循环水泵；10—除污器；11—补给
水泵；12、13—凝结水泵；14—高压回水加热器；
15—低压回热加热器；16—射流加热器；
17—汽封加热器；18—减温减压装置

1. 装有低压可调节抽汽汽轮机的机组

如图 3-4 所示，该类型机组常用在只有采暖、通风和生活用热水供应热负荷时，是最常用的抽汽式供热汽轮机供热系统。所用的汽轮机是带有一个可调节抽汽口的单抽汽式供热汽轮机。从锅炉出来的过热蒸汽，进入汽轮机膨胀做功。部分蒸汽从抽汽口抽出，其中一部分进入基本加热器，加热热水供热系统的循环水，一部分蒸汽送入除氧器，用来加热锅炉给水，进行热力除氧。

当室外温度较低，根据供热调节曲线，热水供热系统的供水温度高于基本加热器可能达到的温度时，或者当从可调节抽汽口抽出全部蒸汽，不足以把热水供热系统的循环水加热到所需要的温度时，可以经高峰加热器进一步加热，把供热系统的循环水加热到所需要的温度。由于采暖热负荷的高峰时期很短，高峰加热器用的蒸汽一般直接来自锅炉，经减压减温装置后进入高峰加热器中。

热水供热系统漏失的水，借补给水泵将经过处理的水，由循环水泵的吸入管段补进热水供热系统内，并通过压力调节装置控制回水管上该点的压力使之保持恒定。热水在热水供热系统内的循环是靠循环水泵来完成的。当供热汽轮机损坏时，基本加热器的蒸汽则由锅炉，经减压减温装置把蒸汽的压力和温度降到适用的范围后直接供给。在循环水泵之前装有除污器，用来排除悬浮在水中的杂质，以防止设备或管道的堵塞和损坏。

另外，为了提高热电厂的效率，在热电厂中经常采用回热系统。它是由汽轮机的高压和低压两个不可调节抽汽口抽出蒸汽，分别进入高压回热加热器和低压回热加热器加热锅炉给水。进入回热系统的蒸汽，被用来加热锅炉给水，其汽化潜热没有在凝汽器中损失掉。

2. 装有高、低压可调节抽汽汽轮机的机组

为了同时满足工业用蒸汽和采暖用热水的需要，常采用双抽汽式供热汽轮机，即装有高、低压可调节抽汽汽轮机，如图 3-5 所示。

双抽汽式的供热汽轮机上有多个抽汽口，多数是抽加热主凝结水的，即回热抽汽，它们是随汽轮机的负荷变化而改变抽汽量的，因此称为不调节抽汽。此外，有两股可调节抽汽，它的抽汽量可在一定范围内不随汽轮机的负荷而变动，用以保证供热的需要而不受发电量的制约。其中一个为采暖用热抽汽口，抽汽口的压力一般为 $(1.2\sim1.5)\times10^5Pa$，多用于加热热水供热系统的循环水；另一个为工业抽汽口，抽汽压力一般为 $(8\sim13)\times10^5Pa$，用于工业生产对蒸汽的需要。

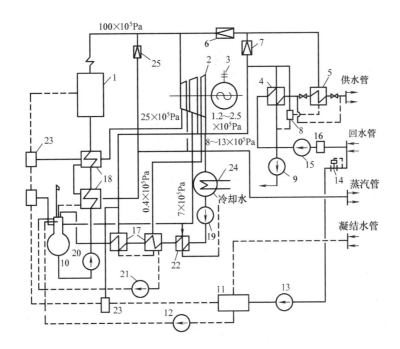

图 3-5 装有带高、低压可调节抽汽口的高压汽轮机的热电厂原理图

1—锅炉；2—高压汽轮机；3—发电机；4—主加热器；5—高峰加热器；
6、7—减压减温装置；8—膨胀水箱；9—凝结水泵；10—除氧器；
11—水处理站；12—给水泵；13—网路补给水泵；14—网路压力调节阀；
15—网路循环水泵；16—除污器；17—低压加热器；18—高压加热器；
19—凝结水泵；20—锅炉给水泵；21—凝结水泵；22—射流加热器；
23—膨胀箱；24—冷凝器；25—减压减温装置

低压可调节抽汽口的抽汽大部分送进主加热器 4，用来加热管网回水。被主加热器加热的管网回水，如温度尚不能满足供热调节曲线所规定的供水温度，则送入高峰加热器 5 进一步加热到所需的温度。高峰加热器所需的蒸汽是由锅炉经减压减温装置 6 直接供应的。为了保证主加热器在汽轮机检修或事故时仍能继续供热，在蒸汽管道上连有备用的减压减温装置 7，以便来自锅炉的蒸汽通过它直接供应给主加热器。低压加热器所需的蒸汽由压力较低的抽汽口供给，其凝结水通过凝结水泵 21 送进除氧器。高压加热器所需的蒸汽由压力较高的抽汽口供给。由于高压预热器的凝结水压力高于除氧器的压力，它的凝结水可自流进入除氧器。

在高峰加热器产生的凝结水，可以经过疏水器后送入主加热器或先送入膨胀水箱 8，在膨胀水箱中进行二次汽化，产生的蒸汽再被送入主加热器的蒸汽管道加以利用。主加热器的凝结水由凝结水泵 9 直接送入锅炉给水的除氧器 10 进行处理。从热网回来的凝结水通常回到水处理站 11（或电厂凝结水箱）。

给水泵 12 用来将锅炉的补给水输送到除氧器去。补给水泵 13 用来将已经进行水质处理的补给水补进热水网路，并通过设置在回水管上的压力调节阀 14，控制网路的压力。

（三）凝汽式电厂改造为热电厂的供热系统

除了新安装供热汽轮机组外，凝汽式汽轮机也可以通过改装成为供热机组，把单供电能的凝汽式发电厂改为热电厂。国内目前主要有两种改造方法。

1. 提高凝汽式汽轮机的排汽压力

提高凝汽式汽轮机的排气压力，使凝汽机组在供热期间降低真空运行（称为恶化真空）的可能，把凝汽器作为热网回水加热器，用循环水供热。当需要更高温度时，在高峰加热器中继续加热到所需要的温度。非采暖季节没有采暖负荷时，汽轮机的凝汽器则仍由原冷却系统进行冷却。

将凝汽式汽轮机发电机组改造为低真空运行的汽轮机发电机组最大的好处是将凝汽式汽轮机 50% 以上的冷端损失全部回收，使电厂热效率由 30% 左右提高到 80% 以上，热能利用率显著提高。但是，由于热水供热系统的供水温度低，在供热量相同的情况下，循环水泵将增加，从而使循环水泵功率增大、电耗增加、运行费用增加、供热管道直径增大、供热管网的建设投资增加，室内采暖放热设备中热水的平均温度降低。

2. 改造为中间抽汽供热系统

此种方法是在凝汽式汽轮机的中间导汽管上抽出蒸汽（减小进入汽轮机后部的蒸汽量），向外供热。这种改造简单、安全可靠。在冬季采暖期间，抽出部分蒸汽经汽－水加热器加热，供热水采暖需要。在非采暖期间，凝汽式汽轮机改造为抽汽式供热汽轮机，抽汽压力较高，使热水供热系统的供水温度增高，供、回水温差增大，供热管道直径减小，建设投资减少，室内采暖系统的散热器面积，因其平均传热温差增加而有所减少。

（四）汽网供汽方式

由工业抽汽口抽出来的蒸汽往往不直接输送给热用户供生活使用，而是经蒸汽转换器加热生产蒸汽，将蒸汽转换器加热生产出来的蒸汽，送入热用户供生产使用。

蒸汽转换器是一个表面式热交换器，在蒸汽转换器中，用从汽轮机抽出来的蒸汽加热给水，使之沸腾汽化而产生二次蒸汽。将此蒸汽经蒸汽供热管网送给各个热用户的用热设备。一次蒸汽的凝结水经冷却后，送入热电厂的除氧器水箱中，然后经给水泵送入电厂锅炉。应用蒸汽转换器所产生的二次蒸汽供生产使用，可保存汽轮机抽汽的凝结水，从而有效地保证了电厂锅炉给水的水质质量。尤其是对于直流式锅炉，对锅炉给水的水质有特殊的要求，或者是当水源的水质硬度和碱度较大，水处理费用较高时，或者由于生产工艺过程的需要，不能保证凝结水回收的量和凝结水不受污染时，应用蒸汽转换器就更为重要。

但是，由于蒸汽转换器端差较大，降低了机组热化发电比，使热电厂的燃料消耗量增加，而且供热系统复杂，金属耗量增加，投资较大。所以，只有在直接供汽生产返回水率很小、热电厂水源水质特别差而电厂又对给水品质要求较高时，才考虑加装蒸汽转换器。

（五）水网供热系统

目前水网供热系统主要是为季节性热负荷（采暖和通风）提供热水。水网一般由供热设备，供、回水干管和热网水泵构成。

供热设备的确定与供应热负荷的大小和性质、水网的调节方式、热电厂的热化系数以及水网的工作参数有关。选择供热设备的参数时，要以确定水网的供、回水温度为基础。供水设计温度越高，回水设计温度越低，则供热能力就越大，网路水流量和管径就会越小，热网的运行费和投资也越少。但是，提高供水温度就意味着调高供热汽轮机的抽汽压力，或增大流经减温减压器的新汽流量比，使热电厂经济性下降，消耗燃料增加。而降低回水温度就意味着增大用热设备的换热面积，也增加了投资。所以，合理的送、回水设计温度需经技术经济比较来确定。

供热设备的负荷分配是影响热电厂经济性的一个重要方面。供热设备负荷分配和运行与热负荷图的形状，也就是热负荷的热区及需要量的变化，供热调节方式，以及热电厂的热化系数有关。利用热网的温度图和连续性热负荷图可具体地表示出热网供热设备的运行工况及它们之间的负荷分配。此外，还可表示出各种热负荷下主热网供热设备所要求的供热汽轮机调节抽汽压力值、各抽汽压力下的全年供热量及相应的全年热化供热量。同时可以从图上得出高峰和主热网供热设备的最大热负荷，以作为热网供热设备的设计依据。

二、区域锅炉房供热系统

在锅炉房中设置蒸汽锅炉或热水锅炉作为热源向一个较大区域供应热能的系统，称为区域锅炉房供热系统。

区域锅炉房供热系统具有以下一些特点：

（1）区域锅炉房的供热设备比较简单，造价比较低，建设投资少，建厂条件要求不高，易于实现。

（2）区域锅炉房供热系统热媒的种类及其参数只是根据热用户用热设备的需要和要求来选定，较为简便。

（3）区域锅炉房供热系统的供热管网施工安装工程量较小，工期短，见效快。

（4）区域锅炉房供热系统的供热范围及其热负荷较小，所以供热管网的线路较短，供热管道的直径较小，供热管网的建设投资较少。

（5）以区域锅炉房为热源的供热系统，供热范围可大可小，比较灵活。涉及的用热单位不多，易于做到供热热源与热用户的合理布置，并易于达到在额定负荷下运行，经济效益高。

（6）区域锅炉房供热系统属于热、电分产分供，同以热电厂为热源的热电联产联供的供热系统相比较，其热能利用率较低。

（7）区域锅炉房供热系统建设周期短，易于与城市建设同步进行，同时规划、同时设计、同时施工、同时使用，有利于加速实现城市集中供热。

由于区域锅炉房集中供热系统具有以上特点，目前在我国集中供热事业中占有比较重要的位置。国内外的实践经验证明，调峰区域锅炉房与热电厂相结合的集中供热系统，可使热电厂运行达到最佳经济效益。区域锅炉房是同热电厂相辅相成的集中供热系统的热源，尽管热电厂的热能利用率较高，经济效益较好，但区域锅炉房也是不可缺少的，将作为集中供热系统的重要热源存在下去。

区域锅炉房根据其生产和供给的热媒种类的不同，分为热水锅炉房和蒸汽锅炉房。

（一）热水锅炉房供热系统

在区域锅炉房内装设热水锅炉及其附属设备，直接制备热水的集中供热系统，近年来在国内有较大的发展。它多用于城市区域或街区的供热，或用于工矿企业中供热通风热负荷较大的场合。

热水锅炉房供热系统如图 3-6 所示。热水供热系统的回水，经除污器除去悬浮在水中的杂质后，由循环水泵加压，进入热水锅炉内加热，被加热后的热水，沿着热水供热管网的供水管，送往各个热用户。热水在各个用户系统的用热设备中放出热量后，沿着供热管网的回水管道，返回热水锅炉房，再经除污器，由循环水泵加压，进入热水锅炉内再行加热，完成一个循环。

热水供热系统不可能十分严密，漏水损失很难避免，为此，需要不断地向热水供热系统补水。常用的补水方式是补给水泵补水。另外，为了防止高温水汽化，影响正常的水循环，或产生危险的汽水冲击，热水供热系统必须用定压装置对系统进行加压，使系统中每一点的压力都处于相应水温的饱和压力之上。热水供热系统的定压方式在第一章中有过详细的讨论，这里不再重复。

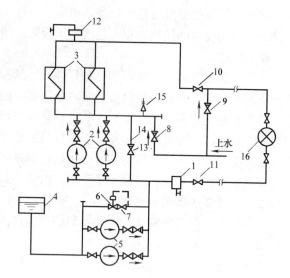

图 3-6　采用补给水泵连续补水定压的热水供热系统
1—除污器；2—网络循环水泵；3—热水锅炉；4—补给水箱；
5—补给水泵；6—压力调节器；7—压力调节器前的截断阀门；
8、9——止回阀；10—供水管总阀门；11—回水管总阀门；
12—集气罐；13—止回阀；14—旁通管；
15—安全阀；16—热用户

与热电厂供热系统相比，热水锅炉房供热系统的电力供应不如热电厂安全可靠，循环水泵和补给水泵受停电的影响比较常见，所以，必须采取一定的措施，防止在突然停电时系统内发生汽化和水击现象。

突然停电，循环水泵停止运行时，热水锅炉内的水由于压力水管中流体的流动突然受阻，因而使流体的动能转变为势能，使水泵吸水管中水压急骤增加而产生水击现象。水击力的大小与系统中循环水的水容量和流速的大小，以及循环水泵停止转动时间的长短有关。系统中循环水的水容量或流速越大以及循环水泵停止转动的时间越短，则水击力越大。水击现象所造成的强烈的水击波通过回水管迅速地传到热用户，可以造成散热器破裂事故。为此，如图 3-6 所示，在循环水泵压水管路和吸水管路之间连接一根带有止回阀的旁通管作为泄压管，对于防止因突然停电而造成的水击破坏事故是行之有效的。当循环水泵正常运行时，压水管路中的压力大于吸水管路中的压力，止回阀关闭，网路循环水不能从旁通管中通过。当突然停电时，循环水泵吸水管路中的水压增高，而压水管路中水压降低，使吸水管路中的压力高于压水管路的压力，止回阀开启，网路循环水从旁通管中通过，从而减小了水击力。

突然停电时，补给水泵也将停止运行，热水供热系统内热媒的压力将降低，由于锅炉炉膛内尚有大量的余热，会使锅炉内的水汽化。为防止这种现象的产生，通常将热水供热管网的供水管与城市上水管道相连接，并装一个止回阀，如图 3-6 所示。当循环水泵正常工作时，循环水泵出口端的压力高于城市上水压力，热水供热系统内的水不会进入城市上水管道内。当突然停电，循环水泵和补给水泵都停止工作时，关闭供热管网供、回水管上的总阀门，在城市上水压力的作用下，止回阀开启，城市上水经过阀门，流入热水供热管网内，不断补充供热系统的漏水损失，并维持热水供热系统具有一定的静压力，以防止热水供热系统产生汽化现象。

（二）蒸汽锅炉房供热系统

为蒸汽供热系统生产热媒的锅炉及其辅机等供热设备称为蒸汽锅炉房。以蒸汽锅炉房为热源的供热系统称为蒸汽锅炉房集中供热系统。

蒸汽锅炉房供热系统如图 3-7 所示，蒸汽锅炉生产的蒸汽进入分汽缸中，由分汽缸经各蒸汽管道输送给各个用热设备。蒸汽在用热设备内转变为凝结水后，沿着凝结水管道返回锅炉房的凝结水箱中。在凝结水箱中，贮存蒸汽供热系统的凝结水和经水处理设备处理后的软化水。凝结水泵将凝结水箱中的软化水送入除氧器进行除氧，并贮存在除氧器水箱中，由锅炉给水泵打入蒸汽锅炉内生产蒸汽。

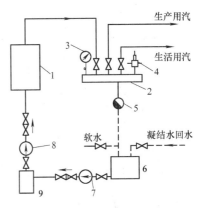

图 3-7 蒸汽锅炉房供热系统简图
1—蒸汽锅炉；2—分汽罐；3—压力表；
4—安全阀；5—疏水器；6—凝结水箱；
7—凝结水泵；8—锅炉给水泵；
9—除氧器水箱

图 3-8 所示为在蒸汽锅炉房安设集中热交换站的供热系统示意图。蒸汽锅炉 1 产生的蒸汽，先进入分汽缸 2，然后沿蒸汽管道向生产工艺及热水供应热用户供热。一部分蒸汽通过减压阀 3 后，进入集中热交换站，将网路的回水加热，供应供热、通风热用户所需的热量。蒸汽网路及热交换站的凝结水，分别由凝水管道送回凝结水箱 4。集中热交换站通常采用两级加热的形式。热水网路回水首先进入凝结水冷却器 6，初步加热后再送进蒸汽—水加热器 5。这可充分利用蒸汽的热能。凝结水冷却器和蒸汽—水加热器的管道上均装设有旁通管，便于调节水温和维修。

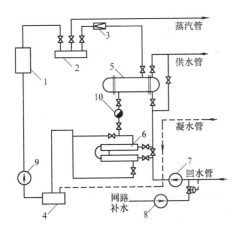

图 3-8 蒸汽锅炉房内设置集中热
交换站的供热系统示意图
1—蒸汽锅炉；2—分汽缸；3—减压阀；4—凝结水箱；5—蒸汽—水加热器；6—凝结水冷却器；7—热水网路循环水泵；8—热水网路补给水泵；9—锅炉给水泵；10—疏水器

蒸汽锅炉房经常设有热交换站，用蒸汽加热热水。蒸汽喷射器可以作为其中的蒸汽—水加热器的一种。采用蒸汽喷射器作为加热和推动网路水循环流动的热水供热系统称为蒸汽喷射热水供热系统。这一系统的工作原理是：当蒸汽经拉伐尔喷嘴，以很高的速度从喷嘴中喷射出来时，造成在喷嘴出口处的压力低于热水供热系统回水在该处的压力，回水不断地被吸入。蒸汽与吸入的回水在蒸汽喷射泵的混合室中进行热能和动能的交换，加热并推动热水供热系统的循环水流动。蒸汽喷射泵同时起着加热和推动循环水流动的作用。

图 3-9 所示为蒸汽喷射泵的热水加热系统简图。由分汽缸来的高压蒸汽，进入蒸汽喷射泵内，由于喷嘴出口处的压力低于热水供热系统回水在该处的压力，为防止锅炉停止供汽时热水供热系统内的水倒灌入蒸汽管道内，在蒸汽喷射泵的进汽管上装设止回阀。为排出热水供热系统由于进入蒸汽喷射泵的蒸汽凝结后所增加的水量，在热水供热系统的回水管路上，连接一个高位水箱。经高位水箱的溢水管将多余的水排入锅炉房的软化水箱中去。该高位水箱同时对热水供热系统起着定压的作用。

采用蒸汽喷射系统，与采用热交换器相比较，系统较简单，工作可靠，操作方便，设备

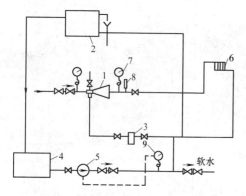

图 3-9 蒸汽喷射泵热水加热系统简图
1—蒸汽喷射泵; 2—膨胀水箱; 3—除污器;
4—补给水箱; 5—补给水泵; 6—用户系统;
7—压力表; 8—温度计; 9—电接点压力表

较少而且尺寸小,因此可节约投资和建筑面积。与机械循环低温水供热系统相比,能节省较多的电能费用。

但蒸汽喷射系统受到了蒸汽喷射器工作特性的限制,供水温度调节幅度较小,为了适应供热负荷的变化,必须实行间歇供热。此外,蒸汽喷射器的工作状况是与进入喷射器的蒸汽压力密切相关的,要在一定的蒸汽压力范围内运行,才能正常工作。

三、其他热源供热系统

前面介绍了以热电厂和区域锅炉房为热源的集中供热系统,除此之外,还可以利用供热余热、地热和核能为热源。

(一) 以工业余热为热源的集中供热系统

工业余热是指工业生产过程的产品和排放物所含的热或设备的散热。工业余热的利用,根据余热的载能体不同,可以分为气态余热利用、液态余热利用和固态余热利用几种类型,这些热量往往可以进一步回收利用。例如:工业设备中蒸发出的蒸汽或动力设备中排出的乏汽;从各种化工设备、工业炉排出的高温烟气、可燃气体;从工业炉或其他设备排出的冷却水,以及被加热到很高温度的工业产品,如焦炭和各种金属的铸锭所带有的物理热等。

工业余热主要有以下特点:

(1) 大多数工业余热的载能体都属于高温和非洁净的载能体。利用这些热能时,需要添置热能转换装置,如采用间接式或混合式废热锅炉、换热器等,因而要考虑载能体对热能转换装置的腐蚀、磨损和沾污等问题。

(2) 大多数生产工艺过程的余热,它的数量和参数直接受生产工艺的影响,波动较大,而且与外部的热负荷无直接关系。在利用工业余热时,应首先考虑用于自身的生产工艺流程上,用以提高工艺流程或设备的热能利用效率,然后再考虑向外供热或转换为电能外送。

目前,在许多大中型工矿企业中,存在着大量的工业余热未被利用,因此,工业余热利用是节约能源的一个重要途径。由于工业余热的负荷波动,需要添置热能换热设备或动力装置,所以目前的工业余热主要在本工矿企业中加以利用,在制订余热利用方案时,应认真研究方案在技术上的可行性和经济上的合理性问题。

(二) 以地热为热源的集中供热系统

地热通常是指陆地地表以下 5000m 深度内的热能。这是当前技术条件可能利用的一部分地热能。目前开采和利用最多的地热能是地热水,除了地热水,地热能按其在地下的储存形式还有蒸汽、干热岩体、地压和岩浆。与其他热源供热相比,利用地热水供热具有节省矿物燃料和无大气污染的特殊优点。作为一种可供选择的新能源,其开发和利用正在受到重视。

根据地热水温度的不同,地热水可分为过热水 ($t>100℃$)、高温水 ($t=60\sim100℃$)、中温水 ($t=40\sim60℃$)、低温水 ($t<40℃$)。根据矿物质含量的多少,地热水又可分为从超淡水(含盐量低于 $0.1g/L$)至盐水(含盐量大于 $35g/L$)的系列。根据化学成分的不同,又可以分为碱性水和酸性水。

作为供热热源，地热水具有如下的特点：

（1）地热水的参数与热负荷无关。对于一个具体的水井，地热水的温度几乎是全年不变的，地热水的参数不能适应热负荷变化的特性，使得利用地热能的供热系统变得复杂。

（2）在不同的条件下地热水的参数（温度、压力）和成分会有很大的差别。地热水的成分往往是有腐蚀性的，因而必须注意预防在传热表面和管路上发生腐蚀或沉积。

（3）一次性利用。地热水热能被利用后通常直接废弃。为了最大限度地利用其能位，就要采用分级利用地热水热能的热能利用方式，使系统复杂，费用增大。

利用地热能的方式有两种，直接利用和间接利用。

直接利用是用水泵将地热井中的热水抽出，直接送到热用户系统，系统回水直接排放或再利用部分余热后排放。这种利用方法的特点是系统简单，基建费低，但地热水中的腐蚀成分会对系统的管道和设备产生腐蚀并发生沉积现象。为了降低腐蚀，通常要加入脱腐蚀性气体。另外，当大量利用地热水时，会造成水位下降，对开采和使用不利。

间接利用是将从地下抽出的热水通过换热器将供热系统的回水加热，利用热水锅炉等设备作为高热源将供热系统的供水进一步加热。地表水在换热器中放热后回灌到回灌井中去，以保持地下含水层的水位不变。此种方式的优点是换热器不宜腐蚀和沉积，减少了维护费用，延长了使用寿命，但系统复杂，基建投资高。

在利用地热资源的实际设计中，为了降低成本，提高热能的利用率和系统的经济性，常常设置高峰热源，加装蓄热装置。另外，为了降低排水的温度，可以将供热后的低温地热水再用于农业温室的土壤加热或养鱼等，实现多种用途的综合利用。

（三）以核能为热源的集中供热系统

核能供热是以核裂变产生的能量为热源的城市集中供热方式。它是解决城市能源供应、减轻运输压力和环境污染的一种新途径。目前世界各国研究的低温核供热堆型式很多，我国推荐的堆型主要有两种：自然循环微沸腾式低温核供热堆和池式低温核供热堆。

核能供热目前有核热电站供热和低温供热堆供热两种方式。核热电站与火力热电站工作原理相似，只是矿物燃料锅炉用核反应堆代替。由于核热电站反应堆工作参数高，所以必须按照核电厂选址规程建在远离居民区的地点，从而使其供热条件在一定程度上受到限制。另外有一种专门为城市集中供热的低温供热堆，它的压力参数较低，有可能建造在城市近郊。

除了上述工业余热、地热水、核能可以作为集中供热系统的热源外，国外已经可以利用热泵作为集中供热系统的辅助热源。热泵的工作原理与冷冻机是相似的，它是利用电能、机械能或其他能量来提高低温热源的能位，使之达到能利用的能位水平的一种设备。在北欧一些国家，利用电能使海水、低温地热水或城市生活污水的低能位热量用于供热系统上。但是，利用热泵方式供热需要消耗大量的电能，在我国目前电力供应紧张的情况下，利用热泵方式供热需要作技术经济比较。

第四节　凝结水的回收

凝结水是良好的锅炉补给水。蒸汽在各种用汽设备中放出汽化潜热后，变为近乎同温同压下的饱和凝结水。由于蒸汽的使用压力大于大气压力，所以凝结水所具有的热量可达蒸汽全热量的 20%～30%，且压力、温度越高，凝结水具有的热量就越多，占蒸汽总热量的比例也就越大。如果不能回收，会使锅炉补水增大，增加水处理设备的运行费用，增加燃料消耗，影响蒸汽品质和锅炉房的效率。所以，回收凝结水的热量，并加以有效利用，具有很大的节能潜力。

由于热用户众多，参数不一，凝结水回收问题解决不当时，会使整个供热系统不均匀，供热效果不良。为了节约燃料并达到供热效果，必须重视凝结水的回收和管理，进行合理的设计。

一、凝结水回收的意义

凝结水的回收，就是对蒸汽凝结水的热量和水量进行回收再利用，其效益可归纳为以下几点：

（1）节约锅炉燃料。

（2）节约工业用水。凝结水一般可以直接作为锅炉补给水，可以大幅度降低工业用水。经处理后的水仍可有效利用。

（3）节约锅炉给水处理费用。由于凝结水可直接用于锅炉给水，因此可节约这部分水的软化处理费用。

（4）因燃料减少可减轻大气污染，热量的回收可减少锅炉的燃料耗量，也就减少了烟尘和二氧化硫的排放量。同时，消除了因排放凝结水而产生的热汽，改善了工作环境。

（5）提高锅炉实际热效率。由于凝结水的利用，使锅炉给水温度上升，节省燃料，使锅炉实际热效率提高，充分发挥了锅炉的潜力。

可见，凝结水回收的节能潜力是巨大的。若每小时回收 1t 凝结水，相当于一年节约标准煤 30t。如果全国供热系统中，间接加热的凝结水回收率由 54％ 提高到 80％，则一小时可多回收凝结水 6.64 万 t，折合标准煤约 200 万 t，若每吨标准煤按 500 元计算，全国可节约 10 亿元。另外，还可节约水处理费用，还有一定的环保效益和社会效益。针对凝结水回收的巨大效益，国内外的研究部门做了大量工作，对于回收过程中的技术问题进行了研究开发，并取得了一定的成果，在推广应用中，取得了较好的节能效果。

按照是否与大气直接相通，凝结水回收系统可分为开式系统与闭式系统。

二、开式凝结水回收系统

开式回收系统是把凝结水回收到锅炉的给水罐中，在凝结水的回收和利用过程中，回收管路的一端是向大气敞开的，通常是凝结水的集水箱敞开于大气。当凝结水的压力较低，靠自压不能到达再利用场所时，可利用泵对凝结水进行压送。这种系统的优点是设备简单，操作方便，初始投资小；但是系统所得的经济效益差，且由于凝结水直接与大气接触，凝结水中的溶氧浓度提高，易产生设备腐蚀。这种系统适用于小型蒸汽供应系统，凝结水量较小，二次蒸汽量较少的系统。该系统被采用时，应尽量减少冒汽，从而减少热污染和工质、能量的损失。鉴于以上特点，实际应用中此类系统采用较少，本书不作详细的介绍。

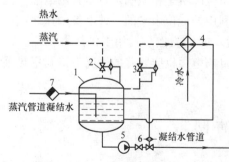

图 3-10　闭式凝结水回收系统

1—凝结水箱；2、3—调压器；4—汽—水换热器；

5—水泵；6—调节器；7—疏水阀

三、闭式凝结水回收系统

图 3-10 所示为闭式凝结水回收系统。用汽设

备中的凝结水通过疏水阀 7 送入闭式凝结水箱 1 中，借助调压器 2 和 3 使凝结水箱中蒸汽的压力（高于大气压力）保持不变。当压力下降时，蒸汽通过"阀后"压力调节器进入凝结水箱，使箱中压力得到恢复。当凝结水箱中的压力升高超过给定值时，"阀前"压力调节器 3 开启，蒸汽由凝结水箱排入汽—水换热器 4。在换热器中蒸汽凝结并将其热量传给水，然后水被送至热水供应系统。汽—水换热器 4 中的凝结水排入凝结水箱。凝结水箱中的凝结水用水泵 5 抽送至热源厂。凝结水箱中的水位由调节器 6 来保持。

闭式回收系统的凝结水集水箱以及所有管路都处于恒定的正压下，系统是封闭的。系统中凝结水所具有的能量大部分通过一定的回收设备直接回收到锅炉，凝结水的回收温度仅在管网部分降低，产生损失。由于封闭，水质有保证，减少了回收进锅炉的水处理费用。其优点是凝结水回收的经济效益好，设备的工作寿命长，但闭式系统零件多、设备复杂、造价高，管理量大。

四、凝结水回收的动力

按照凝结水流动的动力，可把凝结水回收系统分为余压回水、闭式满管回水（重力回水）和加压回水三类。

（一）余压回水

余压指的是疏水器出口处凝结水具有一定压力，利用这个压力回送凝结水的方式称为余压回水。

如图 3-11 所示，从室内用热设备中流出的高压凝结水，经过疏水器后，直接进入室外热网的凝结水管道中，流回锅炉房的总凝结水箱。余压回水时，用户处只有疏水器，室外凝结水管道可随地形向上或向下倾斜，也可架空或地下埋设。在锅炉房里的总凝结水箱不必一定布置在室外凝结水干管的最低标高以下。

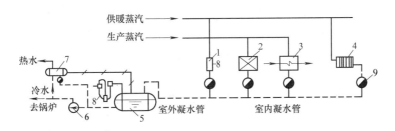

图 3-11　余压回水图示

1—通风用热设备；2—生产用热设备；3—热水供应加热设备；4—供热散热设备；
5—闭式总凝结水箱；6—凝结水泵；7—利用二次蒸汽的水加热器；8—安全水封；9—疏水器

余压回水系统也可做成开式或闭式，这由总凝结水箱是否通大气决定。图 3-11 所示的总凝结水箱为闭式水箱，它使用安全水封使水箱与大气隔绝。高压含汽凝结水进入水箱后，在箱内形成一定的蒸汽压力，被集中送至低压热用户使用。只有当二次汽量很少又无法利用回收时，才使用开式总凝结水箱，将二次蒸汽放掉。

由于余压回水设备简单，凝结水热量可集中利用，故在一般作用半径不大、凝结水量不多、用户分散的中小型厂区应用较广。但是应注意两个问题：余压凝结水系统中有压力相差较大的凝结水合流，在设计与调节不当时会相互干扰，以致低压凝结水回流不畅，造成低压用热设备不能正常工作；高压凝结水在回送过程中要不断二次汽化，再加上疏水器的漏汽，余压凝结水管中必然是汽水两相流动。因此极易发生水击，甚至能破坏管件及设备。

如果两个问题同时存在，即疏水器漏汽、凝结水二次汽化，而且各路凝结水压差大，则整个凝结水回收系统不能工作。

为了解决上述问题，可以采取以下措施：

(1) 考虑二次蒸汽的较大比体积，加大管径以限制余压凝结水管中流体的速度，并使高低压各支路在节点上取得压力平衡，保证整个系统均匀回水，减轻水击。

(2) 设计中，在管路布置和连接上应采取适当措施。例如：只有当各用热设备的用汽压力差不太大时，才选用高低压合流的单根管道余压回水；当压差较大时，通常将高低压凝结水分开两管回送。

(3) 精心调节、维护和管理疏水器。蒸汽疏水器的作用是自动而且迅速地排出用热设备及管道中的凝结水，并能阻止蒸汽泄漏。在排出凝结水的同时，排除系统中积留的空气和其他非凝性气体。疏水器失灵漏汽，则凝结水管中压力升高，就会发生水击严重和凝结水不能回流的情形，系统工作遭到破坏。为了观察凝结水管的压力和检查系统中有无漏汽，在各用户引入口处，凝结水管接外管网前应安装压力表。疏水器在安装前，应检查和测定其性能与动作，确保其符合设计要求；在投入运行前，应逐个用阀门进行调整，使其出口处的余压处在设计范围内；平时检查维修应有确定的制度，做到及时发现故障及时处理，保持疏水器处于良好的工作状态。

(二) 闭式满管回水

在室外凝结水管道中，余压回水系统室外凝结水管的直径大和水汽两相流动容易发生水击是很大的缺点，而且高低压凝结水的合流也干扰了凝结水系统。为了消除这些影响，在有条件就地利用二次蒸汽时，可将用户的各种压力的高温凝结水先引入专门的二次蒸发箱，在箱内分离出二次蒸汽并加以利用，剩余的凝结水变成低温低压凝结水再引入室外凝结水管网。然后靠位能差的作用，或采用水泵，将凝结水顺利地送回锅炉。这样就形成了闭式满管回水，如图 3-12 所示。闭式满管回水的特点是：封闭，可以利用二次蒸汽，室外热水管内无蒸汽。

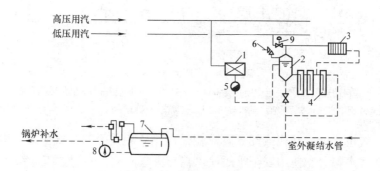

图 3-12　闭式满管回水图示

1—用汽设备；2—二次蒸发箱；3—低压二次用汽设备；4—多级水封；5—疏水器；
6—安全阀；7—闭式总凝结水箱；8—凝结水泵；9—压力调节器

二次蒸发箱的作用是将用户内各用汽设备排出的凝结水在较低的压力下分离出一部分二次蒸汽，并依靠箱内一定的蒸汽压力输送二次蒸汽至低压用户利用。当用汽量小于二次汽化量时，箱内压力升高，箱上的安全阀便可排汽降压；当用汽量大于二次汽化量时，箱内压力降低，此时补汽阀自动补汽，从而保证了二次蒸发箱内工作压力的基本稳定。

从二次蒸发箱流入管道的凝结水仍有可能二次汽化，通常可以在凝结水出水管上安装阻汽装置，如多级水封等。另外，为了防止外网凝结水的倒空，通常将干管与总凝结水箱连接处的管道做成回形管。

与余压回水相比，闭式满管回水系统的凝结水管管径小，没有水击危害，管网破坏轻，维修量小。它可以充分利用二次蒸汽，消除用户之间不同压力的相互干扰，所以用户工作稳定，供热效果好。它的凝结水回收率高且不接触大气，所以含氧少而腐蚀轻。但是，因闭式满管回水系统的用户入口设备多，占地面积大，二次蒸汽汽压难以稳定，需要自动补新汽，使管理复杂，往往难以实现设计要求，故目前采用的仍不多。

（三）加压回水

加压回水是用泵从局部系统的凝结水箱中将凝结水打回锅炉房。如图 3-13 所示，当靠余压不足以将凝结水送回锅炉房时，可以在用户处或几个用户联合起来设置水箱，收集从各用热设备中流出的各种压力的凝结水，在排出或利用箱内二次蒸汽后把剩余凝结水用泵打回锅炉房总凝结水箱，这就是加压回水。

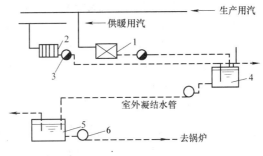

图 3-13　加压回水图示
1—生产用热设备；2—供热用汽设备；3—疏水器；
4—车间或分站凝结水箱；5—总凝结水箱；6—凝结水泵

加压回水系统实际是余压和加压回水的联合。加压回水可用在厂区任何起伏地形和用户距锅炉房很远的情况下。由于加压回水增加了投资和运行费用，所以只有在必需时，或在大型厂区才加以采用。

第五节　供热计量

供热采暖系统按热量计量收费势在必行，然而此项事业在我国却是一新鲜事物，涉及国家政策、历史传统、生活习惯、管理等问题，是我国从计划经济向市场经济过渡中要解决的难点问题，而解决与计量收费相适应的供热采暖系统关键技术问题又是实施供热系统按热量计量收费的基础和前提，是整个事业的先导性的工作，具有重要意义。因此建筑按户计量和温控技术及供热管网调节控制技术是今后研究开发的主要内容。

一、建筑节能与热计量

供热采暖系统节能是实现 50％建筑节能目标的主要途径。供热采暖系统节能的主要措施有水力平衡、管道保温、提高锅炉热效率、提高供热采暖系统运行维护管理水平、室内温度控制调节和热量按户计费。热量按户计费是当前整个建筑节能工作深入发展过程中需要解决的热点和难点问题。

（1）温控与热量计量的必要性。长期以来，我国实行福利制供热，耗能多少与用户利益无关，节能工作不能得到保障。发达国家的经验告诉我们：实行供热采暖计量收费措施，可节能 20％～30％。按照热量合理收费，才能调动用热和供热方面的积极性，进而促进节能。

（2）要实现供热采暖系统按实用热量计量收费，用户能自行调节室温并使室内温度保持在用户要求的范围是采暖系统按热量分别计量供热量的基础，即室内采暖系统必须具有可调节性。室内采暖系统的可调节性必然要求对室外供热系统进行相应的控制。

（3）热计量有利于促进热网供热水平的提高和节能工作的深化。热用户希望购买到质优价廉的商品，一方面要对供热品质提出更高的要求，另一方面也会关心能耗情况，要求供热单位减少热网损失，降低成本，由于供热单位管理不善和设备效率低而造成的供热成本高就不能由用户来负担了。

二、国外常用的热计量方法与仪表

发达国家常用的分户热计量的方法有下面几种：

（1）直接测定用户在供热系统中的用热量。该方法需对入户系统的流量及供回水温度进行测量。采用的仪表为热量计量仪表，由流量、温度传感器和积算器组成，仪表安装在系统的供水管上，并将温度传感器分别装在供、回水管路上。该方法的特点是原理上准确，但价格较贵，安装复杂，并且在小温差时，计量误差较大。

（2）通过测定用户的热负荷来确定用户的用热量。该方法是测定室内外温度并对供热季的室内外温差累积求和，然后乘以房间常数（如体积热指标等）来确定收费。该方法采用的仪表为测温仪表。但有时将记录散热器温控间的设定温度作典型室内温度而将某一基准温度作室外温度。该方法的特点是安装容易，价格较低。但由于遵循相同舒适度缴纳相同热费的原则，用户的热费只与设定的或测得的室温有关，而与实际用热量无关，因此开窗等耗能现象无法约束，不利于节能。

（3）通过测定用户散热设备的散热量来确定用户的用热量。该方法是利用散热器平均温度与室内温度差值的函数关系来确定散热器的散热量。该方法采用的仪表为热量分配表，常用的有电子式和蒸发式两种。

电子式热量分配表，由温度传感器测出散热器表面温度和室内温度，并设有存储功能和液晶显示。对散热器温度的测量有直接测散热器表面温度或将温度元件装在散热器供回水管路上。该方式的特点是计量较准确、方便，价格比热量计量表低，并且可在户外读取。目前在欧美受到欢迎，成为集中供热按户计量的主导仪表。

蒸发式热量分配表由导热板和蒸发液两部分构成。导热板夹焊在散热器上，盛有蒸发液的玻璃管则放在密封容器内，比例尺刻在容器表面的防雾透明胶片上。由管内液体蒸发量来确定散入室内的热量。该方法的特点是价格较低，安装方便，但计量准确性较差。

另外，还可以通过测量温控设备的开启时间及室内温度，并依据散热器尺寸、类型等修正来确定各用热量的分配。该方式价格低，易于安装，但由于未考虑经过散热器的平均水温的影响，准确度较差。

三、国内热计量及收费现状

与国外相比，我国目前采暖系统相对落后，具体体现在供热品质不稳定，即室温冷热不匀，系统热效率较低，不仅多耗能量，而且采暖费按平方米计费，无助于用户的节能意识，以致出现一些不正常的现象，如室温过高开窗，室温过低投诉，使得设计人员及业主尽量加大锅炉、水泵及散热器容量，造成低效率、高能耗的重复浪费。采暖费按实际用热量收费，已经势在必行。

我国的供热系统与国外有着较大的差距，技术上的原因是因为建筑物保暖隔热和气密性较差，采暖系统相对落后。这样就造成了供热系统效率低，缺乏计量手段。

目前，随着对供热节能系统研究的深入，热计量成为当前暖通行业的热点。很多研究机构正在做这方面的努力，还有很多单位正在进行这方面的试点，正是热计量这一领域发展的良好阶段。在研究过程中，既要注意吸取国外的先进技术和经验，又要结合我国国情，发展适合我国具体需要的热计量方法。

四、常用热计量仪器

为了实现供热系统的分户热量计量，必须要对我国传统的集中供热采暖系统增加一系列温度、流量、压力控制设备与热量计量仪表等。

（一）热量表

1. 热量表的基本原理

为了保证人们在冬天能在室内进行正常的工作和生活，需要由采暖系统向建筑物供热。对于采暖建筑物（房间）来说，当室内温度稳定时，建筑物的采暖热负荷 Q_1 等于散热设备放出的热量 Q_2，也等于通过供热管道供给建筑物的热量 Q_3，即

$$Q_1 = Q_2 = Q_3 \qquad\qquad (3\text{-}11)$$

为了测量建筑物的采暖热负荷 Q_1，只要测得室内温度及室外温度即可得到采暖热负荷。该类仪表造价低，但是由于无法解决用户开窗造成的热量散失，即建筑物的体积供热标准发生变化的情况未予考虑，故很多国家不允许采用。

对于测量散热设备放出的热量 Q_2，只要测得室内温度及散热器平均温度，确定仪表的采样时间即可得出。测量的方法不同，热量计量的方式也不同。利用散热器的平均温度和液体蒸发量来测量的，称为蒸发式仪表，但只能显示相对能耗。利用测量室内温度及散热器平均温度，确定仪表的采样时间，称为电子式仪表，准确度比较高，可户外读数，也可以采用通信网络与计算机相连。还有一种方法是，假设每组散热器供回水温度相同，只测得室内温度及散热器供热时间，此类仪表造价低廉，但由于未考虑散热器的平均水温，因此准确性较差。

对于测量通过供热管道供给建筑物的热量 Q_3，也有两种方式。第一种是假设供回水温度恒定，只测热水流量，确定仪表的采样时间。这类仪表造价低，但由于未考虑供回水温度的变化，因此准确性较差。第二种是测得供回水温度及热水流量，确定仪表的采样时间，即可得出管道供给建筑物的热量。从仪表的原理看，是较精确和全面的，而且直观、可靠、读数方便、技术比较成熟，适合在建筑中采用。

2. 热量表的构造

进行热量测量与计算，并作为结算根据的计量仪器称为热量表，它由一个热水流量计、一对温度传感器和一个积算仪组成。

（1）热水流量计。热水流量计用于测量流经换热系统的热水流量。根据工作原理可以分为面积式流量计、压差式流量计、流速式流量计和容积式流量计。用于热量表的有机械式、超声波式、电磁式、差压式热量表。

1）机械式流量计。机械式流量计有一个由水流驱动的叶轮装置，通过叶轮的转动测量热水的流量。因为叶轮装置中有可移动部件，叶轮的轴和支座都会受到水中杂质的磨损，进而影响测量精度，所以对供热介质的洁净度要求较高，通常要安装配套的过滤器，以防止杂质对热表的损坏。其结构简单，价格低，是适合我国国情的首选热量表。机械式流量计按内部结构又分为单流束式、多流束式和螺翼式。

a）单束旋翼式流量计。该流量计的特征是只有一束水流来推动内部的旋翼转动。技术

简单而且经过长时间的实践检验，使使用该技术制成的流量计能以任何方式安装于管道，适合小口径的管道。

b）多束旋翼式流量计。在该流量计内部，水流通过分布于叶轮外壳上的小孔均匀地以切线方向推动叶轮转动。这种设计使流量计能承受较大的水流紊乱，因此，流量计来流方向上所需的管段较短，适合于中、小口径的管道。

c）涡轮式流量计。这种流量计也是一种流速式流量计，当流体流经变送器时，推动摩擦力很小的滚珠轴承上的涡轮，在磁钢和感应线圈组成的磁电转换器中发出电脉冲信号，信号变化的频率就是涡轮旋转的频率，与涡轮的转速成正比，所以电信号的频率就可以反映出流量的大小。此种流量计准确性高，量程高，惯性小，安装时要水平安装并且要求水质洁净。

d）水平螺翼式流量计。这种流量计螺翼的转动轴与水流方向平行，水流不经任何管道即直接接触螺翼，因此造成的压力损失非常小。由于内部动态水力平衡的引入，使其能以任何位置安装。由于内部对水流的影响较小，需要的前部直管段较小，适合大口径的管道。

e）垂直螺翼式流量计。这种流量计螺翼的转动轴与水流方向垂直，水流从下向上推动螺翼轮转动，其推力平均，因而启动比较容易。这种原理的流量计启动流量较小，适于中等口径管道，但需要一定的前部（来流方向）直管段，通常需要 3～6 倍管径。

2）超声波流量计、电磁式流量计。在超声波流量计中，超声波信号在发射器和接收器之间来回振荡，通过分析返回信号的频率差异可以得出管道内介质流速的大小，再乘以管道截面积就可得到流量。其测量腔体内部没有任何移动部件，所以对介质的成分或杂质含量没有要求，并且在整个测量范围内都有很高的精度，是当今最先进的流量表，可用于含铁锈水以及杂质的供热系统。

电磁式流量计是按法拉第定律测量热水流量的，与超声波流量计一样，其内部也没有任何可移动部件，唯一不同之处是它对供热介质的电导率有要求。其结构复杂、价格较高，常用在大规模的楼宇或工业计量上。

3）差压式流量计。差压式流量计借助于收缩断面，增大流速，测出收缩段前后的测压管压差来计算流量。最常见的差压式流量计是文丘里流量计。它是测量管道流量的装置，由渐缩段、喉道和渐扩段组成。当流体通过时，由于喉道断面缩小，流速增大，导致势能减小，测压管水头下降。根据喉道前后截面的压力差，由能量方程则可计算出通过的流速和流量。另外，还有孔板式、平衡阀式和喷嘴式流量计。

机械式与非机械式流量计相比，具有很多优点，如耗电少，压力损失小，量程比大，测量精度高，抗干扰性好，安装维护方便，价格低廉。所以，除非是特殊场合，机械式流量计仍然是热量计的首选。

对于流量计的选型应当注意以下方面：

1）工作水温。流量计上一般注明工作温度（即最大持续温度）和峰值温度，通常住宅供热水系统的温度范围在 20～95℃，温差范围在 0～75℃。

2）管道压力。

3）设计工作流量和最小流量。选择流量计口径时，首先应考虑管道中的工作流量和最小流量（而不是管道口径），一般应使设计工作流量稍小于流量计的公称流量，并使设计最小流量大于流量计的最小流量。

4）管道口径。选择的流量计口径可能与管道口径不符，往往流量计口径要小些，需要缩径，这就需要考虑变径带来的压力损失的影响，一般缩径不要过大。同时也要考虑流量计的量程比，如果量程比较大，可以缩径较小或不缩径。

5）水质情况。

6）安装要求。选择流量计时应考虑流量计是水平安装还是垂直安装，流量计前直管段是否满足要求。

安装流量计时，要根据流量计的选型安装在正确的位置，保证前后直管段的要求，还要根据生产厂家提出的安装要求而采取保护性措施，如改善水质、安装过滤器、设置托架等。

（2）温度传感器。温度传感器用来测量供水温度和回水温度。它的原理是金属或半导体的电阻随着温度的变化而变化，测出其电阻值，就可以得出与之对应的温度值。几乎所有金属与半导体都有随温度变化而阻值发生变化的性质。目前常用的有铂电阻和热敏电阻两种形式。铂电阻传感器可以用来测量$-259 \sim 961 ℃$范围内的温度。半导体热敏电阻传感器与金属电阻相比，有较大的负温度系数，配用的二次仪表简单，灵敏度高，连接导线引起的误差可以忽略。但是，热敏电阻测温范围较窄，温度和电阻变化呈非线性，必须进行线性化处理，制造时性能不稳定，给互换、调节、使用、维修带来困难。

选择温度传感器时，要根据管道口径选取相应的温度传感器或根据所需电缆长度确定温度测量方式。另外，热量表所采用的温度传感器一定要配对使用。安装温度传感器后，要保证运行时不会有水泄漏出来，还要根据管径的不同，将温度传感器护套安装为垂直或逆流倾斜位置，以保证护套末端处在管道的中央。

（3）积算仪（积分仪）。积算仪根据流量计与温度传感器提供的流量和温度信号计算温度与流量，并且计算供热系统消耗的热量和其他统计参数，显示记录输出。一些积算仪还能够显示记录其他参数，如峰值、谷值和平均值。可以远程输出数据，如果输入热量单价还可以计算热费。有些热表可以一只表同时计量供热或制冷的能量消耗。其他技术参数还有存储数据性能、传输数据性能、寿命可靠性、自备电源或电池寿命等。

积算仪的选型要注意流量计的安装位置，为读表维修的方便，要根据实际情况选用流量计与积算仪一体的紧凑型还是分体形式。另外，还要注意积算仪的通信功能、通信协议和数据读取方式。

（二）热量分配表

为了实现以实际耗热量来分户收取采暖费，在采暖系统中必须要有计量热量的仪表。我国绝大多数住宅采用的是垂直采暖系统，每户都有几根采暖立管通过房间，不可能在该户所有房间中的散热器与立管连接处设置热表，这就使系统过于复杂且费用昂贵。因此，就需要使用热量分配表。

1. 热量分配表的工作原理

热量分配表主要包括蒸发式热量分配表和电子式热量分配表两种。

（1）蒸发式热量分配表。蒸发式热量分配表由导热板和蒸发液两部分组成，将导热板放在散热器表面，靠散热片的温度去蒸发一个玻璃管内的特殊液体，液体的蒸发量通过刻在管壁上的比例尺读取。它们指示的只是耗热量多少的相对值，必须通过总热量表所测得的绝对热量值才能求得单个仪表的耗热量。蒸发式热量分配表的读数一般每年测一次，每次测量都得将旧管拆下，再装上一根新管。其优点是价格便宜且安装容易，缺点是准确度低，不能直接显示出用热量，其计量工作要由专用比例尺读取。

（2）电子式热量分配表。电子式热量分配表采用两个温度传感器来测量散热器所散发的热量，其中一个传感器测量散热器的表面温度，另一个测量室内空气温度，根据相应的计算程序算出散热器所散发的热量。它可以用数字显示屏直接显示计算结果，并能将数据远传至中央管理计算机。该装置成本较低，读表方便，安装容易，准确度较蒸发式热量分配表有很大提高。电子式热量分配表的功能和使用方法与蒸发式相近，一样安装到用户的散热器表面上。其特点是可根据需要现场编程，采用双传感器测量法，使其测量具有较高的精度和分辨率，必要时也可根据一个传感器的原理编程。

2. 热量分配表的使用

热量分配表可以用来结合热量表测量散热器向房间散发的热量。只要在住户中的全部散热器上安装热量分配表，结合楼入口的热量总表的总用热量数据，就可以得到全部散热器的散热量。在新建工程中，每户自成系统的地方不宜采用热量分配表，但是对旧有建筑，采暖系统为上下贯通形式的地方，用热量分配表配合总管热量表不失为一种折中可行的计量方式。使用时，在每个散热器上安装热量分配表，测量计算每个住户用热比例，通过总表来计算热量；在每个供热季结束后，由工作人员来读表，通过计算，求得实际耗热量。

3. 使用热量分配表应注意的事项

热量分配表构造简单，成本低廉，不管室内采暖系统为何种形式，只要在全部散热器上安装分配表，即能实现分户计量。同时，它有一定的精确度，但是如以蒸发量来表示散热器的散热量，必须考虑下面的因素：

（1）对热量分配表进行分度。根据物理学原理，在单位时间内，温度稳定液体的蒸发速度与玻璃管管口到当前液面的距离成反比。这样，分配表的刻度呈现非线性特性。分度标定中，将分配表安装于一个"标准散热器"正面的平均温度处，保持散热器稳定的散热量，在每单位时间中，对分配表进行分度。

（2）对热量分配表进行修正。分配表单位时间内液体的蒸发速度是分配表液体温度函数的时间积分。如果采用同一个分度标准的热量分配表用于所有散热器，那么分配表的显示刻度只能表示温度的时间积分，而不是散热量。要获得散热器的散热量，还必须有两项修正：一是分配表中液体温度与散热器中平均水温的关系，这涉及散热器热量传递至分配表的效率问题；另一个修正是各种不同类型散热器散热量不一致的修正问题。

（3）分配表的优点是经济、易安装、寿命期限长。缺点是测量受散热器类型、规格尺寸、财力、散热器位置、散热器与分配表间热交换参数（实验室测试求取）等多方面的影响，热量计算的工作量大，结果不直观。读数和计算比较麻烦，如果安装方式不合适，比较容易遭破坏和作弊，也会影响到数据准确性以及增加读表和更换玻璃管的工作量。

除了上面提到的蒸发式热量分配表和电子式热量分配表，经常使用的还有时间计量器和温度监测器。使用时间计量器，可以通过测量散热器的开启时间及室内温度，并依据散热器尺寸、类型等修正来确定各户用热量的分配。该方式价格低，易于安装，还可以和散热器的恒温阀配套使用。但由于未考虑流经散热器的平均水温，故准确度较差。温度监测器不直接测量散热器散发的实际热量，而是测量室内、外温差，并对采暖季内的室内、外温差累积求和，测量所得结果传输至中央管理计算机，根据相应程序可算出每户所需缴纳的热费。由于该装置不用装在散热器上，所以其安装简单，价格较低。

（三）散热器温控阀

散热器温控阀是由恒温控制器、流量调节阀及一对连接件组成，如图 3-14 所示。

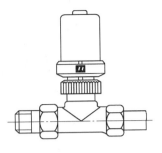

图 3-14　散热器温控阀

1. 恒温控制器

恒温控制器的核心部件是传感器单元，即温包。恒温控制器的温度设定装置有内置式和远程式两种，它可以按照其窗口显示值来设定所要求的控制温度，并加以自动控制。温包内充有感温介质，能够感应环境温度，当室温升高时，感温介质吸热膨胀，关小阀门开度，减少了流入散热器的水量，降低散热量以控制室温；当室温降低时，感温介质放热收缩，阀芯被弹簧推回而使阀门开度变大，增加流经散热器水量，恢复室温。

根据温包内灌注感温介质的不同，常用的温包主要有蒸汽压力式、液体膨胀式和固体膨胀式三类。

（1）蒸汽压力式。蒸汽压力式恒温控制器金属温包的一部分空间内盛放低沸点液体，其余空间包括毛细管内是这种液体的饱和蒸汽。当室温升高时，部分液体蒸发为蒸汽，推动波纹管关小阀门，减少流入散热器的水量；当室温降低时，部分蒸汽凝结为液体，波纹管被弹簧推回而使阀门开度变大，增加流经散热器的水量，提高室温。蒸汽压力式温包价格便宜，时间常数最小，这种温包对于密封和防渗漏有较严格的要求。

（2）液体膨胀式。液体膨胀式恒温控制器温包中充满比热容小、导热率高、黏性小的液体，依靠液体的热胀冷缩来完成温控工作。工作介质常采用甲醇、甲苯和甘油等膨胀系数较高的液体，因其挥发性也较高，因此对于温包的密封性有较严格的要求。

（3）固体膨胀式。固体膨胀式恒温控制器温包中充满某种胶状固体（如石蜡等），依靠热胀冷缩的原理来完成温控工作。通常为了保证介质内部温度均匀和感温灵敏性，在石蜡中还混有铜末。

2. 流量调节阀

散热器温控阀的流量调节阀应具有较好的流量调节性能，调节阀阀杆采用密封活塞形式，在恒温控制器的作用下直线运动，带动阀芯运动以改变阀门开度。流量调节阀应具有良好的调节性能和密封性能，长期使用可靠性高。

调节阀按照连接方式的不同分为两通型（直通型、角型）和三通型，如图 3-15 所示。其中两通型流量调节阀根据流通阻力是否具备预设定功能可分为预设定型和非预设定型两种。

两通非预设定型调节阀与三通型调节阀主要应用于单管跨越式系统，其流通能力较大。两通预设定型调节阀主要应用于双管系统，预设定调节阀的阀值可以调节，即可以根据需要在阀体上设定某一特定的最大流通能力值（最小阻力系数）。双管系统由于自然作用压力的影响，会出现上层作用压力大于下层作用压力，上层过热下层过冷的垂直失调现象，这种垂直失调问题在高层住宅中尤为严重。应用调节阀的预设定功能，可以对不同楼层的散热器设定不同的流通能力。

散热器温控阀必须正确安装在供热系统中，用户可根据对室温的要求自行调节并设定室温，这既可以满足舒适度要求，又可以实现节能。散热器温控阀应安装在每组散热器的进水

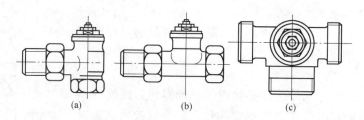

图 3-15　流量调节阀

(a) 两通型（角型）；(b) 两通型（直通型）；(c) 三通型

管上或分户供热系统的总入口进水管上，内置式传感器不主张垂直安装，主要由于阀体和表面管道的热效应也许会导致恒温控制器的错误动作，应确保传感器能感应到室内环流空气的温度，传感器不得被窗帘盒、暖气罩等覆盖。

除了散热器恒温阀外，还有一种散热器手动温度调节阀，其工作原理为在球型阀的阀芯上开一小孔，使其在调节流量的同时不能完全关断。它主要靠人的主观感受进行调节，不具备自动恒温能力，对供水温度和室内负荷的变化不能自动改变流量，控制上有明显的滞后性。手动温度调节阀在温控节能和舒适性方面远不如散热器恒温阀，但其价格较便宜，在一些要求不高的建筑物工程项目中得到应用。

五、热计量常用系统形式

为了适应热计量的需要，供热采暖系统正呈现出多元化发展的趋势。在建筑建造时，应当把是否适合热计量考虑进去。适合热计量的供热系统应当具有可调性，并且有与调节功能相适应的控制装置。另外，应当实现每户按热计量功能。

适合热计量的室内采暖系统大体有两种：一种是传统的垂直上下贯通的单管式和双管式系统，它通过每组散热器上安装的热量分配表及建筑入口的总热表进行热计量；另一种是适合按户设置热量表的单户独立系统的新形式，它直接由每户的户用热表进行计量。

（一）垂直散热系统

垂直散热器系统的立管布置在外墙内侧，每层与立管相连的散热器为一台或两台。垂直系统可以采用单管或双管系统形式。这种系统有两大缺点：一是在各用户间传播噪声的立管会有许多根；二是在使用单管系统时，每个单管环路上串联的散热器台数有限。此外，房间中外露的立管保温比较困难。

如图 3-16 和图 3-17 所示，对于垂直单管系统，用户对散热器无法单独调节，根据热计量对系统的要求，可以进行下述改造：加设跨越管，使流经散热器的水量可调；在散热器入口设恒温阀，使之能自动调节进入散热器的水量，维持用户设定的室温。在建筑物热水入口处加装总热量表，在每组散热器上加装蒸发式热分配表，在采暖季开始，记下各个热分配表和总热量表的初读值，在采暖季结束时，记下各表的终读值，最后算出各用户所用的热量和应缴纳的费用。

对于垂直双管系统，由于存在垂直重力失调的原因，往往只应用于 4 层以下的采暖系统。也可以进行下述改造：在建筑物热力入口处加装总热量表，在每组散热器上设恒温阀和蒸发式热分配表，收费方式同方案一。在此系统中，散热器入口所设的恒温阀，不仅使系统具有可调节性，而且解决了竖向水力失调问题。

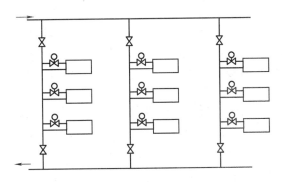 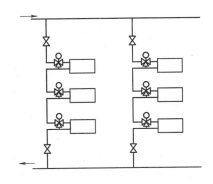

图 3-16　加两通温控阀垂直单管系统　　　　图 3-17　加三通温控阀垂直单管系统

（二）水平式采暖系统

水平式采暖系统就是同一层的几户共享一根立管，共享户数由设计决定。在这种情况下，立管可布置在建筑物中央并保温，以便所有的楼层都可以得到相同的供水温度。通向散热器的管道靠墙水平布置或埋入地板中，可以每户一个系统或几户一个系统。当采用双管系统时，计量各个住户散热器的水流量成为可能，且使每一楼层所供压差保持恒定。

1. 双—单管系统

如图 3-18（a）所示，双—单管系统户内散热器组全部为下进下出水平串联连接，散热器上不设温控阀。住宅建筑采用水平串联系统与采用垂直单管系统相比，工程造价降低，而且没有影响室内美观和引起上下层互相干扰的立管。该采暖系统形式施工快捷、方便，但无法对每个房间单独调节温度，因而不必要在每组散热器上都加装温控阀。

2. 双—单管跨越系统

如图 3-18（c）所示，散热器组全部为上进下出水平串联连接，该方式增设与散热器相对应的温控阀及跨越管，控制进入散热器的最大流量为循环流量的 30%，可以实现每个房间内温度的自动调节。该方式适用于住宅面积中小、房间分隔较少、

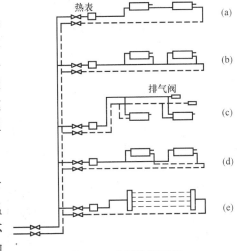

图 3-18　水平单管系统

对室温调节控制要求不高的场合，相对双—双管系统，是一种室内采暖系统热计量与控制的廉价解决方案。

3. 双—双管上供上回系统

双—双管上供上回系统内散热器组全部为水平并联连接，各循环环路长度皆相同，将回水干管敷设在本层顶板下，每组散热器装温控阀，室内温度调节灵活，热舒适性好。设计和施工相对容易，造价也低，但管道明装，影响居室美观，给室内装修带来困难。这种方式适合于住宅面积大，房间分隔多的场合。

4. 双—双管下供下回系统

散热器布置与双—双管上供上回系统相同，只不过将供、回水干管同程式敷设在该层地面附近或埋入地面内，室内散热器管路的布置比较简洁，有利于室内装修及家具布置，但增

加了施工难度。

双—双管系统与双—单管系统相比，实现各组散热器温控阀的独立设定，因而室温调节控制灵活，热舒适性好，在条件允许时应作为户型计量室内采暖系统的优选方案。另外，由于系统中引入了阻力较大的温控阀，提高了系统水力稳定性，即使楼层数较高，也可以忽略传统双管系统中重力压头所带来的影响。

双管系统的缺点在于通往散热器的管路敷设上，沿墙靠天花板或地板水平布置管路既不美观，又不卫生，沿地板布置在通过门时还会带来一些问题。将管路布置在地板中要求建造地板分两步完成，首先铺设一层承力部分，然后将管路铺在上面，在管路进行压力试验后再在上面铺设一层砂浆并抹平。埋入的管路应该保温并具有建筑同样的寿命而无需更换。单管和双管系统都可以采用这种敷设方法。中央布置立管的水平式系统在新建建筑时有很多优点，当然也可在现有建筑物中使用。

双管式系统在国外有些国家已经应用得非常广泛，而国内多为单管串联式系统。由于该系统形式的限制，在散热器处几乎没有调节手段；在热源处，由于缺乏必要的控制装置，一般多采用集中的质调节方法，特别在间接连接的系统中，二次水采用集中质调节，使系统的运行调节最简单、方便。但集中质调节不能完全满足各种运行工况的要求，而且质调节耗电多，不利于节能，特别是大的供热系统尤其突出。在以往的供热系统中，一般采用多泵并联的方式来实现运行调节中变流量的要求，但这种方法调节范围小，耗电大，并不很理想。所以，在这方面我国还有很大的发展空间。

上面介绍的都是适合分户计量的室内供热系统。对于室外的供热系统，我国传统的室外供热系统多采用集中式热力站，有时一个小区只设一个热力站，小区热力站的规模从 5~40 万 m² 不等。以往供热系统为定流量系统，若各用户间流量分配变化不大，采用这种系统是适合的。但对于变流量系统，当用户流量变化很大时，虽然用户间相互干扰可以通过入口加差压控制器消除，同时还可通过对主循环泵的调速，控制最远端用户差维持不变，但泵的工作点将在很大范围内变化，致使泵的效率大为降低，而且随着管网的扩大，这一缺点更加突出。在集中供热发达的北欧，多采用建筑入口设小型组装式热力站的形式。两种方式孰优孰劣，实际上是一个确定热力站合理规模的问题。特别是对有热计量的变流量系统，采用哪一种更合理，对供热设计方案的确定具有重要意义。

六、热价的确定

热是一种商品，其价值要由价格来体现。现行的供热价格大多按供热面积核算定价，没有反映热的特殊性，不能体现热的商品性。因此，应对传统的计量收费方式进行改革。热价不仅仅是一个技术问题，还涉及到许多社会问题和政策问题。确定合理的热价和实用的收费方法，使其充分体现热的特殊性和商品性，是制约我国供热事业健康发展的重要因素，也是有待探讨的问题。

（一）热的特殊性

首先，热的传递是连续的，在多层建筑中，各住户在使用热时并不是独立的，而是相互联系的。实行计量收费，热就变成一种商品，用户有买与不买、买多与买少的自由选择，而且有了实现这种选择的手段。实行计量收费的初衷是为了节能，是在更好地满足热舒度的前提下为节能提供技术措施，充分体现热的商品性和需求的个性化，使之适应市场经济的需要。因此，允许各户独立调控用热量和室温，这必将存在各住户间的热传递。

其次，热的消耗量与边界条件密切相关。在多层建筑中，相同户型和相同建筑面积的住户，由于所处的楼层朝向、位置的不同，其围护结构情况及表面积不同，房间耗热量将有明显差异。处于顶层、底层、建筑物端头和朝向差的供热不利户，其房间耗热量较大，而处于中间层、中单元和朝向好的供热有利户，其房间耗热量较小。维持相同的室内采暖设计温度，供热不利户比供热有利户要消耗的热量多，其费用可能要高出一倍左右。单就热计量仪表数值来确定热费是不合理的。它将极大地挫伤用户的用热积极性，也不利于建筑物的正常使用和用户的节能行为，还将影响集中供热分户计量供热方式的推广实施。

（二）热价的组成

供热价格一般包括热源厂的售价和热力公司的售价。热价在我国不仅仅是个技术经济问题，它涉及面很广。能否确定合理的热价，是制约供热事业发展的重要环节。

热价的确定，也就是供热的投资和成本计算，包括锅炉煤耗，水泵电耗，软化水的药、水耗，供热人员的工资收入，设备的投资、折旧等很多项目，还要考虑一次换热、二次换热乃至三次换热品质定价问题，不同供热模式及燃料种类对热价的影响等。热费计价办法应分为固定开支和浮动开支。

固定开支为容量热费，与能源产量没有直接的比例关系，即在完全没有生产的情况下也必须付出的费用，主要由用于热网正常运行的固定资产投资和供热企业管理费用等组成，如土地使用、设备投资、维修管理、职工工资等。这些固定开支提供了用户相应的使用功能，并不会因为使用或停用、用得多少而变化。这部分投资应当按照用户所占建筑面积均分或是在房价上集中体现出来。

浮动开支为热量热费，是随能源的产量而变化的部分，即能源产量越多，浮动开支越大，如燃料消耗、运行耗电、系统用水、废料处理、职工加班费等。这部分费用需按照各用户通过热量表计量的实际用热量进行分配。住宅楼的公共建筑部分的能耗费用应由用户共同承担，而这部分能耗约占单体建筑能耗总量的 20%～30%。每个住户都可以通过墙壁从相邻住户得到热量，这意味着居住在已供热的楼房内而不用热的住户，也需要交纳一定的热费，作为对周围住户的补偿。

（三）制定热价应考虑的因素

（1）热价是市场经济的产物，也是制约供热企业盈亏的砝码。科学合理地制定热价可以保证供热企业正常生产，正常进行积累，正常地扩大再生产，积累资金，进入良性循环状态。

（2）集中供热在环保、生态、劳力和地理资源方面都优于分散供热，其价格一般略低于分散小锅炉供热的价格。可根据实际情况一般控制在 5%～10% 之间，这样可以鼓励热用户的积极性，有利于集中供热事业发展。

（3）定价要符合经济发展规律，热价是关系到供用双方经济利益的关键，价格随价值合理波动是经济规律的客观要求。随着我国市场经济运行机制的建立，生产资料价格的放开，特别是与供热企业成本价格休戚相关的水、煤、电等一次能源生产资料及价格的放开，必然要对供热成本产生直接的影响。因此应实行浮动热价，每年应对企业的成本和热价进行一次核查，当供热企业的成本和利润率因外部原因造成较先进、具有代表性的供热企业的利润率低于 5%，就应对热价进行相应的调整。供热价格随供热成本的变动而变动，使热价能够体现出社会主义市场经济运行机制下的经济规律和价值规律。

（4）有利于节能的原则。热价不宜过低，防止"热贱伤业"。另外，热价又不宜过高，防止"热贵伤民"。对电厂来说，不小于凝汽利益；对热力公司来说，比自己经营区域锅炉房应有所得；对用户来说，不管在经济上和环境上都有好处。只有调动了各方面的积极性，才能促进能源的节约。

（5）定价要坚持因地制宜的原则。我国的集中供热遍布"三北"（西北、东北、华北），分布面广，纬度差异大，各地的热源、燃烧材料、工资及费用标准和居民住宅热耗指标不尽相同。因此，国家不可能制定和执行统一的供热价格，由各地根据实际情况，参照供热行业先进的热力输配成本水平来核定热价是比较现实的办法。

另外，还要考虑热源不同、规模不同、室内采暖形式不同和房屋位置不同的影响，对热价进行一定的修正。

供热系统的调节与运行

第四章

第一节　供热系统调节概述

热水供热系统的热用户，主要有供热、通风、热水供应和生产工艺用热系统等。这些用热系统的热负荷并不是恒定的，如供热通风热负荷随室外气象条件（主要是室外气温）而变化，热水供应和生产工艺随使用条件等因素不断地变化。在城市集中热水供热系统中，供热热负荷是系统最主要的热负荷，甚至是唯一的热负荷，因此，在供热系统中，通常以供热热负荷随室外温度的变化规律，作为供热调节的依据。

供热（暖）调节的目的，在于使供热用户的散热设备的放热量与用户热负荷的变化规律相适应，防止供热热用户出现室温过高或过低的情形。对于集中供热调节而言，主要为各二级换热点所需热能进行合理匹配，以防止各二级换热站出现热力失调和水力失调现象。

调节分为对系统的初调节和对系统的运行调节两种。

热水供热系统的初调节分为室外和室内两部分。首先通过调节各用户入口处和网路上的阀门，使热水网路的水力工况满足各用户的要求，然后再对室内系统的各立管和主管进行调节。引入口或热力站通常都装有检测仪表，所以室外网路的初调节可以根据热水的温度和流量或压差进行调节，而室内系统的初调节通常只能依靠临时观测各房间室温来进行调节。

初调节完毕后，热水供热系统还应根据室外气象条件的变化进行调节，称为运行调节——供热调节。根据供热调节地点不同，供热调节可分为集中调节、局部调节和个体调节三种调节方式。集中调节是在热源处进行调节，局部调节是在热力站或用户入口处调节，而个体调节直接在散热设备（如散热器、暖风机、换热器等）处进行调节。

集中供热调节容易实施，运行管理方便，是最主要的供热调节方法。但即使对只有单一供热负荷的供热系统，也往往需要对个别热力站或用户进行局部调节，调整用户的用热量。对有多种热负荷的热水供热系统，通常根据供热热负荷进行集中供热调节，而对于其他热负荷（如热水供应、通风等热负荷），由于其变化规律不同于供热热负荷，需要在热力站或用户处配以局部调节，以满足要求。对多种热用户的供热调节，通常也称为供热综合调节。

集中供热调节的方法主要有以下几种：

（1）质调节：供热系统的流量不变，只改变系统的供水温度。

（2）分阶段改变流量的质调节：在采暖期间不同的时间段，采用不同的流量并改变系统的供、回水温度。

（3）间歇调节：在采暖初末期（室外温度较高时），系统采用一定的流量和供、回水温度，通过改变每天的供热时数进行调节。

（4）质量—流量调节：根据供热系统的热负荷变化情况调节系统的循环水量，同时改变系统的供、回水温度，如变频调节技术。

（5）热量调节：采用热量计量装置，根据系统的热负荷变化直接对热源的供热量进行调节控制，即热量计量调节法。

就目前我国供热现状而言，完全采用热量计量调节法实现量化管理模式还有一定困难，一是对这种管理模式，消费者还需要一个认识和接受过程，同时管理人员的技术水平有待进一步提高，必须进行专门的岗位技术培训才能实现规范化管理；二是热量计量仪表还需要不断完善，目前还处于发展过渡阶段，关键技术尚待改进提高，如大面积推广使用，生产企业还需要树立品牌形象，同时通过广泛宣传，使用户更多地了解认识节能的好处和意义；三是国家还需要制定切实可行的相关政策。

第二节　集中供热系统供热调节原理及方法

集中供热调节是最主要的供热调节，其方法简单，易于实施，另外，运行管理方便。对于包括多种热负荷用户的热水供热系统，因为供热热负荷通常是系统最主要的热负荷，进行供热调节时可按照供热热负荷随室温的变化规律在热源处对整个系统进行集中调节，使供热用户散热设备的散热量与供热用户热负荷的变化规律相适应。其他热负荷用户（如热水供应、通风等热负荷用户），因其变化规律不同于供热热负荷，需要在热力站或用户处进行局部调节以满足其需要。

集中供热调节的方法主要有：

(1) 质调节：只改变网路供水温度，不改变流量的调节方法。

(2) 分阶段改变流量的质调节。

(3) 间歇调节：改变每天供热时间的调节方法。

一、供热调节的基本原理

进行供热热负荷供热调节的目的就是维持供热房间的室内计算温度的稳定。

（一）在供热室外计算温度 t'_w 下，建筑物供热设计热负荷 Q'_1 的计算

建筑物供热设计热负荷 Q'_1 为

$$Q'_1 = q'V(t_{js} - t'_w) \qquad (4-1)$$

式中　q'——建筑物的供热体积热指标，W/ (m³ · ℃)；

　　　V——建筑物的外围体积，m³；

　　　t_{js}——供热室内计算温度，℃。

（二）在供热室外计算温度 t'_w 下，散热器向建筑物供应的热量 Q'_2 的计算

散热器向建筑物供应的热量 Q'_2 为

$$Q'_2 = K'A(t'_{pj} - t_{js}) \qquad (4-2)$$

式中　K'——散热器在设计工况下的传热系数，W/ (m² · ℃)；

　　　t'_{pj}——散热器内的热媒平均温度，℃；

　　　A——散热器的散热面积，m²。

散热器的传热系数为

$$K' = a(t'_{pj} - t_{js})^b \qquad (4-3)$$

式中　a——与散热器有关的系数；

　　　b——与散热器有关的指数，由散热器的型式决定。

供热系统中各供热用户选用散热器的型式可能不同，通常多选用柱型和 M-132 型铸铁散热器，查附表 24，可取 $b=0.3$。

对于整个供热系统，可近似认为

$$t'_{pj} = \frac{t'_g + t'_h}{2}$$

式中　t'_g——进入供热热用户的供水温度，℃；

　　　t'_h——供热热用户的回水温度，℃。

因此，将以上两式代入式（4-2），可得

$$Q'_2 = aA \left(\frac{t'_g + t'_h}{2} - t_{js} \right)^{1+b} \tag{4-4}$$

（三）在供热室外计算温度 t'_w 下，室外热水网路向供热热用户输送的热量 Q'_3

室外热水网路向供热热用户输送的热量 Q'_3 为

$$Q'_3 = \frac{G'c(t'_g - t'_h)}{3600} \tag{4-5}$$

式中　G'——供热热用户的循环水量，kg/h；

　　　c——热水的比热容，$c=4.187$kJ/（kg·℃）。

设室外管网供水温度为 τ'_g，回水温度为 τ'_h。当供热用户与外网采用无混水装置的直接连接，则外网供水温度 τ'_g 等于进入用户系统的供水温度 t'_g，即 $\tau'_g = t'_g$；如果供热用户与外网采用射水喷射器的直接连接，则外网供水温度 τ'_g 大于进入用户系统的供水温度 t'_g，即 $\tau'_g > t'_g$。无论供热用户与外网采用何种直接连接方式，外网回水温度与供热系统的回水温度均相等，即 $\tau'_h = t'_h$。

为了表述方便，公式中的参数均表示在供热室外计算温度 t'_w 下的参数，因各城市的供热室外计算温度是定值，所以上述各参数也是不变量，均用带 "$'$" 的符号表示。

（四）实际运行的热平衡方程式

热水网路在稳定状态下运行时，忽略管网沿途的热损失，可以认为网路的供热量 Q'_3 等于供热用户系统散热设备的散热量 Q'_2，也等于供热热用户的热负荷 Q'_1，即

$$Q'_1 = Q'_2 = Q'_3 \tag{4-6}$$

根据热平衡基本原理，在实际的某一室外温度 t_w（$t_w > t'_w$）下，保证室内计算温度 t_{js} 不变，对应的热平衡方程式为

$$Q_1 = qV(t_{js} - t_w) \tag{4-7}$$

$$Q_2 = aA \left(\frac{t_g + t_h}{2} - t_{js} \right)^{1+b} \tag{4-8}$$

$$Q_3 = 1.63G(t_g - t_h) \tag{4-9}$$

$$Q_1 = Q_2 = Q_3 \tag{4-10}$$

供热系统调节时，将实际室外温度 t_w 条件下热负荷与供热室外计算温度 t'_w 条件下热负荷之比，称为相对供热热负荷 $\overline{Q}$，即

$$\overline{Q} = \frac{Q_1}{Q'_1} = \frac{Q_2}{Q'_2} = \frac{Q_3}{Q'_3} \tag{4-11}$$

将实际室外温度 t_w 条件下系统流量与供热室外计算温度 t'_w 条件下系统流量之比，称为相对流量比 $\overline{G}$，即

$$\overline{G} = \frac{G}{G'} \tag{4-12}$$

（五）供热条件基本公式

根据建筑围护结构的换热基本原理，忽略由于室外风速、风向的变化，特别是太阳辐射热变化的影响，Q'_1 并非完全取决于室内外温差，建筑物的体积热指标 q' 不应是定值，但为了简化计算，可忽略 q' 的变化，认为供热热负荷与室内外温差成正比，即

$$\overline{Q} = \frac{Q_1}{Q'_1} = \frac{t_{js} - t_w}{t_{js} - t'_w} \tag{4-13}$$

另外，假定供热系统设计的散热器面积与实际所需散热器面积相同，则式（4-13）可写为

$$\overline{Q} = \frac{(t_g + t_h - 2t_{js})^{1+b}}{(t'_g + t'_h - 2t_{js})^{1+b}} = \overline{G}\,\frac{t_g - t_h}{t'_g - t'_h} \tag{4-14}$$

式（4-14）是进行供热热负荷供热调节的基本公式。式中的分母项，有的表示供热室外计算温度 t'_w 条件下的参数，有的是设计工况参数，但是均为已知参数。分子项为在某一室外温度下，保持室内温度 t_{js} 不变时的运行参数。分子项中有四个未知数 t_{js}、t_h、$\overline{Q}$（Q）和 $\overline{G}$（G）。但是，式（4-14）只能列出三个联立方程，因此必须再有一个补充条件，才能解出这四个未知数。其补充条件，要靠已经选定的调节方法给出。

二、直接连接热水供热系统的集中供热调节

（一）质调节

热水供热系统的质调节是在网路循环流量不变，即 $\overline{G}=1$ 的条件下，随着室外空气温度的变化，只改变供、回水温度的调节方式。

1. 无混合装置连接

无混合装置直接连接的热水供热系统，将质调节的条件循环流量不变，即 $\overline{G}=1$ 代入式（4-14）中，可求出某一室外温度 t_w 下，热水供热系统供、回水温度为

$$\tau_g = t_g = t_{js} + 0.5(t'_g + t'_h - 2t_{js})\overline{Q}^{\frac{1}{1+b}} + 0.5(t'_g - t'_h)\overline{Q} \tag{4-15}$$

$$\tau_h = t_h = t_{js} + 0.5(t'_g + t'_h - 2t_{js})\overline{Q}^{\frac{1}{1+b}} - 0.5(t'_g - t'_h)\overline{Q} \tag{4-16}$$

式中　τ_g、τ_h——某一室外温度 t_w 条件下，供热管网的供、回水温度，℃；

　　　t_g、t_h——某一室外温度 t_w 条件下，进入供热用户的供、回水温度，℃；

　　　t'_g、t'_h——供热室外计算温度 t'_w 条件下，进入供热用户的设计供、回水温度，℃；

　　　t_{js}——供热室内计算温度，℃；

　　　$\overline{Q}$——相对热负荷比。

由式（4-15）和式（4-16）可知，只要确定一个室外温度，即可计算出供热系统的供、回水温度。当供热系统能够按照供、回水温度值稳定连续运行，则供热热负荷或供热量便能达到要求，因而热用户室内温度也能达到设计值。

2. 带混合装置连接

带混合装置直接连接的热水供热系统，外网的供水温度 τ_g 大于用户的实际供水温度 t_g，外网的回水温度 τ_h 等于用户的回水温度 t_h。由式（4-15）即可求出供热用户的实际供水温度 t_g。

网路的供水温度 τ_g，可根据混合比 μ 求出如图 4-1 所示的混合比

$$\mu = \frac{G_h}{G_0} \tag{4-17}$$

式中　G_0——某一室外温度 t_w 下，外网进入供热系统的流量，
　　　　　　kg/h；

　　　G_h——某一室外温度 t_w 下，从供热系统抽引的回水量，
　　　　　　kg/h。

如图 4-1 所示，在供热室外计算温度 t'_w 下，热平衡方程
式为

$$cG'_0\tau'_g + cG'_h t'_h = c(G'_0 + G'_h)t'_g \qquad (4-18)$$

式中　c——水的比热容，kJ/（kg·℃）；

　　　τ'_g——采暖室外计算温度 t'_w 下，网路的设计供水
　　　　　　温度，℃。

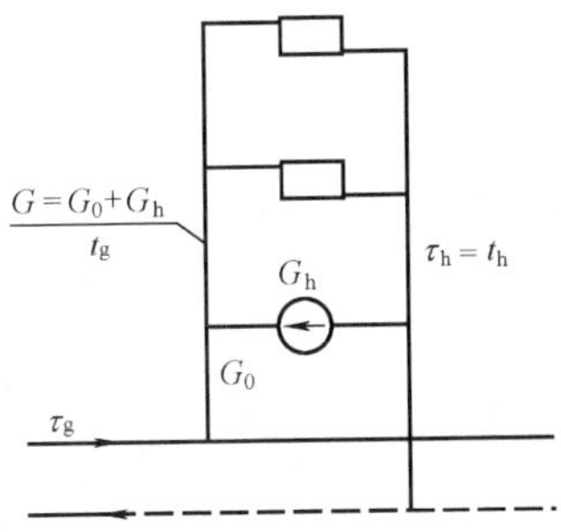

图 4-1　带混合装置直接连接

则供热室外计算温度 t'_w 下的混合比为

$$\mu' = \frac{\tau'_g - t'_g}{t'_g - t'_h} \qquad (4-19)$$

当供热用户的特性阻力系数 S_p 值不变，网路的流量分配比例将不改变，任一室外温度
t_w 下的混合比均相同，即

$$\mu = \mu' = \frac{\tau_g - t_g}{t_g - t_h} = \frac{\tau'_g - t'_g}{t'_g - t'_h} \qquad (4-20)$$

则外网供水温度为

$$\tau_g = t_g + \mu(t_g - t_h) \qquad (4-21)$$

由于　　　　　　　　　　　　$\overline{Q} = \dfrac{t_g - t_h}{t'_g - t'_h}$

故　　　　　　　　　　　　$\tau_g = t_g + \mu\overline{Q}(t'_g - t'_h) \qquad (4-22)$

式（4-22）表示在热源处进行质调节时，网路供水温度 τ_g 随某一室外温度 t_w 变化的
关系。

将式（4-15）和式（4-20）代入式（4-22），可得带混合装置直接连接的热水供热系统在
某一室外温度 t_w 下网路的供、回水温度，即

$$\tau_g = t_{js} + 0.5(t'_g + t'_h - 2t_{js})\overline{Q}^{1/(1+b)} + \overline{Q}[\tau'_g - t'_g + 0.5(t'_g - t'_h)] \qquad (4-23)$$

$$\tau_h = t_h = t_{js} + 0.5(t'_g + t'_h - 2t_{js})\overline{Q}^{1/(1+b)} - 0.5(t'_g - t'_h)\overline{Q} \qquad (4-24)$$

根据以上各式可以绘制热水供热系统质调节的水温曲线或图表，供运行调节时使用。图
4-2 为供热热负荷进行供热质调节的水温调节曲线图。

集中质调节是目前最为广泛采用的供热调节方式。这种调节方式，网路水力工况稳定，
运行管理简便。采用这种调节方法，通常可达到预期效果。但是，由于在整个供热系统中，
网路循环水量总保持不变，消耗电能较多。同时，对于有多种热负荷的热水供热系统，在室
外温度较高时，如仍按质量调节供热，往往难以满足其他热负荷的要求。例如，对连接有热
水供应用户的网路，供水温度就不应低于 70℃。热水网路中连接通风用户系统时，如网路
供水温度过低，在实际运行中，通风系统的送风温度也过低，这样会产生吹冷风的不舒适
感。在这种条件下，就不能再按质调节方式，而应采用其他调节方式进行供热调节了。

（二）流量调节

当室外温度升高，引起室内温度波动时，保持系统的供水温度不变，调节系统的循环水

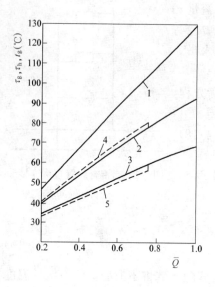

图 4-2　供热热负荷进行供热
质调节的水温调节曲线图

1—130℃/95℃/70℃热水供热系统，网路供水
温度 τ_g 曲线；2—130℃/95℃/70℃的系统，混
水后的供水温度 t_g 曲线，或 95℃/70℃的系统，
网路和用户的供水温度；3—130℃/95℃/70℃
和 95℃/70℃的系统，网路和用户的回水温度，
$\tau_g = t_g$ 曲线；4、5—95℃/70℃的系统，按分阶
段改变流量的质调节的供水温度（曲线 4）和
回水温度（曲线 5）

量，来保持室内温度不变的方法，称为流量调节。进行集中流量调节时，在热源处随室外温度 t_w 的变化，不断改变网路循环水量，但网路的供水温度保持不变。对应式（4-1）的基本公式来说，即令补充条件为 $t_g = t'_g$，联立求解，可得出某一室外温度 t_w 下的 $\overline{Q}$（Q）、$\overline{G}$（G）和回水温度 t_h 的值。

$$t_h = 2t_{js} + (t'_g + t'_h - 2t_{js}) \overline{Q}^{\frac{1}{1+b}} - t'_g \quad (4\text{-}25)$$

$$\overline{G} = \frac{t'_g - t'_h}{t_g - t_h} \overline{Q} \quad (4\text{-}26)$$

对比质调节，采用流量调节时，随室外温度的升高，网路水流量迅速地减小，容易导致供热系统产生严重的竖向热力失调；采用流量调节时，由于循环水流量减少，所以可节约水泵所消耗的电能，也可节约加热燃料。但在实际运行时，要做到随着室外温度的变化而不断改变系统的循环水量，在管理上是很困难的。因此，这种集中流量调节方法，目前采用较少，仅是作为集中质调节的一种辅助方式。

（三）分阶段改变流量的质调节

分阶段改变流量的质调节，是在整个供热期中按室外气温的高低分成几个阶段，在室外气温较低的阶段中，保持较大的流量；在室外气温较高阶段中，保持较小流量。在每一个阶段内，维持网路循环水量不变，按改变网路供水温度的质调节进行供热调节。

分阶段改变流量的质调节在每一个阶段中，由于网路循环水量不变，可以设 $\overline{G} = \varphi =$ 常数，将此条件代入供热调节基本公式（4-14）中，可得：

1. 无混合装置的供热系统

$$\tau_g = t_g = t_{js} + 0.5(t'_g + t'_h - 2t_{js}) \overline{Q}^{1/(1+b)} + 0.5 \frac{t'_g - t'_h}{\varphi} \overline{Q} \quad (4\text{-}27)$$

$$\tau_h = t_h = t_{js} + 0.5(t'_g + t'_h - 2t_{js}) \overline{Q}^{1/(1+b)} - 0.5 \frac{t'_g - t'_h}{\varphi} \overline{Q} \quad (4\text{-}28)$$

2. 带混合装置的供热系统

$$\tau_g = t_{js} + 0.5(t'_g + t'_h - 2t_{js}) \overline{Q}^{1/(1+b)} - \frac{\overline{Q}}{\varphi} [(\tau'_g - t'_g) + 0.5(t'_g - t'_h)] \quad (4\text{-}29)$$

$$\tau_h = t_h = t_{js} + 0.5(t'_g + t'_h - 2t_{js}) \overline{Q}^{1/(1+b)} - 0.5 \frac{(t'_g - t'_h)}{\varphi} \overline{Q} \quad (4\text{-}30)$$

对于中小型或供热期较短的热水供热系统，通常分为两个阶段选用两台不同型号的循环水泵，其中一台循环水泵的流量按设计值的 100% 选择，另一台按设计值的 70%～80% 选择。

对于大型热水供热系统，可选用三台不同规格的水泵，循环水泵流量可按计算值的100%、75%和50%选择。

对于直接连接的供热用户系统，调节时应注意不要使进入系统的流量小于设计流量的60%，即

$$\varphi = \overline{G} \geqslant 60\%$$

若流量过少，对于双管供热系统，由于各层自然循环作用压力的比例差增大会引起用户系统的垂直失调；对单管供热系统，由于各层散热器传热系数 K 变化程度不一致，也同样会引起垂直失调。

分阶段改变流量的质调节方式的水温调节曲线参见图 4-2。采用分阶段改变流量的质调节，由于流量减少，网路的供水温度升高，回水温度降低，供、回水的温差会增大。分阶段改变流量的质调节在区域锅炉房热水供热系统中应用较为广泛。

（四）间歇调节

在供热季节里，当室外温度升高时，不改变网路的循环水量和供水温度，只减少每天供热小时数的调节方式称为间歇调节。间歇调节不同于目前国内广泛适应的间歇采暖。间歇采暖是指在设计工况下（即在最冷的日子里）每天只供热若干小时。而间歇调节是指在设计工况下为连续采暖，仅在室外温度升高时才减少供热时数。

网路每天工作的总时数 n 随室外温度的升高而减少，间歇运行时每天工作的小时数为

$$n = 24 \frac{t_{js} - t_w}{t_{js} - t''_w} \tag{4-31}$$

式中　t_w——间歇运行时的某一室外温度，℃；

t''_w——开始间歇调节时的室外温度，即网路保持最低供水温度时的室外温度，℃。

当采用间歇调节时，为使网路远端和近端的热用户通过热媒的小时数接近，在生产热量的热设备停止工作后，网路循环水泵应继续运转一段时间，以使得网路远端和近端的热用户流过热媒的小时数接近。其运转时间应相当于热媒从离热源最近的热用户流到最远热用户的时间。

间歇调节可以在室外温度较高的供热初期和末期，作为一种辅助的调节措施。

三、间接连接热水供热系统的集中供热调节

室外热水网路和供热用户采用间接连接时，随室外温度 t_w 的变化，应同时对热水网路和供热用户进行供热调节，可以对供热用户按质调节的方式进行供热调节，以保证供热用户系统水力工况的稳定。供热用户质调节时的供、回水温度 t_g、t_h 可依据式（4-15）和式（4-16）确定。

如图 4-3 所示，热水网路进行供热调节时，热水网路的供、回水温度 τ_g 和 τ_h 取决于一级网路采用的调节方式和水—水换热器的热力特性，一般主要采用集中质调节和质量—流量的调节方法。

（一）热水网路采用质调节

当热水网路进行质调节时，加入补充条件 $\overline{G}_w = 1$。

根据网路供给热量的热平衡方程式，可得

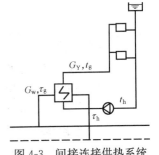

图 4-3　间接连接供热系统
与热水网路的连接

$$\overline{Q}_w = \overline{G}_w \frac{\tau_g - \tau_h}{\tau'_g - \tau'_h} = \frac{\tau_g - \tau_h}{\tau'_g - \tau'_h} \tag{4-32}$$

根据用户系统入口水—水换热器放热的热平衡方程式，可得

$$\overline{Q} = \overline{K} \frac{\Delta t}{\Delta t'} \tag{4-33}$$

$$\Delta t' = \frac{(\tau'_g - t'_g) - (\tau'_h - t'_h)}{\ln \dfrac{\tau'_g - t'_g}{\tau'_h - t'_h}} \tag{4-34}$$

$$\Delta t = \frac{(\tau_g - t_g) - (\tau_h - t_h)}{\ln \dfrac{\tau_g - t_g}{\tau_h - t_h}} \tag{4-35}$$

式中　$\overline{Q}$——在室外温度 t_w 时相对热负荷比；

τ'_g、τ'_h——在室外温度 t'_w 条件下，网路的供、回水温度，℃；

τ_g、τ_h——在室外温度 t_w 条件下，网路的供、回水温度，℃；

$\overline{K}$——水—水换热器的相对传热系数比，即在某一室外温度 t_w 条件下，水—水换热器的传热系数 K 值与供热室外计算温度条件下的传热系数 K' 的比值；

$\Delta t'$——在供热室外计算温度 t'_w 条件下，水—水换热器的对数平均温差，℃；

Δt——在室外温度 t_w 条件下，水—水换热器的对数平均温差，℃。

水—水换热器的相对传热系数 $\overline{K}$ 值，取决于选用的水—水换热器的传热特性，可由实验数据整理确定。对壳管式水—水换热器，$\overline{K}$ 值可近似地由式（4-36）计算，即

$$\overline{K} = \overline{G}_w^{0.5} \overline{G}_Y^{0.5} \tag{4-36}$$

式中　$\overline{G}_w$——水—水换热器中加热介质的相对流量比，此处也就是热水网路的相对流量比；

$\overline{G}_Y$——水—水换热器中被加热介质的相对流量比，此处也就是供热用户系统的相对流量比。

当热水网路和供热用户系统均采用质调节，即 $\overline{G}_w=1$，$\overline{G}_Y=1$ 时，可近似认为两工况下水—水换热器的传热系数相等，即

$$\overline{K} = 1 \tag{4-37}$$

由以上分析，可得热水网路供热质调节的基本公式为

$$\overline{Q}_w = \frac{\tau_g - \tau_h}{\tau'_g - \tau'_h} = \frac{t_g - t_h}{t'_g - t'_h} \tag{4-38}$$

$$\overline{Q} = \frac{(\tau_g - t_g) - (\tau_h - t_h)}{\Delta t' \ln \dfrac{\tau_g - t_g}{\tau_h - t_h}} \tag{4-39}$$

式（4-38）和式（4-39）中的 $\overline{Q}$、$\Delta t'$、τ'_g 和 τ'_h 是供热室外计算温度 t'_w 条件下的值，为已知值。t_g 和 t_h 值是在某一室外温度 t_w 下的数值，可通过供热系统质调节计算公式计算得出。未知参数仅为 τ_g 和 τ_h，可以通过联立方程，确定热水网路调节时的网路供、回水温度 τ_g、τ_h 值。

（二）热水网路采用质量—流量调节

由于供热用户系统与热水网路间接连接，用户和网路的水力工况互不影响。室外热水网路可考虑采用同时改变供水温度和流量的供热调节方法，即质量—流量调节。质量—流量调

节方法是调节流量随供热热负荷的变化而变化，使热水网路的相对流量比等于供热的相对热负荷比，也就是人为增加了一个补充条件进行供热调节，即

$$\overline{G}_w = \overline{Q} \tag{4-40}$$

同样，根据网路和水—水换热器供热和放热的热平衡方程式，可得

$$\overline{Q}_w = \overline{G}_w \frac{\tau_g - \tau_h}{\tau'_g - \tau'_h}$$

$$\overline{Q} = \overline{K} \frac{\Delta t}{\Delta t'}$$

根据相对传热系数比 $\overline{K} = \overline{G}_w^{0.5} \overline{G}_Y^{0.5} = \overline{Q}^{0.5}$

可得

$$\tau_g - \tau_h = \tau'_g - \tau'_h = C \tag{4-41}$$

$$\overline{Q}^{0.5} = \frac{(\tau_g - t_g) - (\tau_h - t_h)}{\Delta t' \ln \frac{\tau_g - t_g}{\tau_h - t_h}} \tag{4-42}$$

以上两式中，$\overline{Q}$、$\Delta t'$、τ'_g 和 τ'_h 为某一室外温度 t_w 下或供热室外计算温度 t'_w 下的参数，是已知值。t_g 和 t_h 可根据供热系统质调节计算公式进行确定。未知数为 τ_g 和 τ_h，通过联立方程求解，即可确定热水网路按 $\overline{G}_w = \overline{Q}$ 规律进行质量—流量调节时的相应供、回水温度 τ_g、τ_h 值。

采用质量—流量调节方法，室外网路的流量随供热热负荷的减少而减少，可大大节省循环水泵的电能消耗。但是，系统中应设置变速循环水泵和其相应的自控设施（如控制网路供、回水温差为定值或控制变速水泵的转速等措施），才能达到满意的运行效果。

这种调节方式综合了质调节和流量调节的优点，因此运行稳定，具有节省电能、燃料等优点，被广泛采用，也可用在间接连接在供热系统上。

四、最佳调节工况

前面分析热水供热系统的供热调节，是把建筑物看成一个整体的供热对象以维持建筑物内的温度与设计值一致，而没有要求建筑物内每一个房间的温度都能符合设计值。

要达到这一要求，必须使各房间散热器的放热量比 $\overline{q}$ 与建筑物的相对热量比 $\overline{Q}$ 相等，即

$$\overline{Q} = \overline{q} = \overline{q}_1 = \overline{q}_2 = \cdots = \frac{t_{js} - t_w}{t_{js} - t'_w} \tag{4-43}$$

式中　$\overline{q}$、$\overline{q}_1$、$\overline{q}_2\cdots$——每一房间的相对放热量，即在某一室外温度下房间的热负荷与该房间在供热室外计算温度下的热负荷之比。

供热调节时，热媒和流量参数能够满足式（4-43）的调节工况就是最佳调节工况。如果供热调节时的热媒和流量参数偏离最佳调节工况，各个房间的室内温度就不可能保持一致，系统将产生热力失调。同一层楼各房间内温度不同（假设设计工况下各房间温度相同）的现象称为水平热力失调。水平热力失调主要是由于各立管环路之间水力失调引起的。隔层楼房间的散热器放热量不按相同比例变化的现象称为竖向热力失调。竖向热力失调除了由于水力失调引起的原因外，还取决于采暖系统的形式。单管和双管系统形式不同，产生竖向失调的内在原因也不相同。

（一）双管热水采暖系统的最佳调节工况

在双管自然循环热水采暖系统中，由于系统本身具有各层散热器的作用压差按相同比例变化的特性，所以通过各层散热器的流量也按此比例变化，系统不会产生竖向热力失调，满足最佳调节工况。

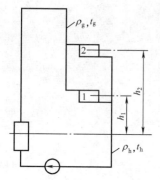

对于机械循环双管热水采暖系统，通过各层散热器的循环环路的总作用压差等于重力循环作用压差与循环水泵产生的机械循环作用压差之和。图4-4为双管取暖系统示意图，由上面的分析可知

$$\bar{q}_1 = \bar{G}_1 = \frac{t_g - t_h}{t'_g - t'_h} \qquad \bar{q}_2 = \bar{G}_2 = \frac{t_g - t_h}{t'_g - t'_h} \qquad (4\text{-}44)$$

图 4-4　双管取暖系统

式中　$\bar{G}_1$、$\bar{G}_2$——散热器 1、2 的相对流量比，即在某一室外温度下（运行工况）进入散热器 1、2 的流量与在供热室外计算温度下运行工况流量的比。

在设计工况下，通过散热器 1 与 2 环路的总作用压差为

$$\Delta p'_1 = \Delta p'_{b1} + \Delta p'_{z1} \qquad (4\text{-}45)$$

$$\Delta p'_2 = \Delta p'_{b2} + \Delta p'_{z2} \qquad (4\text{-}46)$$

在某一运行情况下，式（4-45）和式（4-46）可以写成

$$\Delta p_1 = \Delta p_{b1} + \Delta p_{z1} \qquad (4\text{-}47)$$

$$\Delta p_2 = \Delta p_{b2} + \Delta p_{z2} \qquad (4\text{-}48)$$

如上所述，在双管热水采暖系统中，要使 $\bar{q} = \bar{q}_1 = \bar{q}_2$，就要保证 $\bar{G} = \bar{G}_1 = \bar{G}_2$，而根据 $\Delta p = SG^2$，要保证通过各散热器的循环流量按比例变化，则其总作用压差也要按相同比例变化，才会达到最佳工况的要求，即

$$\overline{\Delta p} = \overline{\Delta p_1} = \overline{\Delta p_2}$$

或

$$\overline{\Delta p} = \frac{\Delta p_{b1} + \Delta p_{z1}}{\Delta p'_{b1} + \Delta p'_{z1}} = \frac{\Delta p_{b2} + \Delta p_{z2}}{\Delta p'_{b2} + \Delta p'_{z2}} \qquad (4\text{-}49)$$

式中　$\Delta p'_{b1}$、$\Delta p'_{b2}$ 和 Δp_{b1}、Δp_{b2}——分别为设计工况和某一工况时通过散热器 1、2 环路的重力循环作用压差，Pa；

　　　$\Delta p'_{z1}$、$\Delta p'_{z2}$ 和 Δp_{z1}、Δp_{z2}——分别为设计工况和某一工况时通过散热器 1、2 环路的水泵提供的作用压差，Pa。

对式（4-49），利用比例的等比和分比定理

$$\overline{\Delta p} = \frac{\Delta p_{z1} - \Delta p_{z2}}{\Delta p'_{z1} - \Delta p'_{z2}} \qquad (4\text{-}50)$$

有重力循环作用，压差是按比例变化的，即

$$\overline{\Delta p_z} = \frac{\Delta p_{z1}}{\Delta p'_{z1}} = \frac{\Delta p_{z2}}{\Delta p'_{z2}} \qquad (4\text{-}51)$$

整理式（4-50）和式（4-51）可以得到

$$\overline{\Delta p} = \overline{\Delta p_z} \qquad (4\text{-}52)$$

故

$$\frac{\Delta p_b}{\Delta p'_b} = \frac{\Delta p_{z1}}{\Delta p'_{z1}} = \frac{\Delta p_{z2}}{\Delta p'_{z2}} \tag{4-53}$$

即

$$\overline{\Delta p} = \overline{\Delta p_z} = \overline{\Delta p_b} \tag{4-54}$$

式中　$\overline{\Delta p}$——通过各散热器循环环路的相对总作用压差比；

$\qquad\overline{\Delta p_z}$——通过各散热器循环环路的相对重力循环作用压差比；

$\qquad\overline{\Delta p_b}$——水泵产生的相对循环作用压差比。

对于机械循环回路，欲使式（4-54）成立，即通过散热器 1、2 的流量按比例变化，则必须要求水泵产生的作用压差以及总的循环作用压差也按系统中重力循环的作用压差的比例变化。但是，如果系统的循环水量不变化，水泵的作用压差也不会变化，因此，要保证散热量按一定比例变化，水泵的相对流量就会变为

$$\overline{G} = \overline{Q}^{\frac{1}{3}} = \left(\frac{t_{js} - t_w}{t_{js} - t'_w}\right)^{\frac{1}{3}} \tag{4-55}$$

式（4-55）即为各个散热器都按同一比例变化的条件。将这个补充条件代入式（4-14），可以得出双管供热系统最佳调节工况下的供、回水温度

$$t_g = t_{js} - 0.5(t'_g + t'_h - 2t_{js})\overline{Q}^{\frac{1}{1+b}} + 0.5(t'_g - t'_h)\overline{Q}^{\frac{2}{3}} \tag{4-56}$$

$$t_h = t_{js} - 0.5(t'_g + t'_h - 2t_{js})\overline{Q}^{\frac{1}{1+b}} - 0.5(t'_g - t'_h)\overline{Q}^{\frac{2}{3}} \tag{4-57}$$

从以上分析可以得出以下结论：

（1）对于双管热水供热系统，最佳调节工况是质和流量的综合调节。随着室外温度的升高，不但应该降低供水温度，而且还应逐步减小网路的循环水量。采用分阶段改变流量的质调节与采用质调节相比，更能适应双管热水供热系统最佳调节工况的要求。

（2）双管热水供热系统的竖向热力失调主要是由重力循环作用压差引起的。如果供热系统的供、回水温度差增大，系统的重力循环作用压差增大，重力循环作用压差占总作用压差的比例也随之增大。如果系统不按最佳调节工况进行供热调节，将更容易引起竖向热力失调。相反，如果减小供热系统的供、回水温差，增大循环流量，则有利于减轻系统的竖向热力失调现象。

（3）如果对热水供热系统采用质调节，则双管供热系统的初调节应在供热期中的平均室外温度为采暖期中的室外温度时进行。这是由于：如果在供热期初室外温度较高时进行初调节，随着室外温度的降低，重力循环作用压差将增大，由于水泵产生的作用压差不变，上层散热器的循环环路的总作用压差将会增加得多一些，因而系统将产生上热下冷的竖向热力失调。相反，如果初调节在供热室外计算温度下进行，在室外温度较高时，系统将出现上冷下热的竖向失调现象。

（二）单管热水供热系统的最佳调节工况

图 4-5 为单管供热系统示意图。根据最佳调节工况的定义，各散热器的放热量是按同一比例变化的，即

$$\overline{q} = \overline{q_1} = \overline{q_2} = \cdots \tag{4-58}$$

所以，各立管和整个用户的放热量也应按同一比例变化，即

$$\overline{Q} = \overline{Q_1} = \overline{q} \tag{4-59}$$

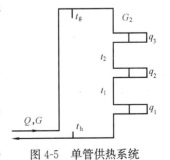

图 4-5　单管供热系统

式中　$\overline{q}$——各散热器在运行工况下与设计工况下的相对放热量比；

　　　$\overline{Q}_1$——立管的相对热量比；

　　　$\overline{Q}$——整个用户的相对热量比。

根据热介质和热平衡式有

$$\overline{Q} = \overline{q} = \frac{t_{js} - t_w}{t_{js} - t'_w} = \left(\frac{t_g - t_h}{t'_g - t'_h}\right)^{1+b} \tag{4-60}$$

$$\overline{Q} = \overline{G}\,\frac{t_g - t_h}{t'_g - t'_h} \tag{4-61}$$

整理式（4-60）和式（4-61）有

$$\overline{G} = \overline{Q}^{\frac{b}{1+b}} = \left(\frac{t_{js} - t_w}{t_{js} - t'_w}\right)^{1+b} \tag{4-62}$$

在单管热水采暖系统中，如果流量变化相同，那么，影响散热器放热量变化的因素就是散热器的平均计算温差。因此，要使各散热器都按同一比例变化，就要使各散热器的平均计算温差按同一比例变化，同时各立管的供、回水温度差也要按同一比例变化。

将式（4-62）代入式（4-14），可得到单管热水供热系统最佳调节工况下的供、回水温度，即

$$t_g = t_{js} + (t'_g - t_{js})\overline{Q}^{\frac{1}{1+b}} \tag{4-63}$$

$$t_h = t_{js} + (t'_h - t_{js})\overline{Q}^{\frac{1}{1+b}} \tag{4-64}$$

从以上分析可以得到以下结论：

（1）单管供热系统和双管供热系统一样，其最佳调节工况也是质和流量的综合调节。随着室外温度的升高，同样要降低供水温度和减小循环流量。同样，采用分阶段改变流量的质调节，与采用质调节相比，更能适应单管热水供热系统最佳调节工况的要求。

（2）引起单管热水供热系统竖向热力失调的原因是由于散热器的传热系数 K 值随散热器平均计算温度差的变化引起的。在单管热水采暖系统中，上层散热器的平均温度较高，K 值较大，而下层散热器的平均温度较低，因此 K 值较小。当采用质调节时，随着室外温度 t_w 的升高，供水温度降低，上层散热器的 K 值和放热量就较下层散热器下降得多，这样将引起上冷下热的竖向热力失调。为了补偿 K 值不以同一比例减小的影响，单管热水供热系统的最佳调节工况与质调节相比较，系统的供水温度要高一些，回水温度要降低一些，供、回水温度差增大，系统的循环水量就得减少，成为质和流量的综合调节。

（3）增大系统的循环流量，使供、回水温度差减小，上、下层散热器的 K 值不以同一比例下降的影响相对减轻，对减轻系统的竖向热力失调是有好处的。因此，在运行中，无论是双管还是单管系统，增大循环流量对改善竖向热力失调总是有利的，但必然要多耗费电能。

第三节　热力站的调节

热用户需要的热量由热力站通过二次网供给。热力站能量调节实质上是按照热用户需要

的热量调节热力站输出的热量，或者热力站根据负荷变化改变输出的热量，使热用户室内温度保持在一定范围之内。同时，热能输送载体二次网流量也需要随着负荷变化而变化，以便节能。这是热力站能量调节的宗旨，也是热力站能量调节的主要目的。

一、热力站调节参数

（一）热力站调节参数的选取

热力站调节控制系统被控参数选择至关重要，最理想的被控参数是热用户室内平均温度，但很难找到能够代表热用户室内平均温度的测点。因此，参数的选取实质上是寻求能够准确反映热力站输出热量的输出信号。该信号随室外温度变化，以满足热用户对室内温度的要求。这个输出信号即为热力站能量控制系统理想的被控参数。被控参数选择是以集中供热基本调节公式为根据的，即

$$Q_1/Q_d = (\theta_n - \theta_w)/(\theta_n - \theta_{ws}) \tag{4-65}$$

$$Q_2/Q_d = \left[(\theta_{pj} - \theta_n)/(\theta_{pjs} - \theta_n)\right]^{(1+\beta)} \tag{4-66}$$

上式联立化简可得

$$\theta_{pj} = \theta_n + (\theta_{pjs} - \theta_n)\left[(\theta_n - \theta_{ws})/(\theta_n - \theta_{ws})\right]^{1/(1+\beta)} \tag{4-67}$$

式中　Q_1/Q_d——建筑物耗热量相对值；

$\quad\quad Q_2/Q_d$——散热器散热量相对值；

$\quad\quad \theta_{pj}$——二次网供、回水平均温度，℃；

$\quad\quad \theta_{pjs}$——二次网供回水平均温度设计值，℃；

$\quad\quad \theta_n$——室内温度，℃；

$\quad\quad \theta_w$——室外温度，℃；

$\quad\quad \theta_{ws}$——供热室外计算温度，℃；

$\quad\quad \beta$——散热器传热指数（可根据散热器及其安装方式调整）。

式（4-66）可作为集中供热基本调节公式。要想使热用户保持所需要的室内温度，只要热力站二次网供、回水平均温度随室外温度按式（4-66）变化即可。

在供热系统运行期间，只有二次网供、回水平均温度能够准确地反映热力站供出的热量，因此，应该选择供、回水平均温度作为被控参数。而供水温度或回水温度与室外温度的函数关系是不确定的，换言之，单独调节供水温度或回水温度不能保证热用户要求的室内温度，故选择单独供水温度或回水温度作为被控参数是不合理的。选择供、回水平均温度作为被控参数，以室外温度为补偿信号，根据室外温度调节二次网供、回水平均温度，间接控制热用户室内温度。

（二）热力站调节给定值的确定

热力站调节给定值是调节过程中一个重要依据。通过对热力站调节参数的选择入手，以下分析热力站调节给定值的确定。

将式（4-67）化简近似可得：

$$\theta_{pj} = \theta_{pj0} + K_b(\theta_{w0} - \theta_0) \tag{4-68}$$

$$K_b = (\theta_{pj} - \theta_{pj0})/(\theta_{w0} - \theta_0)$$

式中　K_b——补偿度；

θ_{pj}——二次网供、回水平均温度给定值，℃；

θ_{pj0}——二次网供、回水平均温度初始给定值，℃；

θ_{w0}——室外温度初始值，℃。

若二次网供、回水平均温度设计值为 72.5℃，供热室外计算温度为 12℃，室外温度初始值为 8℃，二次网供、回水平均温度初始给定值室外温度为 8℃，室内温度为 18℃，对应的二次网供、回水平均温度，可用式（4-67）算得，其值为 41.4℃（β 取 0.3），补偿度为 1.55，式（4-68）可表示为

$$\theta_{pj} = 41.4 + 1.55(8 - \theta_0) \tag{4-69}$$

由式（4-69）确定的二次网供、回水平均温度给定值与由式（4-67）确定的二次网供、回水平均温度给定值相比，最大误差约为 1℃。

二、热力站的调节

（一）二次循环水泵调节

二次循环水泵调节的主要目的是通过改变水泵运行台数或者转速进行流量的调节，进而满足热用户的要求。目前，经常采用的运行调节方式主要有以下几种。

1. 多台相同型号水泵并联

多台相同型号水泵并联是按照负荷变化改变水泵运行台数，通过运行台数自动控制进行调节。这种方法的优点是简单可靠，缺点是总装机容量大，多台水泵并联运行效率下降，占地多。另外，水泵启动（软启动除外）对电网有一定冲击，启动电流大。

2. 多台不同规格水泵并联

多台不同规格水泵并联是按照负荷变化改变水泵运行台数，通过手动方式进行调节。这种方法不宜采用，不仅总装机容量大，占地多，而且多台不同规格水泵并联运行效率很低。

3. 三台不同规格水泵切换

针对此种方式，安装对应 100%、75%、50% 负荷三台水泵，三台水泵在不同负荷下运行，通过手动方式进行调节。这种方法的优点是简单可靠，缺点是总装机容量更大，占地多。

4. 一用一备变频调速泵

一用一备变频调速泵通过自动控制进行调节，按照负荷的变化改变水泵转速。其优点是简单可靠、总装机容量小、运行效率高、占地少、节能效果最佳、启动电流小，缺点是一次投资较大。

5. 多台相同型号水泵并联，其中一台为变频调速泵

多台相同型号水泵并联，其中一台为变频调速泵的采用手动和自动相结合的调节方式，针对不同的负荷，调节并联台数和调节变频调速泵转速。其优点是降低了频调设备造价。但是，总装机容量大、占地多，特别是相当于几台大泵与一台小泵并联运行，运行效率降低。

6. 多台相同型号水泵并联，每台变频调速

多台相同型号变频水泵并联，每台水泵均采用变频调速控制，这是一种不节能、不经济，技术上不合理的控制方式。这种方法不但总装机容量大、占地多、一次投资很大，而且即使多台水泵同步运行，部分负荷下并联运行的水泵效率更低。

（二）热力站微机控制系统

热力站的主要任务是确定和保持热媒参数（压力、温度和流量），使其达到热力站供热

装置的安全和经济运行所需参数。为保证供热网稳定运行，热力站一般安装微机控制系统，通过及时的参数检测，发现故障进行声光报警、显示及其打印，如图4-6所示。

热力站的微机控制系统采用具有高集成度、高性能比、高抗干扰能力的计算机。通过铂热电阻和热电阻温度变送器传输一、二次供、回水温度。通过电动压力变送器传输一、二次供、回水压力。一次回水流量的测量，节流装置使用标准孔板。通过电动差压变送器经过导管进行环室取压。

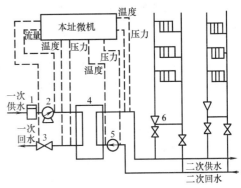

图4-6　热力站微机控制示意图
1—除污器；2—热量表；3—电动调节阀；
4—热交换器；5—采暖水泵；6—水喷射泵

鉴于集中供热工程刚刚起步，热力站微机控制系统尚处于实验室仿真研究阶段。但是，从仿真效果来看，系统的实时性较好，控制效果、抗干扰能力以及运行调整方面均以达到指标要求。

第四节　供热系统的运行方式

一、大流量运行

供热系统运行管理部门的基本任务是安全、经济地向热用户提供符合参数要求的热量，其基本的工作内容，实质上就是通过技术管理，实现供热系统有关规程规定的运行标准。为了提高供热效果，克服热力工况失调现象，目前国内常采用大流量、小温差的运行方式，即利用换大水泵、增加水泵并联台数或增设加压泵等方式提高系统循环流量，有时系统实际运行流量甚至比设计流量高好几倍。这种大流量的运行方式，是我国供热系统运行人员从多年的实际经验中总结出来的，它在一定程度上能够缓解热力工况的失调，因此得到了广泛应用。但它有很大的局限性。

系统流量愈大，末端用户室温提高得愈多，近、末端用户室温偏差愈小，水力失调对热力失调的影响愈小，因而愈有利于热力工况水平失调的消除。这是因为：系统流量增加，末端用户流量愈接近设计流量，散热器散热愈充分；而近端热用户流量超过设计流量愈多，散热器散热能力愈接近饱和。供热系统大流量运行方式，靠提高末端用户散热器的散热能力，抑制近端用户散热器散热能力的办法达到消除系统热力工况水平失调的目的。

但是，大流量运行方式并没有从根本上消除系统的水力失调，即各热用户流量分配不均的问题并未解决。在这种运行方式下，系统运行存在以下一些缺点。

1. 大流量必然需要大水泵

供热系统运行流量愈大，热用户平均室温愈趋于均匀，热力工况的水平失调愈能更好地消除。如果热源的装机容量不变，只靠增大系统循环流量来改善热力工况，则循环流量愈大，末端用户平均室温提高愈多。无限制地增加循环流量，理论上可以完全消除系统的热力工况失调。但是，循环流量的增加，必然要有大功率循环水泵（或增加水泵并联台数）来配置。由于流量与水泵轴功率成三次方的关系，流量的增加，将带来电能的更大消耗。如果单靠增加系统循环流量，将末端用户室温提高到设计室温，那么，系统循环流量将会增加得更多，循环水泵将要求选择得更大，甚至形成很不合理的状况。

2. 大流量必然造成大热源

循环流量增加受限经常不足以消除用户冷热不均的现象。这时，提高系统供水温度，也可提高末端用户平均室温，从而改善供热状况。应该指出：由于散热器的散热特性，供水温度的提高非但不能均匀各用户室温，而且还会使各用户室温温差进一步拉大，系统供热量进一步增加。

从我国目前的实际情况来看，采取的技术措施多数是既提高循环流量，又提高供水温度，因此大流量的运行方式，必然是装备大容量水泵、大容量锅炉的供热系统。

3. 大流量必然带来大能耗

大流量运行方式，将增加供热量的浪费，并且提高耗电费用，同时将引起能耗的增加。

4. 大流量必然增大设备投资

大流量运行造成大水泵、大锅炉，有时还要加粗系统管线，配置增压泵，所有这些技术措施，无疑会增加设备投资，因而并不经济。

5. 大流量必然降低系统的可调性

研究表明：大流量运行是一种落后的运行方式，应该逐渐摒弃。供热系统热力失调的根本原因是水力失调，即流量分配不均所致。因此，消除系统热力失调最有效、最经济的方法应该是进行系统的流量均匀调节，即初调节。

供热系统运行的基本任务是安全、经济地向热用户提供符合参数要求的热量，其基本工作内容，实质上就是通过技术管理，实现供热系统有关规程规定的运行标准。技术管理的内容包括范围很广，但根据我国供热系统的运行实践，目前起关键作用的是要在以下几个方面切实加强新技术的推广应用，借以提高供热系统的运行水平。

（1）变分散供热为集中供热；

（2）变低效输送为高效输送；

（3）变变压运行为定压运行；

（4）变大流量运行为理想流量运行；

（5）变间歇供热为连续供热；

（6）变手工操作为计算机自动监控。

二、热电厂与高峰锅炉房的联合运行

近年来，在许多城市已开始使用大容量的热水锅炉以补偿季节性负荷的高峰值。有些地区，热电厂尚未投产，而建造的房屋已投入使用，在这种情况下，高峰锅炉房就是供热系统的临时主要热源。待热电厂投产后，这些锅炉房的基本任务将是补偿高峰负荷。与建造同等热功率的热电厂相比，建造高峰锅炉房所需的基本投资少，工期也比较短，因此，有不少的地方，建造热电厂时，首先兴建高峰锅炉房。根据热电厂区域布置与热用户情况，高峰锅炉房可设在热电厂内，也可设在用热区中。

热电厂与高峰锅炉房的连接原理如图 4-7 所示，热电厂与高峰锅炉房之间有供热管网连接。在这种连接方式中，一部分用户的热量既可由热电厂供给，也可由区域高峰锅炉房供给（此部分用户，图中称为独立区输配管网），即整个供热系统在热电厂供热过程中，热负荷达到高峰值时，热电厂的总热量已难以满足，便启动区域高峰锅炉房，向独立输配网送热，以满足用户的需要。为使独立区输配管网供热系统水力工况保持稳定，应在供热管网干线与区域高峰锅炉房的连接地点安装混合泵。热电厂与区域高峰锅炉房联合工作调节，即热电厂单独供热与热电厂和区域高峰锅炉房联合供热整个变化过程中，调节的关键在于供热负荷的调节，调节的核心是控制整个热网循环水量与温度的变化，使整个采暖期坚持与综合负荷调节相适应的温度曲线，这样可以简化供热系统的运行与调节。

三、多热源的联合运行

大型热水集中供热系统往往采用多热源共网，并配有多种形式的增压泵、混水泵，热力网既有直接连接，又有间接连接，再加多种类型热负荷的存在，使得供热系统变得相当复杂。

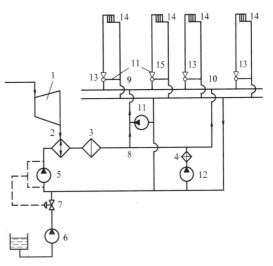

图 4-7　热电厂及高峰锅炉房连接方式

1—汽轮机；2—热网加热器；3—热电厂高峰锅炉房；
4—城区高峰锅炉房；5—网络泵；6—补水泵；
7—补水调节器；8—热网；9—非独立区输配管网；
10—独立区输配管网；11—非独立区混合泵；
12—独立区混合泵；13—水喷射泵节点；14—采暖系统

（一）多热源共网的必要性

对于大型供热系统，多热源共网有以下优点：

（1）有利于提高供热的经济性。

（2）有利于提高系统的可靠性。

（3）有利于供热系统远近期发展的结合。

在同一个供热系统中，各热源之间如何协调运行，是同时启动还是递序运行，是合理调度的依据，是全网供热量的平衡。供热系统在进行供热量平衡的基础上，还必须进行水流量的平衡，否则，还不能确定各热源和各泵站的运行方式，也难以达到理想的供热效果。

（二）最佳方案的确定

对于多热源供热系统，在整个运行期间，为满足供热量平衡、供水量平衡，各热源和各泵站可能有多种运行方案可供选择，因此，需要通过技术经济比较，确定最佳运行方案。进行最佳运行方案的选择，主要应依据以下一些基本原则：

1. 热源应尽量在满负荷下连续运行

这是最大限度发挥热源经济效益的正确途径。为此，主热源应在供热系统整个运行期间做到满负荷连续运行。由于热电厂峰荷锅炉房便于全网调节和连续运行，应优先投运。各区域峰荷锅炉房，应根据其在供热系统中所在的位置及其所能担负的供热量，计算满负荷运行的小时数，再按计算数值的大小，安排区域峰荷锅炉房投运顺序。满负荷连续运行时间愈长，愈优先投运。应尽量避免运行负荷低、运行时间短的区域峰荷锅炉房投运，防止不必要的经济上的浪费。

2. 力争最大的水输送系数

在满足循环流量平衡的前提下，各泵站可能有多种运行方式。应在各种泵站可能的运行方式中，对供热系统进行相应的水力工况分析计算。对于一个固定的供热系统，在已知管网结构（管径、长度一定）和循环水泵下，受到最大输送能力（循环流量的输配）的限制，不是所有的泵站运行方案都能满足循环流量平衡的要求。确定可行的运行方案，进行全网的水输送系数计算，其中数值最大者为最佳运行方案

$$\mathrm{WTF} = Q / \sum_{i=1}^{n} P_i \qquad (4\text{-}70)$$

式中　WTF——供热系统水输送系数；

　　　Q——供热系统小时总供热量，J；

　　　P_i——第 i 个泵站的水泵电功率。

在供热系统运行期间，系统循环流量不断变化，因此，泵站的最佳运行方案将有多个，随室外温度的不同而不同。与此相应，供热系统将有多个水力工况即多个运行水压图。绘制出这些运行水压图，以此作为循环流量在运行中是否平衡的检查依据。

3. 实现简单有效的调节

由于多热源、多泵站的共网，使多种热负荷的调节变得更为复杂。在热源、泵站运行方案的确定过程中，应以供热负荷为主的调节方法或以供热、生活热水供应负荷为主的综合调节方法为依据，辅以局部量调。从供热系统的实际情况出发，是选择主网供热、回水供热、并行供热，还是选择加压泵、混水泵方案，都要有利于上述两种集中调节方法的采用。在多热源、多泵站的变工况运行中，各热用户将不断出现新的水力工况水平失调现象。因此，严格地讲，各热用户应随时进行流量的均匀调节。在这种情况下，各热用户热入口装设自动流量调节器是比较理想的。有条件时，采用全网的计算机自动检测、控制，将是最为有效的调节。

总之，多热源的联合运行，必须要在供热量、循环流量平衡的基础上，制定最佳运行方案。由于这是一个多目标的比较复杂的寻优过程，得到最佳值比较困难。为了便于实际工程应用，常常选择理想运行方案代替最佳运行方案。理想运行方案通常应包括供热量平衡计算、循环流量平衡计算、水温调节曲线、各种工况的运行水压图以及各热源、各泵站的运行方式等。

第五节　供热系统常见故障及分析

不管是外部供热管网还是室内采暖系统，在运行过程中，都难免由于某些原因而产生故障。外部供热管网或室内采暖系统发生故障时，会导致系统运行不正常，甚至破坏系统。

一、外部供热管网运行的常见故障及分析

外部供热管网运行中的常见故障有管道破裂、管道堵塞、法兰连接不严密，造成漏水、漏汽以及供热管道在运行中由于管道热伸长的吸收问题没处理好而引起管道变形等。

（一）管道破裂

外部供热管道在运行中如果管道破裂，将造成管网漏水、漏汽。严重时，破坏管道保温、结构管沟和管网的其他地下建筑物。造成管道破裂的原因通常有：

（1）两固定支架之间的管段上未装补偿器，管道热伸长无法吸收，使某些薄弱部分在管道内压力的作用下破坏。

（2）补偿器的吸收能力不够或根本不起补偿作用，如方型补偿器或 L 型、Z 型补偿器选

用规格过小或安装时未预拉伸，套筒补偿器的内筒不能滑动。

（3）管内水击引起管子破坏。

（4）管道被冻坏。

（5）管道支架或支墩下沉，管道弯曲挠度超过管材允许挠度造成弯曲顶点破坏。

（6）管道活动支架锈死，使管道不能自由移动，活动支架实际变成了固定支架，与同侧固定支架间构成未装补偿器的管段，这一管段的热伸长无法吸收而使管道破坏。

（7）计算管网时管材选用不当，或管道安装时误用了不符合设计规格的管子。

解决管道破裂的方法是针对管道破裂的具体原因采取相应措施，如更换不合规格的管子，加强管道保温，管道应有泄水防冻阀门，必要时能泄水防冻，正确选用补偿器等。

（二）管道堵塞

室外热力管中如某个部位发生堵塞，将使堵塞部位前后管内热媒温度和压力发生突变，出现较大的温降或压力差，甚至完全中断某些支路的进水或进汽而使其停止运行。引起管道堵塞的原因通常有：

（1）热媒携带的泥沙或其他脏物沉降在管内形成淤积。

（2）管道内壁腐蚀物剥落形成淤积。

（3）阀门和管道连接部位的密封填料落入管内。

（4）管内水质不良造成内壁结垢，缩小或封闭管道断面。

管网中如发现堵塞，经检查确定堵塞部位后，应拆开疏通，对堵塞严重或堵塞结实的管段，应当拆除更换。

（三）管道连接处热媒泄漏

由于热力网是通过法兰等连接件进行管段之间的连接的，如果连接处出现故障，也容易引起热媒的泄漏。常见原因主要有：

（1）安装时，法兰密封面不平行，法兰面上存有凹坑或者刻痕。

（2）法兰之间的垫片老化、断裂、失效。

（3）连接螺栓未拉紧或者松紧不一。

针对管道连接处的热媒泄漏故障，解决的方法是修补法兰安装时造成的缺陷，如调整法兰的拉紧螺栓、更换垫片等。

（四）补偿器故障

就目前运行状况而言，自然补偿器、方型补偿器、波纹管补偿器等较少发生故障，只有套管式补偿器故障发生频繁，其主要故障有：

（1）泄漏。泄漏的原因是填料老化失效，或者填料盒未拉紧。

（2）内筒咬死。内筒咬死的原因是填料装得过紧，造成内、外套筒偏心，补偿器一侧支座破坏引起直线管段下垂。

（3）补偿能力不足。补偿能力不足的原因是设计时选型不当，补偿器上双头螺栓保持的安装长度不够。

（4）内筒脱出。内筒脱出的原因是补偿器上防止内筒脱出的装置破坏。

二、室内热水采暖系统运行中的常见故障及分析

室内热水采暖系统在运行中可能出现的故障，通常有以下几个方面：

（一）系统漏水

造成系统漏水的主要原因有：

（1）管道或管件连接处焊接质量不好，或因支点下沉使管道弯曲破裂，为此需重焊或改装支点。

（2）滑动支座失灵，管道热伸长时不能自由移动造成管道变形破裂，为此需检修更换滑动支座。

（3）法兰连接不严造成漏水，为此需检修连接部件是否连接紧密及连接螺栓的松紧情况。

（4）系统局部水循环不好，形成死水冻坏管道及配件。此时应及时解冻检修。

（二）局部散热器不热

产生局部散热器不热的原因和解决的方法通常有：

（1）管内被脏物堵塞，使水不能流通。应在管道转弯处与阀门前摸其温度，确定阻塞部位，并在阻塞处的管外进行敲打振击，或拆开检查，清除堵塞物。

（2）供水管坡向错误，造成气塞。遇此情况应该正坡向。

（3）阀门失灵。应拆开进行检修或更换。

（4）集气罐集气太多，阻塞管路，应打开放气罐上阀门，进行排气。

（5）室内系统供、回水管与室外供、回水管互相接反，或立管同干管连接不正确，如双管系统把供水立管错接到回水干管上或把回水立管错接到供水干管上。解决的方法是改正错误连接方法。

（三）总回水温度过高

产生总回水温度过高的主要原因和处理方法为：

（1）系统热负荷小，循环水量大。解决的方法是调整系统入口供、回水管阀门，增加阻力，减小热媒流量。

（2）系统热力入口处循环管阀门未关或关闭不严。应关严循环管上阀门，使系统按规定流量进行循环。

（3）外网或锅炉供水温度过高，使总回水温度过高。其处理方法为降低供水温度。

（四）锅炉或室外热力管网的供水温度过低

解决的方法一般有：

（1）提高锅炉或室外热力管网的供水温度。

（2）系统循环水量少，应开大供水干管阀门，消除管道堵塞现象。

（3）室外热力管网大量漏水，系统补水量大。应检查漏水原因，及时修复。

（4）由于管道漏水破坏保温结构，或管道泡浸在水中使保温层脱落造成外网热损失太大。解决的方法是检查管道保温状况并对损坏的地方进行修复。

（五）上供下回或下供上回式系统中，上层散热器不热

产生这种现象的原因和处理方法通常为：

（1）上层散热器中存有空气，应将其排除。

（2）循环水泵出力不足，应检查循环泵并进行调整或更换。

（3）系统充水高度不够，应给系统补水。

（六）暖风机不热或散热器不符合产品性能要求

造成这种现象的主要原因：

（1）进水管坡向错误造成积气，为此应校正坡向。

（2）阀门、管内和孔板等处堵塞，解决的办法是清除脏物或更换阀门。

（3）暖风机的加热器内堵塞，应清洗加热器。

（4）供水温度过低，不符合设计要求，应该调节进水温度。

（5）暖风机风量太小，可检查和校正风机叶轮转向，检查和调整电动机转数，防止皮带打滑。

（七）加热器回水温度过高或过低

产生这种现象的主要原因是：

（1）水源水量过大或过小。

（2）风量太大或太小，应调节风机转数。

（3）加热器面积太大或太小，可改变流量或更换设备。

（八）其他常见故障

（1）采用双管系统时，多层建筑上层散热器过热，下层散热器不热。产生这种竖向热力失调的原因，主要是通过上层散热器的流量较多，而通过下层散热器的流量较少。解决的方法是关小上层散热器支管上的阀门。

（2）异程式系统末端散热器不热。产生这种水平热力失调的主要原因有两个。一是各立管循环环路的压力损失不平衡，造成水平水力失调，使通过近端立管的流量大于规定值，而通过远端立管，特别是通过末端立管的流量小于规定值。二是系统末端空气阻塞。解决的方法是关小系统近端立管上的阀门进行流量调节并打开末端最高点集气罐中的排气阀，排除系统末端空气。

（3）上供下回单管系统中，上层散热器过热，下层散热器不热。产生这种现象的主要原因是设计时计算散热器不准，上层安装散热器太多。解决办法是适当减少上层散热器面积，或架设跨越管，加装三通调节阀，减少通过上层散热器的流量。

（4）散热器及附件破裂。原因是系统压力过大将散热器压坏，可检查水泵扬程及调压孔板是否符合设计要求，也可检查安装的散热器是否符合设计要求。还有一个原因可能是散热器内水流不畅，形成死水，将散热器或附件冻坏。解决办法是解冻检修。

三、蒸汽供热系统运行中的常见故障及分析

蒸汽采暖系统，只要设计基本正确，严格按设计要求安装，操作维修得当，一般故障较少，特别是很少出现不热现象，但有时也会由于散热器内存有空气或者凝结水未能顺利排出而造成某些散热器不热。有时，设计错误和安装缺陷也可能成为蒸汽采暖系统中某些散热器不热的原因。例如：系统中各环路阻力没有很好平衡，管径选择不当，水平干管坡度不正确，未装排气装置等；在施工中不按设计要求进行安装，随意改变管径和管坡；蒸汽管和凝结水立管同干管错接，散热器支管同立管错接等。

蒸汽采暖系统在运行过程中，有时会发生水击现象，使室内产生较大噪声，而且影响运行效果。系统发生水击的原因：一是管道坡向错误，使蒸汽与凝结水逆向流动，互相撞击产生噪声；二是管道局部下凹形成水袋、水堵。针对此故障，应及时调节管道坡向，调直管道。

要保证蒸汽采暖系统正常运行，除了正确设计外，还必须严格按设计要求施工，消除施工质量事故和施工缺陷。严格按技术要求进行运行管理和运行操作。

四、供热系统的重大事故

对于室内供热系统，管道中压力突然升高，造成铸铁散热器破裂就算大型事故。对于外部供热系统，最重大事故是管道严重破裂，热媒大量外漏；最严重的事故主要发生在锅炉房中，其中以锅炉爆炸最为危险。

防止供热系统发生重大事故，避免供热完全中断、设备严重损坏以及人员伤亡，是供热系统安全经济运行的一项重要任务。

热网的可靠性分析

热网的可靠性对于整个供热系统安全运行具有重要影响。对于管道补偿方式，可靠性理论和指标，以及管道的保温、防腐和常见故障及其解决方法本章将作详细介绍。

第一节 管道的热应力及补偿

为了保证管道在热状态下的稳定和安全，减少管道热胀冷缩时所产生的应力，除利用管道本身的柔性进行自然补偿之外，在管道上每隔一定的距离需要安装各种补偿器，用来吸收管道的热伸长。

一、管道的热应力

由物体的物理特性可知，当温度发生变化时，物体相应地发生胀缩。当物体的各部分温度均匀且可以自由胀缩时，温度的变化仅使得物体发生形变，而不产生应力。但是，对于不能自由胀缩的物体，温度变化时，由于不能发生变形，在物体内部将产生应力。这种由于温度的变化而产生的应力称为热应力。

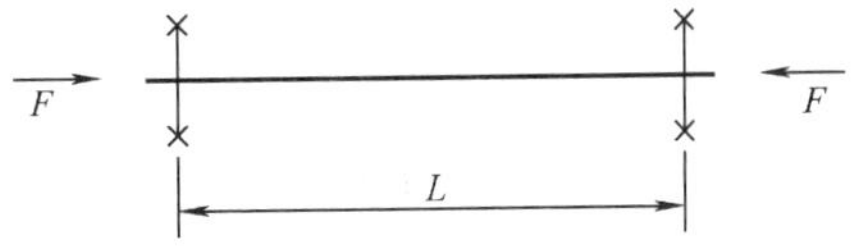

图 5-1 供热管道的热应力

如图 5-1 所示，供热管道两端被固定支座固定，当温度升高时，供热管道因膨胀而伸长，企图把两端固定支座推开。因此，在供热管道两端受到固定支座的反力 F 的作用。由于这两个反力 F 的作用，在供热管道内将产生压应力。

若供热管道的温度由 t_1 升至 t_2，当供热管道两端（或一端）未被固定支座固定，且能自由伸长时，其伸长量为

$$\Delta l_t = \alpha L (t_2 - t_1) = \alpha L \Delta t \tag{5-1}$$

式中 α——钢管的线膨胀系数，m/（m·℃），通常取 $\alpha = 1.2 \times 10^{-5}$ m/（m·℃）；

L——两固定支座间的管道长度，m；

Δt——供热管道的温度变化，℃。

当供热管道两端被固定支座固定，其长度 L 不可能变化时，相当于供热管道由于两端受反力 F 的作用，使其长度缩短，其缩短量由虎克定律可知

$$\Delta l_p = \frac{FL}{EA} \tag{5-2}$$

式中 F——作用在供热管道两端的外力，N；

E——钢管的弹性模量，通常取 $E = 19.6 \times 10^{10}$ N/m²；

A——钢管的横截面积，m²。

显然，当供热管道温度变化量相同时，该供热管道的缩短量 Δl_p 与因温度升高而伸长的

量 Δl_t 相等，即

$$\frac{FL}{EA} = \alpha L (t_2 - t_1)$$

因此，在供热管道内产生的热应力为

$$\sigma = \frac{F}{A} = \alpha E (t_2 - t_1) \tag{5-3}$$

由式（5-3）可知，当供热管道两端固定并且受热后，在管道内产生轴向压应力的大小与供热管道的线膨胀系数 α、弹性模量 E 和温度变化 Δt 有关。由于钢管的线膨胀系数 α 和弹性模量 E 均一定，因此，其轴向压应力的大小仅取决于温度变化。如果供热管道温度变化较大，在该供热管道内产生的热应力超过钢管的许用应力，此时应当采取相应的补偿措施。

二、管道的自然补偿

（一）温度变化对管路系统的影响

管道内的供热介质以及周围的环境温度发生变化时，管道将会随着温度的变化而热胀冷缩，此时管道壁将会承受巨大的应力，如果应力超出了管子材料所允许的范围，就会引起管道破裂，造成破坏。管道温度升高或者降低时，管道的自身增加或者减少的数值可以按照式（5-4）计算，即

$$\Delta L = \alpha L (t_2 - t_1) \tag{5-4}$$

式中　ΔL——管道的热伸长量，m；

　　　α——管材的线膨胀系数，m/（m·℃）；

　　　L——两固定支架间的距离，m；

　　　t_1——管道的安装温度，℃，对采暖地区 t_1 取 0℃，对非采暖地区 t_1 取 20℃；

　　　t_2——管道内输送供热介质的最高温度，℃。

由式（5-4）可以看出：如果安装温度为+5℃，对于 95～70℃ 的采暖系统，每 1m 供水管热伸长量为 1mm 左右，而回水管为 0.8mm。如果直管段较长，其长度的变化量较大。管道工作时若其长度变化不妥善解决，将引起热应力。热应力的产生会引起管道变形、管道接口或者管道与设备器具连接处漏水；当以蒸汽或者高温水为热媒，情况严重时甚至会破坏管道系统。因此，供热管道设计施工时必须考虑热补偿。

（二）管道的自然补偿

自然补偿就是利用管道敷设上的自然弯曲管段（如 L 型和 Z 型等）所具有的弹性来吸收管道的热伸长变形。自然补偿不必特设补偿器，因此考虑管道补偿时，应当尽量利用自然弯曲的补偿能力。其优点是装置简单、可靠，不需要特殊的检查和维护。另外，固定支架不承受内压作用。但是，它的缺点是管道变形时产生横向位移，而且补偿的管段不能很长。下边分别介绍 L 型和 Z 型的短臂计算方法。

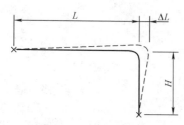

图 5-2　L 型自然补偿器

1. L 型自然补偿器

L 型自然补偿器，如图 5-2 所示，实际上是一个 L 形弯管，弯管距两个固定端的长度多数情况下是不相等的，有长臂和短臂之分。由于长臂的热变形量大于短臂，所以最

大弯曲应力发生在短臂一端的固定点处，短臂 H 越短，弯曲应力越大。因此，选用 L 型补偿器的关键在于确定或者核定短臂的长度 H 值，其计算公式如下

$$H = \sqrt{\frac{\Delta L D_w}{300}} \times 1.1 \qquad (5\text{-}5)$$

式中　H——L 型补偿器的短臂长度，m；

ΔL——长臂的热膨胀量，mm；

D_w——管子外径，mm。

为了简化计算，可以通过线算图来确定 L 型补偿器的短臂长度，如图 5-3 所示。

2. Z 型补偿器

Z 型自然补偿器，如图 5-4 所示，实际上是一个 Z 形弯管，可以把它看作成两个 L 形弯管的组合体，其中间臂长度 H（即两弯管间的管道长度）越短，弯曲应力越大。因

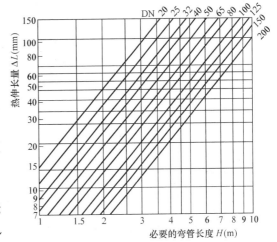

图 5-3　L 型补偿器线算图

此，对于选用 Z 型自然补偿器而言，确定或者核定中间臂长度 H 值最为关键。其中间臂的长度可按式（5-6）计算，即

$$H = \left[\frac{6\Delta t E D_w}{10^6 \sigma (1 + 12k)} \right]^{1/2} \qquad (5\text{-}6)$$

图 5-4　Z 型补偿器

式中　H——Z 型补偿器的短臂长度，m；

Δt——计算温差，℃；

E——材料的弹性模量，MPa；

D_w——管子外径，mm；

σ——弯曲允许应力，MPa；

k——较短水平臂与垂直臂长之比。

为了简化计算，同样可以应用线算图的方法来确定 Z 型补偿器的中间臂长度，如图 5-5 所示。

自然补偿器是一种最简单、最经济的补偿方式，在实际中应当充分利用。但是，采用自然补偿器吸收热伸长时，其各臂的长度不宜采用过大的数值，并且自由臂不宜大于 30m。同时，短臂过短（或者长臂和短臂之比过大），会导致短臂固定支座的应力超过许用应力范围，通常在设计手册中，一般会限定短臂的最短长度。

三、管道的热补偿器

供热管道上采用补偿器的种类很多，除了自然补偿器外，主要还有方型补偿器、波纹管补偿器、套管补偿器以及球型补偿器等。

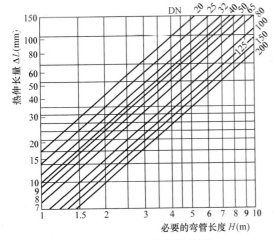

图 5-5　Z 型补偿器线算图

前两者同自然补偿器一样，利用补偿材料的变形来吸收热伸长，而后两者则是利用管道的位移来吸收热变形的。

（一）方型补偿器

方型补偿器是供热管道设计中最常用的一种补偿器，如图 5-6 所示，通常是由四个 90° 无缝钢管煨弯或者机制弯头构成的 Ω 形补偿器，依靠弯管的变形来补偿管段的热伸长。

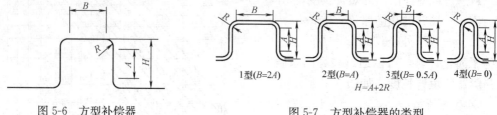

图 5-6　方型补偿器　　　　　　　　　　图 5-7　方型补偿器的类型

方型补偿器制造安装简单，运行可靠，维修方便，并且补偿能力大，轴向推力小，严密性良好，可以应用于各种压力和温度条件。但是，其缺点是补偿器外形尺寸较大，单向外伸臂较长，占地面积多，需要增设管架。实际应用中，为了提高方型补偿器的补偿能力（或者减少其位移量），一般采取预先冷拉的方法，通常预拉量为管道伸长量的 50%，在极限情况下，其补偿能力比无预拉时提高一倍左右。

目前，我国的热力管网补偿器一般都采用方型补偿器，根据中间臂与竖臂长度关系一般分为四种类型，如图 5-7 所示。

对于方型补偿器长度的确定，一般采用线算图的方法，如图 5-8 所示。

方型补偿器在安装时一般都需要

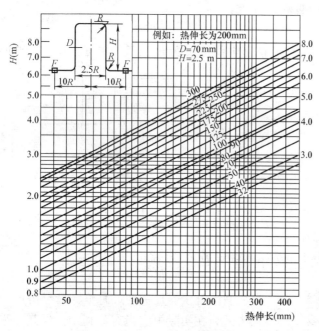

图 5-8　方型补偿器线算图

进行预拉伸，拉伸量见表 5-1。方型补偿器的补偿能力见表 5-2。

表 5-1　　　　　　　　　　　　介质温度与拉伸量的关系

介质温度（℃）	≤250	250~400	≥400
预拉伸量/热伸长量（%）	50	70	100

（二）套管补偿器

套管补偿器是通过芯管与外壳之间的相对位移来吸收管道的热膨胀的，可以分为单向式和双向式两种，如图 5-9 和图 5-10 所示。套管与外壳之间用填料圈密封，填料被紧压在端环和压盖之间，从而保证封口的严密性，填料采用石棉夹铜丝盘根。更换填料时需要松开压盖，维修比较方便。

表 5-2 　　　　　　　　　　　　　　　　方型补偿器的补偿能力

补偿能力 ΔL (mm)	型号	公称直径 DN (mm)											
		20	25	32	40	50	65	80	100	125	150	200	250
		外臂伸长 H=A+2R (mm)											
30	1	450	520	570	—	—	—	—	—	—	—	—	—
	2	530	580	630	670	—	—	—	—	—	—	—	—
	3	600	760	820	850	—	—	—	—	—	—	—	—
	4	—	760	820	850	—	—	—	—	—	—	—	—
50	1	570	650	720	760	790	860	930	1000	—	—	—	—
	2	690	750	830	870	880	910	930	1000	—	—	—	—
	3	790	850	930	970	970	980	980	—	—	—	—	—
	4	—	1060	1120	1140	1150	1240	1240	—	—	—	—	—
75	1	680	790	860	920	950	1050	1100	1220	1380	1530	1800	—
	2	830	930	1020	1070	1080	1150	1200	1300	1380	1530	1800	—
	3	980	1060	1150	1220	1180	1220	1250	1350	1450	1600	—	—
	4	—	1350	1410	1430	1450	1450	1350	1450	1530	1650	—	—
100	1	780	910	980	1050	1100	1200	1270	1400	1590	1730	2050	—
	2	970	1070	1170	1240	1250	1330	1400	1530	1670	1830	2100	2300
	3	1140	1250	1360	1430	1450	1470	1500	1600	1750	1830	2100	—
	4	—	1600	1700	1780	1700	1710	1720	1730	1840	1980	2190	—
150	1	—	1100	1260	1270	1310	1400	1570	1730	1920	2120	2500	—
	2	—	1330	1450	1540	1550	1660	1760	1920	2100	2280	2630	2800
	3	—	1560	1700	1800	1830	1870	1900	2050	2230	2400	2700	2900
	4	—	—	—	2070	2170	2200	2260	2260	2400	2570	2800	3100
200	1	—	1240	1370	1450	1510	1700	1830	2000	2240	2470	2840	—
	2	—	1540	1700	1800	1810	2000	2070	2250	2500	2700	3080	3200
	3	—	—	2000	2100	2100	2200	2300	2450	2670	2850	3200	3400
	4	—	—	—	—	2720	2750	2770	2780	2950	3130	3400	3700
250	1	—	—	1530	1620	1700	1950	2050	2230	2520	2780	3160	—
	2	—	—	1900	2010	2040	2260	2340	2560	2800	3050	3500	3800
	3	—	—	—	2370	2500	2600	2800	3050	3300	3700	3800	—
	4	—	—	—	—	—	3000	3100	3230	3450	3640	4000	4200

注 表中 ΔL 是按安装时冷拉 $\Delta L/2$ 计算的。如果用折皱弯头，补偿能力可增加 1/3～1 倍。

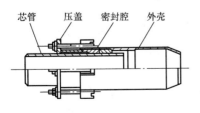

图 5-9 单向式套管补偿器

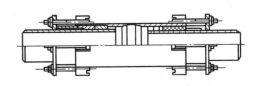

图 5-10 双向式套管补偿器

套管补偿器的补偿能力大，一般可达 250～400mm，占地面积小，介质流动阻力小，结构简单，安装方便，适用于工作压力小于或等于 1.6MPa，工作温度低于 300℃ 的管路，补偿器与管道采用焊接连接。但是，其缺点是造价高，并且轴向推力大，运行一段时间后，由于密封填料的磨损或者失去弹性，会导致补偿器泄漏，因而需要经常检修和更换填料。所以热力管网只有在特殊情况下才选用套管补偿器。

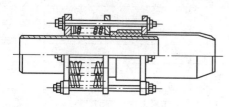

图 5-11　弹性套管补偿器

为了解决套管补偿器容易泄漏的问题，目前广泛采用注压密封技术，在填料区中部的套管上设置注压孔，在管道运行状态下把密封剂用高压注射枪送入密封空腔中，还可以利用弹性密封结构，如图 5-11 所示，利用压紧弹簧把密封填料压紧。

套管补偿器的最大补偿能力，可以从产品样本上查出。应当考虑管道安装后可能达到的最低温度 t_{min} 会低于补偿器安装时的温度 t_a，补偿器产生冷缩，两个固定支座之间被补偿管道的长度 L 由式（5-7）确定，即

$$L = \frac{L_{max} - L_{min}}{\alpha(t_{max} - t_a)} \tag{5-7}$$

$$L_{min} = \alpha(t_a - t_{min}) \tag{5-8}$$

式中　L_{max}——套管行程，即最大补偿能力，mm；

　　　L_{min}——考虑管道可能冷却的安装裕度，mm；

　　　α——钢管的线膨胀系数，通常取 $\alpha = 0.012$ mm/（m·℃）；

　　　t_{max}——供热管道的最高温度，℃；

　　　t_a——补偿器安装时的温度，℃；

　　　t_{min}——热力管道安装后可能达到的最低温度，℃。

（三）波纹补偿器

波纹补偿器是用多层或单层薄壁金属管制成的具有波纹的管状补偿设备。工作时，它利用波纹变形进行管道补偿。波纹补偿器具有补偿量大，补偿方式灵活，结构紧凑，工作可靠的优点。当管子直径较大（DN≥300mm）以及压力比较低（表压以下）时，常常采用波纹补偿器。波纹补偿器用 $\delta = 3～4$mm 的钢板或者不锈钢制成，通常以 3～6 个波纹为宜，在安装波形补偿器的时候，应该预先冷紧，冷紧值通常为热伸长量的一半。根据吸收热位移的方式，波纹补偿器可以分成轴向型、横向型和角向型三大类。在选用时应该综合考虑管线形状、长度和介质参数等各种因素。

（1）轴向型波纹补偿器。常用的有单式、复式和外压式，用于吸收直管道的轴向位移。它的结构简单，价格较低。但是补偿能力小，轴向推力较大。

（2）横向型波纹补偿器。常用的有大拉杆式和铰链式两种，横向型波纹补偿器通过波纹管的角偏转可以吸收管道的横向位移，具有补偿能力大，且对固定支座无内压推力等优点，因此，在 L 型和 Z 型管段上被广泛应用。

（3）角向型波纹补偿器。常用的角向型波纹补偿器有铰链式和万向式两种。它只能作角向偏转，因此不能单独使用。一般由两个或者三个组成一组，借助每个补偿器的角位移来吸收管道的热膨胀。

波形补偿器补偿能力的计算公式为

$$\Delta L = \Delta L' n \tag{5-9}$$

式中　ΔL——补偿器的全补偿能力，mm；

　　　$\Delta L'$——一个波节的补偿能力，通常取值为 20mm；

　　　n——波节数。

（四）球型补偿器

球型补偿器是利用球型管接头的随机弯转来解决管道的热胀冷缩问题，它由壳体、球体

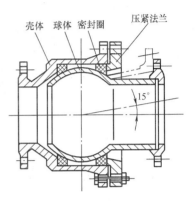

图 5-12　球型补偿器

和密封结构组成，如图 5-12 所示。球体可以绕自身的轴线旋转，也可以向任意方向做角折曲运动。可以将两个或者三个球型补偿器组成一组，利用其折曲吸收管道的热伸长。单个球型补偿器不能吸收热伸长，但是可以做万向接头使用。这种补偿器供热介质可以从任意一端进入，适宜在三向位移的蒸汽和热水管道以及在架空管道上使用。

球型补偿器的优点是补偿能力大，占地面积小，安装简便，节省材料，不存在内压推力。其缺点是存在侧向位移，容易漏水、漏汽，要求加强维修。

由于球型补偿器补偿能力很大，因此固定支架间距可以增大，一般 400～500m 安装一组球型补偿器。为防止管道挠曲，在中间位置适当增加导向支架，为减少管道的摩擦阻力，可以采用滚动支座。在安装球型补偿器之前，必须将其通道两端封堵，存放在干燥通风的地方；长期保存时，应当经常检查，防止锈蚀。安装时，一定要注意便于检修和操作。若安装在垂直管道中，必须把球体露出部分向下安装，防止积存污物，并且应该尽量使介质从球体端进入，从壳体端流出，以减少流动阻力。

第二节　供热系统整体可靠性的保障

一、可靠性的基本概念

评价设备与系统运行能力可以用两种方法进行表达，一种是统计持续运行时间，另外一种是对系统的运行能力作概率评价。由于系统运行元件的持久性取决于一系列的随机因素，而且又不可能预料这些随机因素对于元件运行持久性的影响，所以人们常常应用概率评价，也就是用持续运行时间的概率分布规律来代替元件的持续运行时间的评价。根据以上两种方法，可以得出供热系统或其元部件在规定的条件下和规定的时间内，完成规定功能的能力，该能力称为供热系统或其元部件的可靠性。供热系统的可靠性是综合性质，它本身应包括几个方面：无事故性、持久性和维修性。

无事故性是能最完整地反映可靠性概念本质的一个重要性质，它表示在某段时间或工作容量内，供热系统不发生事故的性能。维修性就是系统在预定的维修级别上，由具有规定的技术水平的人员，利用规定的程序或资源进行维修时，保持或恢复到规定状况的能力。供热系统是允许进行检修的系统，这是对于通过维护检修来预先发现并消除故障与缺陷的一种适应能力，可以称这种能力为检修适应性，它通过故障元件的恢复时间来描述，如果这一时间

过长，需要设置备用系统。可靠性又是持久性的标志。持久性即工作系统能保持到某一极限状态的性能。在达到这一极限状态之前进行维修时，或者允许暂停运行，或者不允许暂停运行。供热系统应当是一种能够持久运行的系统。

评价系统的可靠性，必须准确地定义元部件与系统故障这一概念。而定义热网元部件的故障时又要考虑中断的突然程度和持续时间。元部件的突然故障是故障元部件不得不立即停止运行的破坏。其余的逐渐发展的故障，则可以在元部件尚未造成对供热的破坏之前就进行检修，然后在不会引起整个系统发生事故的时机，进行全面的恢复性检修。这里需要把故障和事故这两个概念澄清一下。所谓事故，就是设备出现意外损坏，影响到了用户的供热情况。所谓故障，是使设备的工作受到破坏的事件。因此，不能说所有的故障都是事故。事故指的是影响到用户供热的故障。

供热系统中所说的可靠性是只考虑那些故障元部件的恢复时间大于允许的恢复时间的突然故障。元部件的故障修复时间取决于元部件本身的结构，所在热水管道直径、长度、坡度及敷设方式，当地地质和气候条件，放水阀、放气阀的设置等因素。在有备用的系统中，这种故障会引起运行水力工况的变化；在没有备用的系统中，则会发展为整个系统的故障。

系统的元部件发生因为强度破坏引起的故障，归因于元部件的最薄弱环节以及过负荷运行同时发生。这都取决于一系列的独立的随机因素，如焊接时用的焊条的质量、焊工的熟练程度、焊接条件以及未焊透、有夹渣等因素都可以引起焊缝强度的破坏。因此，这类故障是随机性的。

由此可以得出，在评价供热的可靠性时，原则上是应该不允许发生故障，而且对于现实的供热任务来说，系统的故障将会造成十分严重的后果。

二、供热系统元部件的可靠性、故障流

前面已经指出，使得热网整体或者局部被迫关断的障碍统称为故障。以下几种常见的损坏都会引起故障：

（1）填料式补偿器：壳体腐蚀、套管动作失灵。

（2）管路：穿孔性腐蚀损坏，焊缝破裂。

（3）闸阀：闸阀阀体或者旁路发生腐蚀；阀盘歪斜或者跌落；法兰连接部漏水，导致管段不能严密关断的堵塞故障。

这几种损坏都是在热网运行过程中由于多种不利的随机因素作用于元部件之后造成的。在将一段管路或者一种元部件发生损坏修复之后，可继续投入运行使用，将来这段管路可能出现新的损坏，再次进行修理。热网元部件连续发生损坏时就构成了故障流。故障流可用故障流参数 ω 来评定，如果假设在监测的 t 年时间里，有 N 段被监测的管路每一段出现 m_i 次故障，则定义 ω 的表达式为

$$\omega = \frac{\sum\limits_{i=1}^{N} m_i}{N \Delta t} \tag{5-10}$$

式中　　Δt——运行时间段；

$\qquad m_i$——在运行时间段内每一段热力管故障排除次数；

$\qquad N$——被监视管段数。

因此，故障流参数的倒数 T（$T = 1/\omega$，以年来度量）称之为两次故障之间的平均运行

时间。

现代集中供热系统内的元部件发生故障或失效是随机性的，而这些故障的发生会造成局部甚至整个热网的故障，从而恶化劳动条件和影响居民的正常生活，造成严重的社会后果，因此，大型供热系统必须要有定量指标来预测元部件的可靠性，以确保供热系统安全、可靠地运行。

研究供热系统元部件可靠性评价指标的基本参数如下：

（1）故障概率密度 $f(t)$：指在供热系统的 N 个元部件中，每一个元部件的故障发生时间是随机变量，设在第 i 个区间的时间段 $(t_i, t_i + \Delta t)$ 内出现的故障频数为 Δn_i，则该区间单位时间内发生的故障频率 $f(t_i) = \Delta n_i / (N \Delta t)$。当 $N \to \infty$，$\Delta t \to 0$ 时，$f(t_i)$ 恰好具有概率分布的含义，称 $f(t)$ 为故障的概率密度函数。

（2）可靠度 $R(t)$：指元部件在预定时间和约束条件下，完成规定功能或任务的能力，即在起始时刻正常的条件下，在时间区间 $[0, t]$ 内不发生故障的概率，它是时间的函数。

（3）不可靠度 $F(t)$：指一般可修复元件在起始时刻完好的条件下，在时间区间 $[0, t]$ 内发生首次故障的概率，因此有 $F(t) + R(t) = 1$。同时，根据故障概率密度 $f(t)$ 的定义，不可靠度 $F(t)$ 也可表示为 $F(t) = \int_0^t f(t) \mathrm{d}t$。

（4）故障率 $h(t)$：指元部件从起始时刻至 t 时刻完好的条件下，在时刻 t 以后单位时间里发生故障的概率。

（5）平均无故障工作时间 $\overline{T}$：指系统的元部件在相邻两次故障间的工作时间，$\overline{T} = \int_0^\infty t f(t) \mathrm{d}t$。

我国目前一直沿用前苏联的事故流参数概率法，这种方法是在收集和研究供热系统元部件故障统计资料的基础上，以热网元部件在时间区间 $[0, t]$ 内故障的次数（称事故流参数）为代表，用数理统计方法处理实际观测值，得到热网元件正常功能破坏的那些随机事件发生的概率。

供热系统元部件的故障流在一定的时间内服从均匀的泊松分布。这种分布的特点是稳定性、无后效性和寻常性。

稳定性是在供热系统中，一定的时间间隔内出现的随机事件的概率是不会改变的，只有当热网元部件老化时，稳定性才会被破坏。但是，在热网管道和元部件运行过程中，老化过程并不是很明显，因此可以说故障流参数基本上保持恒定不变。

无后效性则指在热网中每一次系统的故障都应该是彼此独立的。在系统中要设置保护装置，严格禁止出现一次故障导致另一次故障的现象。

在实际的供热系统中，不可能在很短的时间间隔里出现两次甚至若干次事故，这就是系统的寻常性。

在 Δt 时间内，最简单的事件流中出现 m 次故障的概率 $P_m(\Delta t)$ 可以按照泊松定律计算

$$P_m(\Delta t) = \frac{(\omega \Delta t)^m}{m!} \mathrm{e}^{-\omega \cdot \Delta t}, m = 0, 1, 2 \cdots \tag{5-11}$$

在此时间间隔内，一次故障也不发生的概率为

$$P_0(\Delta t) = \mathrm{e}^{-\omega \cdot \Delta t} = P(\Delta t) \tag{5-12}$$

这个概率就是可靠性函数。可见，供热系统元部件的可靠性函数在一定的时间内是服从

指数分布规律的。因此，可以得出故障概率为

$$F(t) = 1 - P(\Delta t) = 1 - \mathrm{e}^{-\omega \cdot \Delta t} \tag{5-13}$$

第三节 可 靠 性 指 标

一、供热系统的可靠性指标

供热系统具有以下两个特点：第一是由于供热的社会性影响，原则上是不允许发生故障的；第二是尽管可靠性要求很高，但是在元部件故障检修期内还是允许短时间降低系统的运行质量的。这两个特点可以用相应的可靠性评价指标来评定。前苏联学者将供热系统的可靠性评价指标定义为实际系统的功能质量指标与理想系统的功能质量指标之比。

供热系统属于复杂的技术系统，因此其可靠性（包括有备用部分和无备用部分）都能用功能质量特性进行评价。系统的状态用向量 $\overline{X}(\Delta t)$ 描述，$\overline{X}(\Delta t)$ 是系统功能的数学模型，它反映的是组成供热系统以及在可靠性计算时要考虑的部件的状态，它可以这样表示

$$\overline{X}(\Delta t) = \begin{vmatrix} X_1(\Delta t) \\ X_2(\Delta t) \\ \vdots \\ X_n(\Delta t) \end{vmatrix} \tag{5-14}$$

式中　n——计算系统的可靠性时所考虑的元部件数；

$X_i(\Delta t)$——评价系统中第 i 个元部件的状态。

当 $X_i(\Delta t) = 1$ 时，说明第 i 个元部件有工作能力；当 $X_i(\Delta t) = 0$ 时，说明第 i 个元部件没有工作能力，即处于故障状态。功能质量特性是向量 $\overline{X}(\Delta t)$ 的函数，由系统的任务来决定，是系统瞬间的功能评价。把用户系统小时耗热量作为功能质量特性。

我国学者根据前苏联提出的供热系统功能质量指标判定系统可靠性的思想，以全年总供热量作为系统的功能质量指标，定义供热系统可靠性综合评价指标 R_{zt} 为实际系统的功能质量指标与理想系统的功能质量指标的比值，给出的热网的可靠性综合评价指标为

$$R_{zt} = 1 - C_{tf} \frac{\sum\limits_{j=1}^{n} \Delta q_j \omega_j}{q_0 \sum\limits_{j=1}^{n} \omega_j} (1 - \mathrm{e}^{-\sum\limits_{j=1}^{n} \omega_j t}) \tag{5-15}$$

$$C_{tf} = \frac{\sum\limits_{k=1}^{m} (T_{i,d} - T_{o,k}) F_k t_k}{\sum\limits_{k=1}^{m} (T_{i,d} - T_{o,k}) t_k} \tag{5-16}$$

式中　t——采暖期延续时间，h；

ω_j——第 j $(j=1, 2, \cdots, n)$ 个元部件的故障率，h^{-1}；

n——组成供热系统元部件的数量；

Δq_j——第 j 个元部件故障时造成系统的供热不足量，MW；

q_0——供热系统的计算热负荷，MW；

C_{tf}——故障频谱系数；

$T_{i,d}$——室内空气设计温度，K；

$T_{o,k}$——某地区第 k $(k=1, 2, \cdots, m)$ 月份室外平均温度，K；

F_k——第 k 月份的故障次数占年总故障次数的份额；

t_k——第 k 月份的运行时间，h。

故障流参数的计算，为我国学者研究供热系统可靠性评价及工程应用提供了有力的支持。同时，在调研国内热网故障数据基础上提出了故障次数随月份变化这一可取的思想，发展出供热系统故障频谱这一新假设，具有实际意义。它表明，供热系统元部件故障发生在不同月份所造成的系统的供热不足量是不同的，与该月份的室外平均温度有关。因此，故障频谱假设对定义系统的功能质量函数有直接影响。应用这一概念可使可靠性计算更加深入和细致。但是，值得说明的是，上面得出的故障频谱计算公式是通过在一定的时间内，对局部地区的资料进行统计的结果。因此，尚存在一定的局限性。

供热系统可靠性年评价指标定义为供热系统整个供热期实际供热量的数学期望与全年（供热期）理想状态供热量的比值

$$R_y = 1 - \frac{1}{q_{Yo}} \sum_{k=1}^{m} (1 - e^{-\sum_{j=1}^{n} \omega_{kj} t_k}) q_{0,k} \sum_{j=1}^{n} \eta_{kj} \frac{\omega_{kj}}{\sum_{j=1}^{n} \omega_{kj}} \tag{5-17}$$

$$\eta_{kj} = \frac{\Delta q_{kj}}{q_{0,k}} \tag{5-18}$$

式中　q_{Yo}——供热系统整个供热期理想状态的供热量，GJ；

ω_{kj}——第 k 月份第 j 个元部件的月事故流参数 $(j=1, 2, \cdots, n)$；

t_k——系统在第 k 月份运行总时间，h；

$q_{0,k}$——第 k $(k=1, 2, \cdots, m)$ 月份供热系统的理论供热量，GJ；

Δq_{kj}——第 k 月份第 j 个元部件事故性故障造成的系统供热不足量，GJ。

将式 (5-17) 简化，可得

$$R_y = 1 - \sum_{k=1}^{m} (1 - e^{-\sum_{j=1}^{n} \omega_{kj} t_k}) A_k \sum_{j=1}^{n} \eta_{kj} \frac{\omega_{kj}}{\sum_{j=1}^{n} \omega_{kj}} \tag{5-19}$$

$$A_k = \frac{(T_{i,d} - T_{o,k}) t_k}{\sum_{k=1}^{m} (T_{i,d} - T_{o,k}) t_k} \tag{5-20}$$

式中　A_k——供热系统在理想状态下第 k 月份系统的供热量占系统全年供热量的份额，简称为月供热份额；

$T_{i,d}$——室内空气设计温度，K；

$T_{o,d}$——室外空气设计温度，K；

$T_{o,k}$——某地区第 k 月份室外平均温度，K。

式 (5-17) 和式 (5-19) 显示：只有那些元部件的故障修复时间超过供热系统允许检修时间的事故性故障才导致供热系统处于事故（或失效）状态，充分考虑了元部件故障的可维修性和热用户室内温度状态两方面因素。

另外，式（5-17）和式（5-19）还将事故性故障资料按月进行处理，得出的是月事故流参数，认为在采暖期不同月份运行时间 t_k 内事故流参数分别保持为常数，反映了在采暖期不同月份运行时间内事故流故障次数的差异，继续发展了故障频谱的概念。此外，用"月不可修复"假设代替"年不可修复"假设，使其更接近供热系统的实际情况。同时，还提出热网可靠性与维修性相结合的思想，将供热系统可靠性的研究推上了一个新的高度。

研究人员在评价供热系统可靠性这一领域的研究有了很大的发展，提出故障频谱系数和月事故流参数等概念，使得供热系统可靠性研究更趋于完善。但也应该看到，供热系统可靠性评价指标还有许多问题尚待解决，为便于工程上的应用，元部件月事故流参数的统计方法应简化，供热系统可靠性评价指标的确定等，都需要做大量的工作。

二、可靠性评价指标 R_y 影响因素探讨

（一）元部件的事故流参数 ω_{kj}

在设计新的热网系统时，要采用最完善和最先进的管道结构和热网设备。因此，根据统计分析所得到的事故流参数 ω_{kj} 的数值应该向减小的方向修正。所采用的 ω_{kj} 的计算值还需用考察鉴定的方法进行补充检验。事故流参数 ω_{kj} 的减小，可提高系统的可靠性。设计者的任务是正确地选择在计算中所采用的 ω_{kj} 的数值。

（二）采暖地区因素

在不同地区，采暖室外计算温度、采暖期的月份数、采暖期开始和结束月份的运行时间、各月份的平均室外空气温度差异都很大，因此地区因素对可靠性指标 R_y 的影响是很大的。对某一给定地区，月供热份额 A_k 及第 k 月份运行时间通常都是已知的。

（三）事故工况的数量 n

事故工况的数量 n 取决于组成供热系统的元部件数，计算中考虑的事故工况的数量比可能发生的故障工况少。有些元部件的故障并不导致系统处于事故状态，这些元部件的故障不是事故性故障，在计算可靠性时不考虑。因此，可靠性计算中所考虑的事故工况在计算前确定，主要与所采取的热网系统结构、热负荷分布及分段阀布置有关。

（四）瞬时供热不足量与系统设计热负荷之比 η_i

η_i 数值上等于在采暖室外计算温度下第 i 个元部件事故性故障造成的瞬时供热不足量与系统设计热负荷之比，实质反映了热网的分段问题，与事故工况下被切断的供热量密切相关。可以从采暖计算工况入手分析分段阀设置对热网可靠性的影响。管网分段可以减少管段事故工况下被切断的热负荷数值，从而降低 η_i 值，这是分段阀在提高热网可靠性方面的一大作用。分段阀布置在管网管段的起点，其数量应根据管网的平面图和管长、热负荷确定。必须指出，分段阀布置的间距还应从故障管段允许修复时间来考虑。任何分段方法都将使热网增加新的部件——阀门，阀门本身也会发生故障，它也有一定的事故流参数的数值，因此将降低系统的可靠性。但是，如果分段阀降低被切断概率的数值和其在提高系统可靠性方面的贡献比附加分段阀带来的不可靠性大，那么管网分段能提高系统的可靠性，这种方法必须采用。

第四节　提高可靠性的措施

随着我国供热技术管理的进步，供热系统的可靠性越来越受到广泛关注。并且针对不同

的运行特点，提出了一些卓有成效的提高措施。就供热设计布置，可以采用双重备用、多热源共网运行、环形管网等措施，并且提出了分段管网的计算方法。在实际运行中，查明地下热力管道有腐蚀危险的管段和消除腐蚀的根源是延长热力网寿命和提高供热可靠性的有效方法之一。

提高系统可靠性总要导致材料消耗的增加，所以对供热系统可靠性的要求，应该有确切的论据。对于某些用户，保证供热的可靠性问题，可以通过技术经济分析来确定。在这种情况下，可能会产生供热系统最有利可靠性水平问题。很明显，为提高系统可靠性而增加的投资，要由系统的可能故障的减少所导致的物质损失的减少来补偿。

一、热网管线的合理布置

（一）热网管线合理分段

分段的管网可以减少管网周围区域事故工况下所切断的功率（供热量）的数值，提高热网的可靠性。分段阀的数量应根据具体管网的平面图、负荷及管径决定。

确定故障元部件的修复时间，是判定供热系统是否处于事故状态的依据，也就是确定热网结构模式的前提条件。在热网系统故障元部件的修复时间内，管道的修复时间最长。管道的修复时间由截断事故管段并放水、排除事故和充水这三部分时间组成。

消除供热管道事故的时间 Z_{XF} 可以按式（5-21）确定，即

$$Z_{XF} = a[1 + (b + cl)d^{1.2}] \qquad (5\text{-}21)$$

式中　a、b、c——取决于热力管道类型（地下以及地上）和结构的常数；

　　　　l——分段闸阀间距离，m；

　　　　d——管道内径，m。

对于地下不通行地沟敷设的热力管道，当采用现代的机械化方法修理时可采用：$a = 8$，$b = 0.5$，$c = 0.0015$。

1. 无备用管网分段间距的计算

无备用管网时，当热网元件发生故障，将会造成部分或全部热用户被中断供热。在完全停止向建筑物供热时，室内温度 t_{nj}（可取为 18℃），降低到最低允许温度 t_{ny}（可取为 10℃），这一过程在室外计算温度 t_{wj} 下最短，所需时间 Z_{YZ}

$$Z_{YZ} = -T\ln\frac{t_{ny} - t_{wj}}{t_{nj} - t_{wj}} \qquad (5\text{-}22)$$

表 5-3 给出了在 $t_{nj} = 18℃$，$t_{ny} = 10℃$，$T = 70h$ 时不同 t_{wj} 下的 Z_{YZ} 值。

表 5-3　　　　　　　　　　　建筑物允许间断供热时间表

t_{wj}（℃）	−15	−20	−25	−30
Z_{YZ}（h）	19.43	16.55	14.41	12.76

排除故障的时间不能大于建筑物允许间断的供热时间，否则严重影响了热网系统的可靠性。所以 $Z_{XF} < Z_{YX}$，即

$$l \leqslant \frac{1}{c}\left[\frac{1}{d^{1.2}}\left(-\frac{T}{a}\ln\frac{t_{ny} - t_{wj}}{t_{nj} - t_{wj}} - 1\right) - b\right] \qquad (5\text{-}23)$$

根据式（5-23）可以确定热网分段阀的最大允许间距，参见表 5-4。

表 5-4		无备用热网分段阀间距允许值		m
管径（mm）	−15℃	−20℃	−25℃	−30℃
300	4471	3337	2498	1851
400	3068	2266	1671	1213
600	1758	1264	899	617
800	1147	798	539	340
1200	577	362	203	80.5
1400	423	244	113	10.6

2. 有备用管网分段间距的计算

有备用供热系统发生事故时，热网以某一限额供热系数 β 向建筑物限额供热，室内温度由 t_{nj}（可取为18℃），降低到最低允许温度 t_{ny}（可取为10℃）。这一过程所需要的时间（即建筑物的最大允许限额供热时间）用 Z_{YX} 表示。在采暖室外空气计算温度 t_{wj} 下，Z_{YX} 最小，为

$$Z_{YX} = T\ln \frac{t_{nj} - t_{wj} - \beta(t_{nj} - t_{wj})}{t_{ny} - t_{wj} - \beta(t_{nj} - t_{wj})} \qquad (5-24)$$

表 5-5 给出了在 $t_{nj}=t_{no}=18℃$，$t_{wj}=10℃$，$T=70h$ 时，不同的 t_{nj}、β 下的 Z_{YX} 值。

表 5-5		建筑物的最大允许限额供热时间 Z_{YX}		h
β	−15℃	−20℃	−25℃	−30℃
0.5	46.43	38.26	32.58	28.38
0.6	65.21	52.31	43.80	37.73
0.7	115.55	84.69	67.76	56.77

如果室内空气温度允许最低值 t_{ny} 高于 10 ℃，如为 12 ℃，则 Z_{YX} 的值将小于表 5-4 中的数值。

当热力管道故障修复时间 Z_{YX} 不大于建筑物在某一 β 下的允许限额供热时间，即 $Z_{XF} \leqslant Z_{YX}$ 时，可保证供热系统完成限额供热的任务。

由以上各式可得

$$l \leqslant \frac{1}{c}\left\{\frac{1}{d^{1.2}}\left[\frac{T}{d}\ln\frac{t_{nj} - t_{wj} - \beta(t_{nj} - t_{wj})}{t_{ny} - t_{wj} - \beta(t_{nj} - t_{wj})} - 1\right] - b\right\} \qquad (5-25)$$

通过式（5-25）即可确定有备用热网分段阀的最大允许间距。

表 5-6		有备用热网（$\beta=0.5$）分段阀间距允许值		m
管径（mm）	−15℃	−20℃	−25℃	−30℃
300	15071	11529	9641	7984
400	10754	8302	6722	5556
600	6372	4975	4004	3287
800	4415	3425	2738	2230
1200	2585	1977	1555	1243
1400	2092	1587	1236	976

从表5-4、表5-5和表5-6可以看出：无备用热网分段阀的最大允许间距比有备用热网要小得多；热网管道直径越大，室外空气计算温度越低，分段阀的最大允许间距越小；对有备用热网，限额供热系数 β 越大，室内空气最低允许温度值越低，分段阀的最大允许间距越大。

增加分段阀的数量，可使故障状态下被切断的热负荷占总热负荷的相对值减小，这对提高热网的可靠性有利。同时，使热网元部件的数量增多，事故状态次数也随之增多，热网的可靠性也将随之下降。国内外学者研究表明，前者的效果更加显著。因此，分段阀门的设置是减少热网故障的修理时间，提高热网可靠性的重要措施之一。

（二）多热源共网技术

多热源共网是指两个以上的热源在一个热网系统上为用户供热。这些热源一般是不同类型的组合，如热电联产的热电厂和大中型的区域锅炉房；在能源上一般也是不同类型的配合，如垃圾、化石燃料、气体燃料、液体燃料、核能和地热能等。多热源共网系统可以有效地保护环境，充分地利用能源，降低运行成本。另外，多个热源共同为一个系统的用户供热，能做到互为备用，提高了供热可靠性。

图5-13所示为一多热网布置图。主热源和调峰热源的总供回水干管间都应设一旁通管Ⅱ，用以调节热网的循环水量、供回水温度和供回水压差。调峰热源必须在循环水泵处设一旁通管Ⅰ，当调峰热源不启运时，打开此管的阀门，调峰热源作为主热源的一个热用户。这时热网的水由供水干管进入调峰热源，散热后再由回水干管入热网。当调峰热源启运时，关闭旁通管的阀门，开启调峰

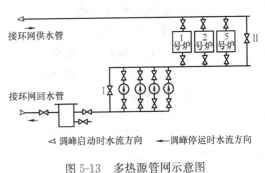

图5-13　多热源管网示意图

热源的循环水泵，这时水流方向相反，此时热网的水由总回水管进入调峰热源，经锅炉加热后送入热网的总供水管中。

具有多热源的供热系统，各热源热生产费用、能源消耗存在较大差异时，实施联网运行可比各热源解列单独运行明显地减少能源消耗，降低供热成本，同时还可提高供热的安全可靠性。具体来看，多热源联网运行的优越性体现在以下几个方面：

（1）减少能源消耗。供热系统的热源有热电厂、锅炉房、热电冷三联供装置等多种类型。由于各种热源热生产装置的效率不同，所以它们生产单位热能所耗的能源存在很大的差异。例如，热电联产一般采用高效率的电站锅炉，热效率可达90%以上，在热能利用上通过汽轮机实现高品位热能先发电，汽轮机抽、排汽的低品位热能用于供热，实现了能源的综合利用，降低了发电能源消耗，也减少了供热能源消耗。

（2）降低运行成本。运行成本由固定成本和变动成本两部分组成。若能实现联网运行，使用低热价的热源，对于热电厂而言，如果在整个采暖期尽量做到满负荷运行，从而压缩高热价热源的供热量，对热力公司，可大幅度地减少热量购入费用，从而获得可观的经济效益。

（3）提高热力系统安全可靠性。一个多热源的供热系统，若能做到当其中某一热源发生事故，停止或减少对外供热时，其他热源能增加供热量并能将这部分热量均衡地分配给用

户，则多热源供热系统的安全可靠性将比单一热源的供热系统有明显提高。实施多热源联网技术就可以实现上述目的。而解列运行的多热源系统即使管网连在一起也是难于做到的。这是因为：①解列运行的供热系统是按单热源系统设计的，循环水泵提供的扬程和流量一般只满足热源自身供热范围内热力站、用户的资用压头和流量需要。当某一热源发生事故时，在另一热源尚未满载的条件下可通过提高水温（不增加流量）或者增加流量（不提高水温）的办法增加供热量支援事故热源，但因循环水泵能力的制约一般很难实现，即便不增加流量，要将部分流量送到较远的另一供热区的用户，水泵的扬程也是不够的。②由于解列运行系统是按单热源系统设计的，没有考虑各系统间水力工况的协调，当事故情况下打开单热源供热系统间的阀门时，很可能发生其他热源无法向事故系统供热、部分用户超过允许压力和各热源间补水量失控等问题，其他热源很难起到备用热源的作用。③由于解列运行系统是按单热源设计的，事故状态下管网可能出现"瓶颈"，"瓶颈"部分管道的通过能力很差。④由于目前国内大多数供热系统都是单热源中央质调节，运行时管网循环水量基本保持不变，热力站控制设备比较简单。

二、保温

（一）保温的目的及保温材料的要求

供热管道及其配件都应保温。保温的目的是减少热损失，使热媒能维持一定的参数（温度、压力），以满足生产和生活用热要求，节约燃料，改善操作环境，防止热媒冻结，并且保护管道不受外界影响。有时地沟内的凝结水管道不保温，但是，应避免冬季发生冻结。

在供热管道保温层设计时，要正确选择和使用保温材料，必须了解保温材料的各种性能。为了达到保温目的，保温材料应该具备以下条件：

（1）导热系数小，质量轻。通常要求保温材料的导热系数不大于 4.2～8.5kJ/（m·h·℃），容重最好不大于 $450kg/m^3$。

（2）具有一定的坚固性。保温材料要使用很长时间，经常遭受外界恶劣天气以及自身的热胀冷缩，所以必须具有一定的强度，坚固耐用。通常要求保温材料应具有 0.3MPa 以上的承压力。

（3）能忍耐一定的温度变化。保温材料应能承受管内热媒的温度，并且在温度反复变化时，不至于引起材料性质的变化。

（4）抗湿性强。厂区架空敷设的管道经常遭受风吹雨淋，另外，地沟敷设管道要受地下水和潮湿土壤的影响，因此，要求保温材料不因受潮而变质损坏，干燥后仍能恢复其原来性能。

（5）原料来源广，制造施工方便。由于供热管道的保温投资很大，通常占供热管道敷设总投资的 15%～20%，保温层的制作与施工要消耗很多材料和工时。因此，选择保温材料与保温层的作法时，应当在保证技术条件的前提下注意节约，尽量就地取材。

（二）保温材料的分类、选择原则及常见保温材料

管道保温效果的好坏，重要的是选择什么样的保温材料，选择的原则有以下几点：

（1）保温材料、制品的允许使用温度，应高于介质的最高温度。

（2）保温材料的允许使用温度相同，有不同的材料可选择，应选择导热系数小、密度小、造价低、易于施工的材料，同时进行综合比较，经济效益好的应优先选用。

（3）在高温条件下，经综合比较后，可以选用复合材料，即用耐高温材料和不耐高温材

料分层保温。

（4）保温材料具有良好的防水、抗老化性能。

供热管道的保温材料是多种多样的，分类众多，例如：按照密度分，可以分为重质、轻质和超轻质三类保温材料；按照压缩性分，可以分为软质、半硬质和硬质保温材料；按照导热性分类，可分为低导热性、中导热性和高导热性保温材料；按形态分类，可分为多孔材料、矿纤材料、金属材料和其他材料四类。以下详细介绍工程中常见的几种保温材料。

1. 石棉及石棉制品

石棉是常用的质量较好的矿物保温材料之一，是一种属于含水硅酸镁的天然岩石棉的保温材料，具有较高的热稳定性和抗拉强度，并具有耐酸碱性。因此，在工业保温工程上多数使用石棉，而属于角闪石类的青石棉化学稳定性更佳。石棉内掺入少量的棉花和矿物填料及粘结剂等可制成各类型的石棉保温制品。

近年来，石棉在起泡剂和活性渗透剂的作用下，制成新型超细保温材料——泡沫石棉，并广泛在电站和化工设备作保温用。泡沫石棉毡具有质轻、导热系数小、耐高温、耐化学腐蚀、施工简便、可剪裁可弯曲、可拆下重复使用、柔软无尘等优点。但是，它的憎水性差、耐压低。

2. 蛭石及其制品

蛭石是一种复杂的铁、镁含水硅酸铝盐类矿物，是水铝云母类矿物中的一种矿石。蛭石矿经过烘干、破碎、筛分，然后急剧加热到 $850\sim1000℃$ 进行焙烧成为膨胀蛭石。膨胀后的蛭石形成由许多薄片组成的层状碎片，在碎片内部具有无数细小的薄层空隙，其中充满空气。膨胀蛭石具有容重小、导热系数小、耐高温、无腐蚀性等特点，是目前国内最常用的保温材料之一。膨胀蛭石既可以单独作为松散的填料，又可与水玻璃、水泥及合成树脂等胶结剂做成各种膨胀蛭石保温瓦块。

3. 珍珠岩制品

珍珠岩矿经破碎、筛分，在 $1200\sim1380℃$ 下焙烧，使其体积急剧膨胀，便制得多孔颗粒状优质保温材料，称之为膨胀珍珠岩。但由于珍珠岩矿床的生成年代不同，故膨胀性能也不同。凡未经变质作用的珍珠岩，都具有较高的膨胀性能。

膨胀珍珠岩可与水泥、水玻璃、沥青、磷酸盐、石灰、陶土、硅藻土和树脂等胶结剂按一定的比例配制各种膨胀珍珠岩瓦块。

4. 矿渣棉及其制品

矿渣棉以工业废料矿渣为主要材料，熔化后，用高速离心法或高压蒸汽喷吹法制成棉丝状的材料。它具有质轻、导热系数低、不燃烧、化学稳定性好、价格低廉等特点。但是，由于矿渣棉纤维直径较粗，在施工过程中，人体皮肤有刺痒现象。另外，由于矿渣棉中含有少量硫的成分，如矿渣棉长期处于潮湿状态，会对金属产生腐蚀，因此影响矿渣棉的应用。矿渣棉制品可用于不受水湿的中低温部位，有油脂渗漏的部位应避免使用。

矿渣棉常以沥青、酚醛树脂为胶结剂制成矿渣棉毡、矿渣棉管壳等制品作为供热管道的保温材料。

5. 泡沫混凝土

泡沫混凝土是用水泥或用粉煤灰代替水泥作主要原料，并加入松香泡沫，经过蒸汽养护成型。粉煤灰泡沫混凝土是利用电厂煤粉灰作原料，价格低廉，但必须注意粉煤灰的烧失量对制品质量的影响，一般烧失量应限制在 12% 以内。水泥泡沫混凝土适用于低温室内外保温，它可以直接浇注成型，如用于地沟和地下直埋管道的浇注保温等。

6. 岩棉制品

岩棉制品是一种新型的无机纤维优质保温材料。岩棉是以火山玄武岩为主要原料，加一定数量的辅料（石灰石等）高温熔化后，经蒸汽或压缩空气喷吹而成。岩棉具有质轻、导热系数小、不燃、化学稳定性好等特点。在岩棉中加入水玻璃等粘结剂可制成岩棉板、岩棉保温管等保温材料。

7. 玻璃棉及其制品

玻璃棉是熔融状态的玻璃液流经多孔漏板后，用过热蒸汽或高温高速燃气喷吹而成。玻璃棉具有密度小、导热系数低、耐酸、无腐蚀性、不霉烂、吸水率小、化学稳定性好、耐振动等优点。它常用酚醛树脂为胶结剂制成各种玻璃棉毡和管壳等制品作为供热管道的保温材料。

8. 聚氨酯硬质泡沫塑料

聚氨酯硬质泡沫塑料是以聚醚树脂或聚酯树脂为主要原料，与甲苯二异氰酸酯、水、催化剂、泡沫稳定剂等，按一定比例混合搅拌，进行发泡制成多孔泡沫塑料。聚氨酯泡沫塑料具有良好的性能，如密度小、强度高、导热系数低、耐油、耐寒、防震隔音等。但耐热温度不高，一般运行温度不超过 120℃，且价格昂贵。

（三）供热管道的保温结构要求及常见结构

1. 供热管道的保温结构要求

供热管道的保温结构主要由保温层和保护层两部分组成，如图 5-14 所示。供热管道的

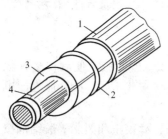

图 5-14　供热管道的保温结构
1—保护层；2—镀锌铁丝；
3—预制保温层；4—供热管道

保温结构直接影响供热管道的保温效果、供热管道的建设投资和供热管道的使用寿命。供热管道保温结构一般应满足如下要求：

（1）保证热损失不超过标准热损失。供热管道保温结构外表面的温度不超过规定的温度。

（2）保温结构应有足够的机械强度，保证保温材料在自重的作用下或偶尔受到外力冲击时不致脱落下来，尤其在室外架空设置的设备及管道，经常遭受风雨袭击，保温结构应坚固耐用。

（3）供热管道的保温结构应具有防水、防潮性和无腐蚀性。室外架空敷设的供热管道，经常受雨淋；敷设在不通行地沟内的供热管道，地沟内的温度高，湿度大，有水浸入，甚至被水淹没，而且不易发现和及时检修；无沟敷设的供热管道长期受潮湿土壤侵蚀。这些都需要保温结构具有良好的和可靠的防水、防潮性能。

（4）有振动的供热管道和供热管道的弯曲管段，保温结构要牢固可靠，如方型补偿器以及管道与水泵或其他转动设备相连接部位，不要因振动或供热管道本身的变形致使保温结构产生裂缝以致脱落。

（5）保温结构力求简单，外形整齐美观，材料应就地取材以节省投资。

2. 供热管道的保温结构

根据所选用的保温材料和施工方法的不同，供热管道的保温结构可以分为胶泥结构、包

扎结构、缠绕结构、预制保温构件结构和浇灌结构等。

（1）胶泥结构。胶泥保温结构，是采用涂抹式保温方法。常用的胶泥有硅藻土石棉粉、碳酸镁石棉粉、硅酸钙石棉粉等。硅藻土石棉粉由硅藻土粉和石棉纤维组成，其特点是质量轻、用量少、耐高温。碳酸镁石棉粉由碳酸镁钙和石棉纤维组成，其特点是容重小、保温效果好，但价格较贵。碳酸钙石棉粉由轻质碳酸钙和石棉所组成，价格便宜，但其容重较大，易损坏。

胶泥结构施工方法简单，维修方便，保温结构是一个整体，没有缝隙，可减少散热损失，适用于任何形状的供热管道和管件。但这种保温结构的施工方法主要靠手工操作，生产效率低，消耗劳动力多。这种保温结构施工期长，机械强度不高并容易吸水，增大保温材料的导热系数，降低保温效果。一般只用在管径小、工程量不大的供热管道上，现在已很少应用。

（2）填充结构。填充结构是采用钢筋或扁钢做个支撑环套在管道上，在支撑环外面包上镀锌铁丝网，在中间填装散状保温材料。这种结构的优点是容重小、保温效果好、不易开裂。但是填充时较难控制容重，施工质量难以保证，同时保温结构上易出现空隙，保温效果受影响。

（3）包扎结构。利用矿渣棉毡、玻璃棉毡、超细玻璃棉毡、牛（羊）毛毡和石棉布等保温材料，一层或几层包扎在管道上，即为包扎结构。包扎结构的优点是适用于任何形状的管道，特别是有振动和温度变化很大的管道，采用此种结构最为适宜。其缺点是对保护层的质量要求高。因毡状材料有一定弹性，不易压实，如果保护层出现裂纹，渗入水后则受潮，增大导热系数，增加散热损失，使保温效果变坏。

（4）缠绕结构。缠绕结构是将保温材料制成绳状或带状，如石棉绳、石棉带等，直接缠绕在供热管道上，根据规定的保温层厚度和石棉绳的直径可缠绕一层或几层。这种保温结构适用于有振动的供热管道上。施工简便，但造价高。

（5）预制品结构。预制保温层构件所用的保温材料主要有矿渣棉、玻璃棉、膨胀珍珠岩、膨胀蛭石等。这种保温结构施工简单方便，将预制的保温构件用镀锌铁丝直接捆绑在供热管道上，或在供热管道外表面涂一层胶泥后再将预制保温层构件捆绑在供热管道上。可在专门工厂预制加工，劳动生产率高，能保证质量。但在运输过程中损耗量较大，且不适用于不规则的供热管道。

（6）浇灌结构。常见的浇灌结构是用泡沫混凝土直接浇灌，所以主要用于地下无沟敷设。泡沫混凝土既是保温材料，又是支撑结构。因是整体结构，上面的土壤压力为泡沫混凝土所承受。管道与泡沫混凝土之间存在一定间隙，间隙是在管道安装后，在外面上涂抹一层重油或沥青，受热之后重油或沥青挥发所造成的，可以保证管道在泡沫混凝土中自由膨胀与收缩。浇灌保温结构的优点是投资少、施工方便。缺点是管道维护检修不便，且在地下水位高的地区不能采用。

（四）供热管道保温的热力计算

供热管道保温热力计算的任务是计算管路散热损失、供热介质沿途温度降、管道表面温度及环境温度（地沟温度、土壤温度等），从而确定保温层厚度。

供热管道的散热损失依据传热基本原理进行计算，供热管道敷设方式不同，计算方法相应也有所区别。

1. 架空敷设管道的散热损失

如图 5-15 所示，架空敷设供热管路的散热损失为

$$\Delta Q = \frac{t - t_0}{R_n + R_g + R_b + R_w}(1 + \beta)l \qquad (5-26)$$

$$R_n = \frac{1}{\pi \alpha_n d_n} \qquad (5-27)$$

$$R_g = \frac{1}{2\pi \lambda_g} \ln \frac{d_w}{d_n} \qquad (5-28)$$

$$R_b = \frac{1}{2\pi \lambda_b} \ln \frac{d_z}{d_n} \qquad (5-29)$$

$$R_w = \frac{1}{\pi \alpha_w d_z} \qquad (5-30)$$

$$\alpha_w = 11.6 + 7\sqrt{v}(近似公式) \qquad (5-31)$$

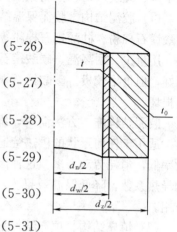

图 5-15 架空敷设管
道散热损失计算图

式中　t——管道内热媒温度，℃；

t_0——管道周围环境（空气）温度，℃；

R_n——从热媒到管内壁的热阻；

R_g——管壁热阻；

R_b——保温材料的热阻；

R_w——从管道保温层外表面到周围介质（空气）的热阻；

l——管道长度，m；

β——管道附件、阀门、补偿器、支座等的散热损失附加系数；

α_n——从热媒到管内壁的换热系数，W/（m²·℃）；

d_n——管道内径，m；

λ_g——管材的导热系数，W/（m·℃）；

d_w——管道外径，m；

λ_b——保温材料的导热系数，W/（m·℃）；

d_z——保温层外表面的直径，m；

α_w——保温层外表面对空气的换热系数，W/（m²·℃）；

v——保温层外表面附近空气的流动速度，m/s。

β 可按下列数值计算：对于地上敷设，$\beta = 0.25$；对于地沟敷设，$\beta = 0.20$；对于直埋敷设，$\beta = 0.15$。

由于热媒对管内壁的热阻和金属管壁的热阻同其他两项热阻相比数值很小，在实际计算中可以忽略不计，因此，式（5-26）可简化为

$$\Delta Q = \frac{t - t_0}{R_b + R_w}(1 + \beta)l = \frac{t - t_0}{\dfrac{1}{2\pi \lambda_b} \ln \dfrac{d_z}{d_w} + \dfrac{1}{\pi \alpha_w d_z}}(1 + \beta)l$$

$$(5-32)$$

2. 无沟敷设管道的散热损失

（1）单根无沟敷设管道的散热损失。如图 5-16 所示，无沟敷设的管道直接埋于土壤中，因此在计算管道散热损失时，

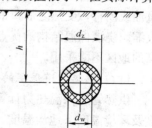

图 5-16　无沟敷设管道单
管散热损失计算图

应考虑土壤的热阻。由福尔赫盖伊默推导的传热学理论，土壤的热阻为

$$R_t = \frac{1}{2\pi\lambda_t}\ln\left[\frac{2H}{d_z}+\sqrt{\left(\frac{2H}{d_z}\right)^2-1}\right] \tag{5-33}$$

$$H = h+h_j = h+\frac{\lambda_t}{\alpha_k} \tag{5-34}$$

式中 d_z——与土壤接触的管子外表面的直径，m；

     λ_t——土壤的导热系数，W/（m·℃），当土壤温度为 10～40℃时，中等湿度土壤的导热系数 λ_t 为 1.2～2.5 W/（m·℃）；

     H——管子的折算埋深，m；

     h——从地表面到管中心线的埋设深度，m；

     h_j——假想土壤层厚度，此厚度的热阻等于土壤表面的热阻，m；

     α_k——土壤表面的换热系数，$\alpha_k=12\sim15$ W/（m²·℃）。

若 $h/d_z<2$，无沟敷设保温管道的散热损失为

$$\Delta Q = \frac{t-t_{d,b}}{R_b+R_t} = \frac{t-t_{d,b}}{\dfrac{1}{2\pi\lambda_b}\ln\dfrac{d_z}{d_w}+\dfrac{1}{2\pi\lambda_t}\ln\left[\dfrac{2H}{d_z}+\sqrt{\left(\dfrac{2H}{d_z}\right)^2-1}\right]} \tag{5-35}$$

若 $h/d_z>2$，式（5-34）和式（5-35）分别简化为

$$R_t = \frac{1}{2\pi\lambda_t}\ln\frac{4H}{d_z} \tag{5-36}$$

$$\Delta Q = \frac{t-t_{d,b}}{\dfrac{1}{2\pi\lambda_b}\ln\dfrac{d_z}{d_w}+\dfrac{1}{2\pi\lambda_t}\ln\dfrac{4H}{d_z}} \tag{5-37}$$

式中 $t_{d,b}$——土壤地表面温度，℃。

（2）多根无沟敷设管道的散热损失。当几根管道并列直埋敷设时，应考虑管道之间的传热影响。根据苏联学者 E. Л. 舒宾的方法，将管道相互之间传热影响假想为一个附加热阻的 R_c。

在双管直埋敷设情况下，如图 5-17 所示，其附加热阻为

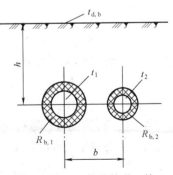

图 5-17 无沟敷设管道双管散热损失计算图

$$R_c = \frac{1}{2\pi\lambda_t}\ln\sqrt{\left(\frac{2H}{b}\right)^2+1} \tag{5-38}$$

式中 b——两管中心线间的距离，m。

因此，第一根管单位长度的散热损失为

$$q_1 = \frac{(t_1-t_{d,b})\sum R_2-(t_2-t_{d,b})R_c}{\sum R_1\cdot\sum R_2-R_c^2} \tag{5-39}$$

第二根管单位长度的散热损失为

$$q_2 = \frac{(t_2-t_{d,b})\sum R_1-(t_1-t_{d,b})R_c}{\sum R_1\cdot\sum R_2-R_c^2} \tag{5-40}$$

$$\sum R_1 = R_{b,1}+R_t \qquad \sum R_2 = R_{b,2}+R_t$$

式中 t_1、t_2——第一根和第二根管内的热媒温度，℃；

    $\sum R_1$、$\sum R_2$——第一根和第二根管道的总热阻，（m·℃）/W；

$R_{b,1}$、$R_{b,2}$——第一根和第二根管道保温层的热阻，根据式（5-29）进行计算，(m·℃) /W；

$\qquad R_t$——土壤热阻，根据式（5-33）进行计算，(m·℃) /W；

$\qquad R_c$——附加热阻，根据式（5-38）进行计算，(m·℃) /W；

$\qquad t_{d,b}$——土壤地表面温度，℃。

3. 地沟敷设管道的散热损失

地沟敷设管道散热损失的计算方法，与无沟敷设方法基本类似，只是在计算总热阻时，不仅要考虑保温层热阻和土壤热阻，而且要考虑从保温层表面到地沟内空气的热阻和从地沟内空气到地沟内壁的热阻以及沟壁热阻，即

$$\Sigma R = R_b + R_w + R_{ngo} + R_{go} + R_t \tag{5-41}$$

$$R_{ngo} = \frac{1}{\pi d_{ngo}\alpha_{ngo}} \tag{5-42}$$

$$d_{ngo} = 4F_{ngo}/S_{ngo}$$

$$R_{go} = \frac{1}{2\pi\lambda_{go}}\ln\frac{d_{wgo}}{d_{ngo}} \tag{5-43}$$

$$d_{wgo} = 4F_{wgo}/S_{wgo}$$

式中　　R_b、R_w、R_t——符号意义和计算方法同前，(m²·℃) / W；

$\qquad R_{ngo}$——从沟内空气到沟内壁之间的热阻，(m²·℃) / W；

$\qquad R_{go}$——地沟壁的热阻，(m²·℃) / W；

$\qquad \alpha_{ngo}$——地沟内壁换热系数，W/ (m²·℃)，近似取值为 12 W/ (m²·℃)；

$\qquad d_{ngo}$——地沟内廓根截面的当量直径，m；

$\qquad F_{ngo}$——地沟内净横截面面积，m²；

$\qquad S_{ngo}$——地沟内净横截面的周长，m；

$\qquad d_{wgo}$——地沟横截面外表面的当量直径，m；

$\qquad F_{wgo}$——地沟外横截面积，m²；

$\qquad S_{wgo}$——地沟外横截面周长，m。

当地沟内只有一根管道时，管道单位长度的散热损失为

$$q = (t - t_{d,b})/\Sigma R \tag{5-44}$$

式中　　$t_{d,b}$——土壤地表面温度，℃。

当地沟内有若干条供热管道时，考虑各条管路之间的相互换热影响，应先确定地沟内的空气温度。由热平衡原理可知，地沟内所有管路的散热量应等于地沟向土壤散失的热量，即

$$\frac{t_{\mathrm{I}} - t_{go}}{R_{\mathrm{I}}} = \frac{t_{\mathrm{II}} - t_{go}}{R_{\mathrm{II}}} = \cdots = \frac{t_m - t_{go}}{R_m} = \frac{t_{go} - t_{d,b}}{R_o} \tag{5-45}$$

因此可得

$$t_{go} = \left(\frac{t_{\mathrm{I}}}{R_{\mathrm{I}}} + \frac{t_{\mathrm{II}}}{R_{\mathrm{II}}} + \cdots + \frac{t_m}{R_m} + \frac{t_{d,b}}{R_o}\right) \times \left(\frac{1}{R_{\mathrm{I}}} + \frac{1}{R_{\mathrm{II}}} + \cdots + \frac{1}{R_m} + \frac{1}{R_o}\right) \tag{5-46}$$

$$R_{\mathrm{I}} = R_{b,\mathrm{I}} + R_{w,\mathrm{I}} \qquad R_m = R_{b,m} + R_{w,m}$$

$$R_o = R_{ngo} + R_{go} + R_t$$

式中　　　　t_{go}——地沟内空气温度，℃；

t_{I}、t_{II}、t_m——地沟中敷设的第 I、II、m 根管路中的热媒温度，℃；

R_{I}、R_{II}、R_m——第 I、II、m 根管路从热媒到地沟内空气间的热阻，(m²·℃) / W；

R_o——从地沟内空气到室外空气的热阻，（$m^2 \cdot °C$）/ W。

在计算通行地沟内管道的热损失时，若通行地沟设置了通风系统，根据热平衡原理，通行地沟中各条管路的总散热量应等于从沟壁到周围土壤的散热量与通风系统排热量之和，即

$$Q_t = \Sigma Q - \Delta Q_{go} \tag{5-47}$$

$$Q_t = \left(\frac{t_I - t'_{go}}{R_I} + \frac{t_{II} - t'_{go}}{R_{II}} + \cdots + \frac{t_m - t'_{go}}{R_m} - \frac{t_o - t_{d,b}}{R_o} \right)(1 + \beta)l \tag{5-48}$$

式中　ΣQ——地沟内各供热管路的总散热量，W；

$\quad\Delta Q_{go}$——从沟壁到周围土壤的散热损失，W；

$\quad Q_t$——通风系统的排热量，W；

$\quad t'_{go}$——通风系统工作时，要求保证的通行地沟内的空气温度，°C，通常规定不应高于 40°C。

（五）供热管道保温层厚度的确定

供热管道保温层的厚度是由技术和经济两方面的因素决定的。在技术上主要依据以下两个要求进行供热管道保温层厚度的确定。

（1）为保证供热管道所输送的热媒参数能满足热用户的要求，供热管道的散热损失不应超过允许散热损失；

（2）为保证工作人员安全操作，改善劳动条件，供热管道保温结构外表面的温度应不高于规定的温度。

根据以上技术要求所确定的保温层厚度是最小厚度，在此基础上，还必须根据技术经济分析确定其最佳厚度或称经济厚度。

1. 根据供热管道的允许散热损失确定保温层厚度

供热管道允许散热损失往往是根据热源所供给的热媒参数和热用户所需要的热媒流量及其参数确定，或者是根据国家所规定的允许散热损失来确定。目前我国尚未颁发供热管道的允许散热损失，可参考采用设计单位常用的允许散热损失的数值。

对于架空敷设和地沟敷设，供热管道单位长度的散热损失为

$$\Delta q_l = \frac{t - t_o}{\frac{1}{2\pi\lambda}\ln\frac{d_z}{d_w} + \frac{1}{\pi\alpha_w d_z}} \tag{5-49}$$

整理得

$$\ln\frac{d_z}{d_w} = 2\pi\lambda_b \left(\frac{t - t_0}{\Delta q_l} - \frac{1}{\pi d_z \alpha_w} \right) \tag{5-50}$$

式（5-50）中保温层外径 d_z 直接计算比较困难，实际中通常采用试算法进行确定。因此，保温层的厚度为

$$\delta = \frac{d_z - d_w}{2} \tag{5-51}$$

2. 根据规定的保温结构外表面温度确定保温层厚度

为了避免工作人员烫伤以及低燃点物质着火，供热管道保温结构外表面的温度不应超过

50℃。当已知规定的保温结构表面温度时，依据传热学基本理论，在稳态传热情况下，由保温结构外表面向周围空气所传递的热量与由热媒经保温层传递到保温结构外表面的热量相等，即

$$\pi d_z \alpha_w (t_w - t_o) = \frac{t - t_w}{\frac{1}{2\pi\lambda_b}\ln\frac{d_z}{d_w}}$$

整理得

$$d_z \ln\frac{d_z}{d_w} = \frac{2\lambda_b(t - t_w)}{\alpha_w(t_w - t_o)} \tag{5-52}$$

式（5-52）中的 d_z 也较难直接确定，通常查附表 27 确定。

3. 保温层经济厚度的确定

供热管道增加保温层厚度，显而易见可以减少其散热损失，节省燃料，减少运行费用。但是，由于保温层成本相对较高，厚度的增加同时也增大了供热管道保温结构的投资。因此，存在一个不仅满足保温要求，而且投资不大的最佳保温层的经济厚度。保温层的经济厚度指包括供热管道保温结构投资的年回收费（折旧费）、供热管道保温后散热损失费和保温结构年运行维修费在内的总费用为最小时的保温层厚度。总费用为

$$Z = \frac{K}{T} + S = aXV + aPV + b\Delta Q_l$$

$$= aV(X + P) + b\Delta Q_l = aVN + b\Delta Q_l \tag{5-53}$$

$$N = \frac{n(1+n)^m}{(1+n)^m - 1}$$

式中　K——供热管道单位长度保温结构的投资，元，$K = aV$；

　　　S——供热保温管道年运行维修费用和热损失费用；

　　　T——供热管道保温结构的补偿年限，年；

　　　a——供热管道保温结构的价格；元/m³；

　　　X——供热管道保温结构投资的年偿还率，1/年，$X = 1/T$；

　　　V——供热管道单位长度保温结构的体积，m³/m；

　　　P——供热管道保温结构运行维修费用系数，1/年；

　　　ΔQ_l——供热管道保温后单位长度年热损失，MJ/m；

　　　b——热价，元/MJ；

　　　N——年投资偿还率；

　　　n——银行贷款利率；

　　　m——回收年限，年。

因此，式（5-53）可变为

$$Z = aVN + b\Delta Q_l = a \cdot \frac{\pi}{4}(d_z^2 - d_w^2)N + b\frac{h(t - t_o) \times 3600 \times 10^{-4}}{\frac{1}{2\pi\lambda_b}\ln\frac{d_z}{d_w} + \frac{1}{\pi d_z \alpha_w}} \tag{5-54}$$

对式（5-54）求导，令 $\dfrac{dZ}{d(d_z)}=0$，得到在经济保温层厚度下的保温层外径 d_z 为

$$\frac{d_z}{2}\ln\frac{d_z}{d_w}+\frac{\lambda_b}{\alpha_w}=0.06\sqrt{\frac{bh\lambda_b(t-t_o)}{aN}} \tag{5-55}$$

另外，由于 λ_b/α_w 值很小，可以忽略不计。所以，保温层经济厚度为

$$\delta=\frac{d_z-d_w}{2} \tag{5-56}$$

应用图解法分析更为直观，首先确定在各种不同的保温层厚度时，保温结构投资年折旧、检修费用和年热损失的费用。将所得数据绘制成两条曲线，如图 5-18 所示。图中曲线 1 为保温结构投资折旧检修费用，曲线 2 为供热管道年热损失费用，将曲线 1 和 2 的纵坐标相加便得到总费用曲线 3。曲线 3 弯折点的横坐标，即为保温层的经济厚度，此时总费用最低，并且能够满足保温要求。

上面分析为敷设一根管道的情况，如果地下敷设有若干根供热管道时，管道之间的散热损失相互影响尤为复杂，并且邻近供热管道热损失的减少，会使其他供热管道的热损失有所增加，确定多管地下敷设供热管道保温层的

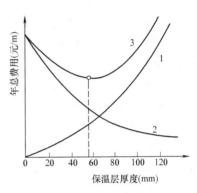

图 5-18 保温层经济厚度分析图

经济厚度时，应对各供热管道在各种保温层厚度下的热损失进行一系列的平行计算。这样，经济厚度的计算变得非常复杂。实际中，保温层的经济厚度通常是由专业机构确定，制成表格，供设计时选用。

（六）供热管道保温结构的保护层

为了避免保温结构在外力作用下受到破坏，避免由于雨、水和潮湿土壤的浸蚀而降低供热管道的保温效果，通常在供热管道保温层的外表面敷设保护层进行保护。保护层应当具有较高的耐压强度，良好的防水性能，并且在温度变化或振动的情况下不易开裂或产生裂缝，物理、化学稳定性好，结构简单，施工方便。

根据所用材料和施工方法的不同，保护层主要包括抹涂式保护层、金属保护层和布类保护层几种。

1. 石棉水泥保护层

石棉水泥保护层是用 5~6 级石棉绒和 400 号水泥混合均匀，涂抹在保温层表面上，该保护层在过去较为常用。但是，实际应用中石棉水泥保护层容易发生裂缝，施工复杂，并且不易涂抹平整光滑，另外须采用镀锌铁丝网作骨架，成本较高，因此，目前应用较少。

2. 金属保护层

金属保护层通常采用 0.3~0.75mm 镀锌铁皮或合金铝皮。金属保护层较石棉水泥保护层轻，可以减少供热管道支撑结构的荷重，机械强度高，不易破坏，防雨性能好，只要接合地方处理好不会漏雨，结构简单，施工方便，可在工厂中加工预制，安装进度快，外表整齐美观。但是，该保护层价格较高，投资成本较大。

3. 布类保护层

目前国内应用较为广泛的保护层为布类保护层，它价格便宜，施工方便。但是，在日光

照射下容易老化断裂，使用寿命较短。

4. 塑料管保护层

直埋敷设的供热管道通常采用高密度聚乙烯硬质塑料管做预制保温管的保护外壳，它具有较高的机械强度，耐磨损，抗冲击性能强，化学稳定性好，具有良好的耐腐蚀性和抗老化性，同样造价较高。

三、管道的除锈与防腐

（一）管道的除锈

除锈是金属管道在涂刷防锈涂料前进行的一道重要工序，其目的为清除管道表面的灰尘、污垢、锈斑、焊渣等杂物，以便使涂刷的防腐涂料能够牢固地黏附在管道表面上，从而达到防腐的目的。

除锈的方法众多，主要包括手工除锈、机械除锈和化学除锈。管道经除锈处理后应能见到金属光泽。

1. 手工除锈

手工除锈通常是用钢丝刷、铁砂布、锉刀及刮刀将金属表面的铁锈、氧化皮、铸砂等除去，并用蘸有汽油的棉纱擦干净，露出金属光泽。

手工除锈强度大、环境差、效率低、质量也不理想。但是，除锈工具简单、操作方便，对于工程量小的管材或设备表面，手工除锈方法仍然被广泛采用。

2. 机械除锈

机械除锈一般采用自制的工具，对批量管材进行集中除锈工作。常采用机动钢丝刷或喷砂法。

喷砂法是用压力为 0.35～0.5MPa，并已除去油和水之后的压缩空气，将粒径为 1～2mm 的石英砂（或干河砂、海砂）喷射在物体表面上，靠砂子的冲击力撞击金属表面，除去锈层、氧化皮等杂物。

机动钢丝刷除锈，通常采用自制的刷锈机刷去管子表面的锈层、污垢等，除锈时可将圆形钢丝刷装在机架上，将钢管卡在有轨道的小车上，移动管子进行除锈，也可用手提式砂轮机除锈。

3. 化学除锈

化学除锈一般采用酸洗方法将锈及氧化物等除掉。钢、铁的酸洗可应用硫酸或盐酸，铜和铜合金及其他有色金属的酸洗常用硝酸。

金属表面经过除锈处理后，应呈现出均匀一致的金属光泽，不应有金属氧化物或其他附着物，金属表面不应有油污和斑点，处理后的管材应处于干燥状态，并不得再被其他物质污染。经除锈并已检查合格的管材，应尽早喷涂底漆，以免受潮而重新生锈。

（二）管道的防腐

为了避免和减少管道外表面的化学腐蚀或电化学腐蚀，延长管道的使用寿命，对于与空气接触的管道外部或保温结构外表面，应当涂刷防腐涂料。对于埋地管道，应当设置绝缘防腐层。

1. 涂刷防腐

常用涂刷防腐的方法有手工涂刷和空气喷涂两种。管道工程中常用的防腐涂料性能和主要用途见表 5-7。

表 5-7 常用涂料的主要性能及用途

涂料名称	主要性能	耐温（℃）	主要用途
红丹防锈漆	与钢铁表面附着力强，隔潮、防水、防锈力强	150	钢铁表面打底，不应暴露于大气中，必须用适当面漆覆盖
铁红防锈漆	覆盖性强，薄膜坚韧，涂漆方便，防锈能力较红丹防锈漆差些		钢铁表面打底或盖面
铁红醇酸底漆	附着力强，防锈性能和耐气候性较好	200	高温条件下黑色金属打底
灰色防锈漆	耐气候性较调和漆强	─	做室内外钢铁表面上的防锈底漆的罩面漆
锌黄防锈漆	对海洋性气候及海水侵蚀有防锈性		适用于铝金属或其他金属上的防锈
环氧红丹漆	快干，耐水性强		用于经常与水接触的钢铁表面
磷化底漆	能延长有机涂层寿命		有色及黑色金属的底层防锈漆
厚漆（铅油）	漆膜较软，干燥慢，在炎热而潮湿的天气有发黏现象	60	用清油稀释后，用于室内钢、木表面打底或盖面
油性调和漆	附着力及耐气候性均好，在室外使用优于磁性调和漆		做室内外金属、木材、砖墙面漆
铝粉漆		150	专供供暖管道、散热器做面漆
耐温铝粉漆	防锈不防腐	≤300	黑色金属表面漆
有机硅耐高温漆		400～500	黑色金属表面
生漆（大漆）	漆层机械强度高，耐酸力强，有毒，施工困难	200	用于钢、木表面防腐
过氯乙烯漆	抗酸性强，耐浓度不大的碱性，不易燃烧，防水绝缘性好	60	用于钢、木表面，以喷涂为佳
耐碱漆	耐碱腐蚀	≤60	用于金属表面
耐酸树脂磁漆	漆膜保光性、耐气候性和耐汽油性好	150	适用于金属、木材及玻璃布的涂刷
沥青漆（以沥青为基础）	干燥快、涂膜硬，但附着力及机械强度差，具有良好的耐水、防潮、防腐及抗化学侵蚀性。但耐气候、保光性差，不宜暴露在阳光下，户外容易收缩龟裂		主要用于水下、地下钢铁构件，管道，木材，水泥面的防潮、防水、防腐

　　手工涂刷是用毛刷等简单工具将涂料均匀地涂刷在管子和设备表面上，其工效较低，只适用于工程量不大的表面或零星加工件表面的涂刷，但由于其工具简单，操作简便灵活，一直被广泛应用。

　　空气喷涂是以压缩空气为动力，通过软管、喷枪将涂料喷涂在金属表面上。这种方法效率高，涂料耗量少，适用于大面积的喷涂工作，且涂层厚度均匀，质量好，是目前应用最广泛的一种施工方法。

　　此外，涂漆的方法还有浸、滚、浇，以及静电喷涂、电泳施工、粉末涂抹等新的涂漆技术，目前的涂漆方式是机械化、自动化逐步代替手工操作。

2. 埋地管道的防腐

埋地敷设的金属管道主要有钢管和铸铁管。埋地敷设的铸铁管耐腐蚀性强，只需涂 1～2 层沥青漆防腐即可。埋地敷设的钢管需要根据土壤的腐蚀程度及穿越铁路、公路、河流等情况确定防腐措施，目前我国埋地管道防腐主要采用石油沥青绝缘防腐层，石油沥青绝缘防腐层的等级及结构见表 5-8。

表 5-8　　　　　　　　　　　　　石油沥青涂层等级及结构

等　　级	结　　　　构	每层沥青厚度（mm）	总厚度（mm）
普通防腐	沥青底漆—沥青—玻璃布—沥青—玻璃布—沥青—外保护层	≈1.5	≥4
加强防腐	沥青底漆—沥青—玻璃布—沥青—玻璃布—沥青—玻璃布—沥青—外保护层		≥5.5
特加强防腐	沥青底漆—沥青—玻璃布—沥青—玻璃布—沥青—玻璃布—沥青—玻璃布—沥青—外保护层		≥7.0

埋设在一般土壤内的管道可采用普通防腐方法；埋地管道在穿越铁路、公路、河流、盐碱沼泽地、山洞等地段及腐蚀性土壤时，一般采用加强防腐方法；穿越电车轨道和电气铁路下的土壤时，可采取特殊的加强防腐方法。

四、供热系统故障及泄漏的探测和排除方法

（一）热网的检测

供热系统的运行经验表明：热网发生热力管网破裂或泄漏是影响供热可靠性的系统最薄弱的环节，为较常见且较为棘手的故障，严重时甚至造成重大事故。

管网漏水后需要用经过软化和除氧的水进行补充，这样必须在热电厂或锅炉房内设置昂贵的水处理装置，势必增加设备成本，并且在运行过程中增大了能耗。保证系统高度严密性和减少补给水量是运行管理人员经常的和重要的任务。供热系统严密性代表着热力网总的运行管理水平。

供热系统压力调节点或者定压点处的压力下降是热水网破裂或者不严密的一种征兆。为了保持给定压力，补水量必须增加，甚至超过正常值。当补水量急剧增加时，监测人员应对补水装置的工作进行检查。在此时间内热网的热力工况须保持不变，以便不使系统中的水容量受温度的变化而影响到补给水量。同时，采取措施尽快找出漏水点。

第一种方法是对热力网的外表进行检查。可以通过地面融雪、地面冒水、热力管道路线和检查大量冒汽以及漏水时检查井中听到的特有的声音等方法发现漏水处。

在进行外表检查的同时，要检查加热装置的严密性。由于加热器中水流量很大，即使只有单根管子破裂，对于整个热网而言，漏水量也是相当大的。这时，可以采用化学分析法对硬度和碱度进行分析。当热网水漏入凝结水时，凝结水的硬度和碱度都会有所升高。

第二种方法是将蒸汽流量和返回的凝结水量进行比较。当两个数值相差较大，说明热网有漏水现象。

第三种方法是观察加热器中的凝结水位。热网发生漏水时，漏水设备中的凝结水位较正常水位高，特别是当管子大量破裂时，凝结水将充满整个设备。

当热网水大量漏入加热器的蒸汽空间时，如果事故浮子没有起作用而使水进入汽轮机，将造成严重的事故。为了在管子破裂时发出报警信号，全部加热器都应装设监浮计，监浮计产生脉冲发出灯光或声响报警信号。

如果通过对热网的外表面检查和加热装置的严密性检查并没有发现泄漏，那么应该逐次关闭用户系统和热网管段，并对补水装置的工作状况进行详细检查。如果被关闭的管段发生故障，则静水压力会迅速下降。

（二）调试阶段容易出现的故障

1. 空气阻塞

热水循环系统中的空气对系统安全运行非常不利。当管道内有空气积存时，就会增大循环水的阻力，甚至造成"空气塞"，严重影响系统正常循环，从而使得某些部分无法供热。因此，有效地排除空气是正常供热的前提。

系统中的空气主要来自以下情况：

（1）运行前，向系统内注入的常温水总要溶解一定量的空气。当系统运行时，水被加热而升温，溶解其中的空气便被分离出来。空气在水中的溶解量与温度和压力有关，即温度越低，压力越大，空气的溶解量越大，反之越小。在操作中，系统内的压力是一定的，随着温度的升高，水中的空气便被大量地分离出来。

（2）由于操作不当而产生的，如尚未向系统注满水，系统内还留有空隙时，就急于启动循环泵，致使水与空隙中的空气形成混合状态，这样也会导致空气的进入。

由于系统内空气的存在影响了正常循环，因此必须对空气作有效的排除。为此要注意正确的注水操作和集气罐的合理安装。向系统注水时，要关闭循环泵，使水处于静止状态，然后注水。这样随着水位的上升，系统内的空气被逐渐向上排挤，最后从最高点的排气阀排出。

2. 蒸汽管道内的汽水冲击

蒸汽管道初送汽时，由于管网温度较低会生成大量凝结水，凝结水随蒸汽前行过程中遇阻，使凝结水产生波动从而产生冲击，非常容易造成设备管道损坏。因此，初送汽时应认真制定送汽规程，严格控制管道温升速度，及时排放凝结水，杜绝水击产生。在送汽过程中，若凝结水疏水阀因堵塞或其他原因排不出凝结水，应立即停止送汽，待处理完后再送。在送汽过程中听到水击声时，同样应停止送汽或迅速加大泄水，待水击声消除，且凝结水排泄完毕后再继续送汽。特别注意，在听到水击声后切勿关闭泄水阀，避免系统损坏。

3. 减压阀的损坏

在投运时应先将旁路阀打开，使减压阀前后得到充分预热，否则易造成减压阀前后温差过大，损坏减压阀。待投运正常后，再关闭旁路阀。换热器通蒸汽时切记要首先预热管道，通汽不能过快，待充分预热后再逐步加大蒸汽流量。

4. 疏水器的堵塞

初投运时应先将疏水器前后阀门关闭，开启旁通阀门，待凝结水温度达到一定程度时再打开疏水器，关闭旁通阀，这样可以防止疏水器堵塞。如果没有旁通管路，应及时清理疏水器，并且在运行过程中定期清理。

除污器是供热系统中的一个重要装置，该设备为一密封压力容器，压力较高，无法安装视镜，拆掉法兰又是一项十分复杂的工作，如果不十分肯定有污物不会轻易进行操作。因而除污器一直不能及时地进行除污，从而影响供热效果。下面介绍一种简单可行的操作方法

——压差测试法。

根据流体力学原理，流体在管内流动时，由于管子的截面积缩小会引起阻力损失，从而在该截面的两端形成压力差。阻力损失越大，压力差也越大。根据这个原理，在除污器的进出口两端各安装一个压力表。在没有沉积物时，除污器本身的阻力可以忽略不计，此时两端的压力读数是相同的，记进口的压力为 p_1，出口的压力为 p_2，即 $p_1 = p_2$。随着沉积物的增多，产生的压差 Δp（$p_1 - p_2$）就越大，根据实际测试，当 $\Delta p = 0.05$MPa 时，应该及时进行除污处理，否则将会增加能耗，影响正常的供热效果。

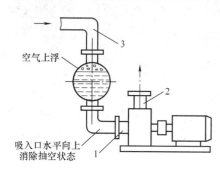

图 5-19　分水缸和循环泵的连接方法
1—水泵吸入口；2—水泵出水口；3—回水管

5. 循环泵的抽空现象

循环泵和分水缸及许多阀门和管线组成了一个封闭的循环系统，该系统的作用是至关重要的。不合理的安装方式会造成循环泵的抽空现象，即水泵的吸入口呈空气和水的混合状态，使水泵达不到应有的额定流量。这种循环泵的抽空现象不仅达不到额定流量，不能满足用户的供热要求，而且由于汽水混合状态使水泵的叶轮和轴承产生振动，缩短其使用寿命。因此，在安装现场施工时，不能只考虑到施工方便与否，还应该注意到运行和介质的特性。

建议使用如图 5-19 所示的连接方法。

若系统内有空气存在时，就会上浮于分水缸的上部，而下部则是充满的水，分水缸下管与水泵吸入口水平连接，因此不会产生抽空现象。

（三）运行过程中易出现的故障

运行过程中易出现的故障主要有换热量不足、循环水流量不足、换热器内水击、换热器泄漏等。

1. 换热量不足

换热量不足一般主要由下列因素造成：蒸汽量不足、凝结水排放不畅、水路堵塞、换热器内空气未排出、换热器内结垢严重等。

（1）蒸汽量不足表现为换热器进汽压力较低时换热量得不到保障，此时应检查减压阀调整得是否正确。若减压阀前压力较低，减压阀不能启动，应将减压阀旁路阀打开。若主汽阀前压力过低，应检查外汽网和汽源，只要蒸汽压力得到解决，换热量也就能保证了。

（2）凝结水排放不畅若是由于疏水器堵塞造成，只要清理疏水器就能得到及时解决。另外，凝结水管道设计过小也会造成凝结水排放不畅，给换热量的调节造成困难。此种情况下要加大凝结水管道尺寸才能解决问题。

（3）水路堵塞特征：换热器出水与进水温差大，进水与出水压差大，且凝结水温度高，换热量不足。水路堵塞造成换热器水循环流量减少，且换热系数降低。处理方法：①进行反冲洗；②拆开换热器清理。造成换热器水路堵塞的原因是供热管网渣滓多，使除污器堵塞或除污器除污能力太差所致。应及时清理改造除污器，提高其除污性能，并定期清理除污器内污物。另外，要加强供热管网的运行管理，运行前一定要将管道冲洗干净后再并网运行。

（4）汽路堵塞特征：进、出水温差小，凝结水温度低（几乎与进水温度一致），但蒸汽压力并不低。处理方法：首先检查疏水器是否堵塞，疏水管道疏水量是否达到要求；其次检查蒸汽过滤器及进汽阀。蒸汽管道若没有设置过滤器则应考虑换热器汽路堵塞的可能性。换热器汽路堵塞严重时应拆开换热器清理。

（5）初投运时要注意排出换热器内空气，并在运行中检查排气就能避免这种情况发生。

（6）换热器内结垢严重，原因是循环水水质差。预防办法：①控制循环水的水质；②合理控制量调节与质调节的范围；③努力减少管网失水量。换热器结垢会造成出水温度低，凝结水排放温度高，换热器效率大大降低。处理方法：①拆开换热器清理；②对换热器进行化学清洗。

2. 循环水流量不足

如果供热用户不断增加，而不调整或不增加循环水泵，就会使系统循环水流量不足，应更换循环泵或增加循环泵运行台数。循环水流量不足表现为供水、回水温差过大。主要应检查泵内是否积气或堵塞，叶轮是否磨损或是否有其他毛病影响水泵性能。应检查循环泵进、出口阀门，循环泵旁路泄压管，止回阀及除污器等。除污器堵塞时表现为除污器前后压差过大，将造成循环泵进口压力过低，甚至抽空，影响循环水流量。若除污器清理干净后，泵进口管仍抽空时，一般是除污器设计过流量不足造成的，应改造除污器，加大其过流量。

3. 换热器泄漏

换热器泄漏分外漏和内漏两种。外漏易发现，根据外漏原因采取相应对策处理即可。若是换热器内漏，一般换热器内有水击声，且凝结水水量大增，停汽后凝结水排放不止，此种情况应拆开换热器修理。

为确保水质合格，应正确使用水处理设备，定期对水质进行化验，如果发现水质不达标，应立刻进行置换。在热水管网系统运行前，应该对系统进行冲洗，将铁锈、污物和在检修时掉入内部的杂物冲洗干净，防止杂物堵塞管路及加速换热器结垢。

4. 水击

针对热水管网中因失水严重而出现的水击，可增设自动补水装置，当系统内水压处于设定下限时，补水泵自动启动补水，水压达到设定上限时，补水泵自动停止补水。这样可以避免管内因缺水而造成气体被吸入管路，或使换热器内水汽化而产生水击，同时也减轻了操作人员的劳动强度。

对换热器进行定期除垢。换热器结垢后，受热面的阻力会大大增加，如果要保持换热器出力不变，就必须提高热媒温度。换热器长期在高温下运行，降低了金属材料的机械性能，结垢严重时，就会损坏换热器，因此，应该对换热器进行定期除垢。一般清除水垢有两种方法，机械除垢和化学除垢。在实际生产中常采用酸洗化学除垢法。

在热媒加热系统中，应该将热媒炉本身的安全运行和换热器的安全置于同等位置。对导致换热泄漏事故的各种原因进行分析，并提出合理的解决方案，目的在于引起广大用户的重视，减少事故发生率，保证热媒加热系统的安全运行。

5. 突发情况

突发情况主要指突然停电、循环泵突然停运、管网突然失压等。

突然停电的主要措施是及时关闭蒸汽阀门，不让蒸汽流动加热。若蒸汽阀门关闭不严，应关闭凝结水阀，并关闭换热器进水、出水阀门，防止汽化水击产生。然后再进一步采取其他措施，解决蒸汽阀门不严问题。

循环泵突然停运应及时启动备用循环泵。若未准备好，应先停蒸汽，待备用泵正常投运后，再投汽运行。突然停运的循环泵未查明原因不能马上启动，以免造成设备损坏。在多台循环泵组合运行中，其中一台突然停运不易被发现。因此，要标好压力波动范围，勤巡视、勤检查，随时注意系统压力、温度波动情况。设置高、低水压报警有利于安全运行。

管网突然失压时应先关闭蒸汽阀门，同时停循环水泵，检查外网，确定跑水支路，然后将其他支路投运，及时处理好跑水点后继续投运。换热站发生故障后，首先要仔细观察，通过分析判断找出发生故障的原因，确有把握后，再采取排除故障的措施，要反复考虑各方面的影响因素，从中找出关键所在，不要过早做出似是而非的结论，以免造成人力、物力和时间的浪费。

第六章

供热系统的节能

随着科技的发展和能源形势的严峻，人们对于供热系统的节能越来越重视。本章对于节能的基本理论，以及常见的节能系统进行详细介绍。同时，针对供热系统的特点，提出了具有重要应用意义的措施。

第一节 节 能 基 本 理 论

一、㶲及㶲效率

（一）能量的品位

由热力学第二定律可知，在功和热的相互变换中，功可无条件转化为热，而热不可能全部转化为功。热量总是自发地由高温物体向低温物体传递，反之则必须投入额外的功，这种过程的不可逆性表明不同能量在可用性上有差别。能量可用性的差别，就是能量质量的差别。一种能量能够转化为功的量或作功能力的大小，是衡量该种能量质量的尺度。作功能力大的，称为高质的或高品位的，作功能力小的称为低质的或低品位的。

属于高品位的能有电能、机械能、化学能、水力和风能等，它们的能量在理论上都可以完全转化为功，属于品位较低的能量有热能等物理内能。

（二）㶲

㶲是指物质或工质的有效能（Ex），它表示该工质在某一状态下作最大功的能力，为热力学的状态函数。

$$Ex = W_{max} = (H - T_0 S) - (H_0 - T_0 S_0) \tag{6-1}$$

式中　W_{max}——最大有用功，J；

　　S、H——工质的熵和焓，J；

　　S_0、H_0——工质在环境状态下的熵和焓，J；

　　T_0——环境温度，K。

式（6-1）表明：在开口系统稳流过程中，工质从压力 p 和温度 T 状态开始，以可逆方式发生状态变化，最后与周围环境 p_0、T_0 达到平衡时获得的最大功。

对于一个单纯考虑热量的系统，高温热源（T）和低温热源（T_0）间，热量 Q 转化为功的最大限度为有效能，即

$$Ex = W_{max} = \left(1 - \frac{T_0}{T}\right)Q = \psi Q \tag{6-2}$$

$$\psi = \left(1 - \frac{T_0}{T}\right)$$

若环境温度 T_0 保持不变，则由式（6-2）可知，热源温度越高，所含有效能越多，因此

温度高低是衡量热能质量的重要指标，而 ψ 称为热能的品质系数。

（三）㶲效率

热力学第二和第一定律为㶲利用的数量分析基础，在实际系统过程中各项㶲的变化是不满足平衡关系的，为了达到能质的平衡应附加一项㶲损失，因而其平衡方程为

$$\Sigma Ex^+ = \Sigma Ex^- + \Sigma An \tag{6-3}$$

式中　ΣEx^+、ΣEx^-——投入和离开系统的各部分能量的有效能之和，J；

　　　　ΣAn——无效能之和，J。

用㶲平衡可以求出各个装置、过程、系统的有效能损失。㶲效率表示投入㶲的有效利用程度，即有效㶲与投入㶲的比值

$$效率 = \frac{\Sigma Ex_y}{\Sigma Ex^+} \times 100\% \tag{6-4}$$

式中　ΣEx_y——离开系统的㶲中被实际有效利用的部分。

二、总能系统

总能系统（Total Energy System，TES）指从充分利用燃料热量的观点，将用能的全过程作为一个系统来加以综合研究，应用热力学、系统工程学、热经济学中有关方法分析系统内部各要素之间的相互关联和作用，按最大现利用效益的最优方案来安排生产和提供所需的热、电等能量。

（一）能量转换效率

能量转换效率是燃料发电和驱动动力装置所作的功，即燃料燃烧释放的化学能转换为机械能，用于发电或制冷。发电效率为

$$\eta_e = \frac{E_{ef}}{E_{sup}} \times 100\% \tag{6-5}$$

式中　E_{sup}——供给能量，J；

　　　　E_{ef}——有效能量，J。

性能系数为

$$COP = \frac{E_{efe}}{E_{sup}\eta_d} \tag{6-6}$$

式中　η_d——发动机转换效率，通常取值为 0.13；

　　　　E_{efe}——制冷能量，J。

（二）能量利用率

分别考虑 TES 不同系统配置的一次能源利用率 PER_{TES}（Primary Energy Ratio）和能量利用率。

1. 一次能源利用率

对于燃气轮机，其一次能源利用率为

$$PER_{TES} = \eta_e + \xi(1 + \alpha_1) \tag{6-7}$$

对于内燃机驱动制冷机 EDCs（Engine-driven Chillers），其一次能源利用率为

$$PRE_{TES} = \eta_d COP + (1 - \eta_d)\alpha_2 \tag{6-8}$$

式中　α_1——干燥冷却系数，表征干燥除湿所替代的冷却负荷份额，通常取值为 1/3；

　　　　α_2——EDCs 的回收系数，包括排烟、气缸夹套热和制冷剂冷凝热，一般取值为 0.8。

2. 能量利用率

对于燃气轮机，其能源利用率为

$$\eta = \frac{E_{\mathrm{w}} + E_{\mathrm{ef}}}{E_{\mathrm{sup}}} = \frac{E_{\mathrm{sup}} - E_{\mathrm{wh}}}{E_{\mathrm{sup}}} \cdot \frac{E_{\mathrm{sup}}}{E_{\mathrm{sup}} - E_{\mathrm{wh}}} + \frac{E_{\mathrm{wh}}}{E_{\mathrm{sup}}} \cdot \frac{E_{\mathrm{ef}}}{E_{\mathrm{wh}}} = W_1 \eta_1 + W_2 \eta_2 \tag{6-9}$$

对于 EDCs，其能源利用率为

$$E_{\mathrm{sup}} = E_{\mathrm{ef}} - E_{\mathrm{L1}} = (E_{\mathrm{ef}} - E_{\mathrm{ef2}}) + E_{\mathrm{wh}}$$

$$\eta = \frac{E_{\mathrm{ef}} - E_{\mathrm{ef2}}}{E_{\mathrm{sup}}} + \frac{E_{\mathrm{ef2}}}{E_{\mathrm{wh}}} = \eta_1 + \eta_2 \tag{6-10}$$

式中　W_1、W_2——发电和除湿空调所消耗能量占供给能量的份额；

η_1、η_2——对于燃气轮机系统，如图 6-1 所示，分别为发电和除湿空调能量利用效率，对于 EDCs 系统，如图 6-2 所示，分别为制冷和除湿能量利用效率。

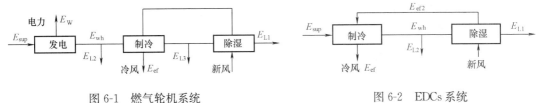

图 6-1　燃气轮机系统　　　　　　　　　图 6-2　EDCs 系统

三、能量系统热力学优化

（一）热力学优化

能量系统均由为实现某种或某些能量过程的物流运动及其转换设备与输送管系等组成。物流能量基本过程是燃烧、传热、传质、流动等，这些实际过程的运行都不可避免地伴随㶲的损耗。热力学优化就是对系统中若干过程进行综合考虑，将多个㶲损失过程更好地结合，以便更好地利用能量，其具体措施为过程综合和参数区配。

（二）过程综合

过程综合为将一个或几个独立用能过程或系统综合成一个能量能更好利用和互补的复合系统，使总体上达到最小综合能耗。例如，存在一个蒸汽换热器网络将一种工质从低温加热至高温，而另一网络采用一组水冷却器将另一种工质从高温冷却至低温。如果将两个网络系统综合在一起，采用一个综合换热器，使两种工质之间进行热交换，既使高温工质降温，又使低温工质升温，这样的复合系统无论能耗和换热器总面积都将大幅减少。又如，若一个装置既用动力又用热，此时也叮将动力机组和热网综合成一个复合系统，从而实现回收余热代替加热能源，降低系统综合能耗。

（三）参数匹配

对于由多个过程子系统综合的复合系统，存在着各过程或子系统结合处的最佳位置、合理的接口参数和容量匹配等问题。参数匹配即利用热综合和总能系统的理论以及技术经济评价方法，解决复合系统的上述问题，进而达到系统中各部分之间协调一致并且能耗最低。

1. 网络综合目标

由需要加热或冷却的工质、换热器、管道及加热介质或冷却介质组成的系统称为换热器网络。由一种工质物流、加热介质、换热器及管道便能构成一个简单的换热器网络。如果一个生产过程或工厂，具有多个需加热和冷却的工质，且都用简单网络加热或冷却，则每个网络都得加入外部热量或冷量，其总能源消费是较高的。如果用过程综合的概念，将多个简单网络按一定的目标组织一个匹配合理的复合系统，这就是换热器网络综合。

网络综合目标为选择相互匹配的工质，使该网络所需投入的热源（水蒸气或其他热介质）和冷源（冷却水等）的消耗费用和设备投资费用总和最低。换言之，网络综合的过程是一种热力学优化的过程。

2. 网络综合方法

网络综合具体步骤为：

（1）绘制温—焓（T-H）组合曲线。设计网络时，各物流的输入温度 T_i、输出温度 T_o、质量流量 M 和比热容 c_p 是已知的，该物流在换热器中的焓变为

$$\Delta H = Mc_p(T_i - T_o) \tag{6-11}$$

对于每种物流通常情况下热容流率 Mc_p 为恒值，一般用 Q_c 表示。

以纵坐标表示温度，横坐标表示热焓，可将各物流在 T-H 图上用一条直线表示，此线就是该物流的温—焓图。

对于多个物流，可把所有物流分为两组，需冷却的物流为一组，需加热的物流为另一组。首先在 T-H 图上作出单股物流的线段，再把同一组各物流输入与输出温度划分温度区间，在每个温度区间内，把每股物流的线段在横坐标的投影叠加起来，作为此区间内多股物流的焓差，而纵坐标上的两端点不变，然后把每一温度区间所得到的组合曲线首尾相连，从而得到多个物流的组合曲线，如图 6-3（a）所示。对于两组物流可得到两条组合曲线，将需冷却的物流曲线（放热曲线）绘在 T-H 图左侧一些，需加热的物流曲线绘在右侧一些，如图 6-3（b）所示。

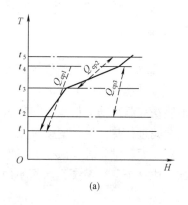
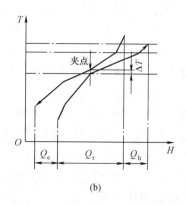

(a)   (b)

图 6-3　物流温—焓图

图 6-3（b）中各部分的意义为：箭头向下的一条组合曲线为放热曲线，箭头向上的一条为吸热曲线。若把这两条曲线所代表的所有物流包含到一个复合换热器网络中去，使放热曲线中的物流放出的热在换热器中去加热吸热曲线所代表的物流，则可减少各简单网络的外加总热量和总冷量。该图中两条曲线的重叠部分表示复合换热器网络所能回收的最大热量 Q_r，非重叠部分是需要送入的热源或冷源，即外加热量 Q_h 或外加冷量 Q_c。两条曲线在纵坐标方向的距离代表温差，两条曲线间必然有一点具有最小距离，这个最小距离即为最小温差 ΔT_{max}，具有最小温差的点称为突点。

（2）选定最小温差。上述冷、热两条物流组合曲线间的最小温差面 $\Delta T_{\max}$ 是可以改变的。假如将图 6-3（b）中的加热物流曲线向右移动，则 $\Delta T_{\max}$ 变大，但同时会造成重叠覆盖部分减小；反之，向左移动，则 $\Delta T_{\max}$ 变小，覆盖部分增大。对于换热器网络而言，$\Delta T_{\max}$ 变大，节能量减小，所需换热器面积相应减小；反之，$\Delta T_{\max}$ 变小，则节能量加大，但是换热器面积相应增加。

以上的节能量与换热器面积数量之间的这种关系，只是在一定的范围内是正确的，实际上存在一种情况，当 ΔT 下降到某一个数值后，ΔT 再下降，节能量不再增加，但换热器面积继续增加，当 ΔT 为零时，换热器面积将为无穷大，但节能量仍不增加，这个使节能量不再变化的 $\Delta T_{\max}$ 称为临界最小温差。因此，在换热器网络综合时，应选等于或大于临界最小温差。

临界最小温差随放热和吸热两条曲线的相对关系而定：

1）对于吸热曲线在横坐标的投影长度小于放热曲线，且其最高点低于后者时，当吸热曲线移到两条线右端在同一个横坐标点时，夹点的温差即为临界最小温差。

但如果两条曲线右端线移至同一坐标点前，夹点温差已为换热器的最小允许温差，则该温差即为临界最小温差。

2）对吸热曲线在横坐标的投影长度大于放热曲线，且曲线右端最高点低于放热曲线最高点，两条曲线接近时夹点的临界最小温差为换热器最小允许温差。

3）如果加热曲线的最高点高于放热曲线，夹点一般在放热曲线右端点，其临界最小温差应为换热器最小允许温差。

（3）曲线分解、分区匹配。组合曲线中具有两个以上物流复合的线段，如图 6-4 中的 *BC* 段，在匹配前应进行分解，即分解成 *BE* 和 *FC*。因为在实际换热器网络中该两物流是分开的，不能在同一管线中流动，同时换热器亦将是两个。另一条组合曲线也应在相应横坐标部位进行分解，如 *MN* 线分解成 *MS* 和 *UN* 线相匹配。

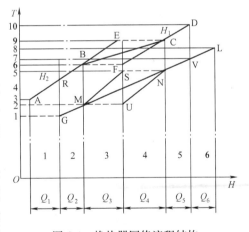

图 6-4　换热器网络流程结构

分解完成后，在各折点和端点引垂线把两条曲线分为若干区，每一个区内的曲线段进行匹配换热，如图 6-4 中对应 *BE* 与 *MS* 匹配换热，其余各区意义相同。只有一条曲线的区，则无需匹配换热。

（4）绘制网络流程结构图。根据分区匹配关系，可以绘制出换热器网络流程结构图，如图 6-5 所示。该图表示了各股物流和换热点，以及每个换热点的换热量和进、出口工质温度。该图为换热器型号选择提供了原始参数。

（5）网络综合的调整。以上各步得到的复合网络，具有最小外加能耗和最小换热面积。但是由于在综合过程中没有考虑工程实际选用换热器时由于各物流的流入温度、压力及物性区别，而可能带用多种类型的换热器。各型换热器的传热系数的大小及其单位传热面积费用是有区别的，因此对网络系统有时需作某些必要的调整。其内容包括过大负荷换热器增加分

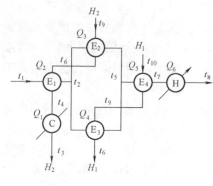

图 6-5 流程结构图

支，过小负荷换热器合并到相邻换热器上，即减少物流分支和进行混合等。

在调整过程中，通常都改变了最小换热面积网络的温度分布，因而需要增加传热面积才能完成原规定的热负荷，所以应当尽可能接近最小传热面积网络时的温度关系，使所增加传热面积不致太多。此外，设备建设投资还与换热器台数密切相关，因为配管、设备基础、维护和控制方面的投资费用常随换热器数目的增多而增大，因此，在调整时也应尽可能设计以最少换热单元来完成换热任务。

最小换热单元数为

$$N_{\min} = N - 1 \qquad (6\text{-}12)$$

式中　N——工艺物流和外加能源（包括热和冷）物流数之和。

当网络存在独立的次级网时，最小换热单元数为

$$N_{\min} = N - S \qquad (6\text{-}13)$$

式中　S——系统中所含的独立网络数。

当网络在调整后存在并联回路时，最小换热单元数为

$$N_{\min} = N - S + L \qquad (6\text{-}14)$$

式中　L——回路数目。

四、余热及余热资源

余热指以环境温度为基准，被考察体系排出的热载体可释放的热量。

（一）余热资源量

余热由于其热载体状态不同和某个时期技术水平和经济条件的不同，有的是能够被利用的，有的则是不能或暂时不能被利用的。因此，余热资源量仅是余热量中的一部分。余热资源量是指经技术经济分析确定的可利用的余热量。

（二）余热资源的计算

余热资源是与国家和各地区的技术经济条件密切相关的。为了计算和统计余热资源量的统一和稳定性，对各种可利用余热载体的下限温度进行了规定，如下所示：

固态载体　　　　　　　　500℃
液态载体（除冷凝水外）　80℃
冷凝水　　　　　　　　　环境温度
气态载体（除蒸汽外）　　200℃
放散蒸汽　　　　　　　　100℃

余热资源量为

$$余热资源量 = M(h_i - h_{ex}) \qquad (6\text{-}15)$$

式中　M——统计期（年）排出的热载体总量，kJ/a；

　　　h_i——热载体排出状态下的比焓，kJ/kg；

　　　h_{ex}——热载体在下限温度时的比焓，kJ/kg。

（三）余热资源分布

余热量与耗能量直接相关，1994年中国能源年评公布的1993年我国分部门能源消费构成见表6-1。

表6-1　　　　　　　　　　　1993年我国分部门能源消费构成

项　　目	农、林、牧、渔、水利	工业	建筑	交通邮电
消费量 M_t [①]	50.2	762.79	13.92	50.58
占总量比例（%）	4.6	69.9	1.27	4.63

项　　目	商　　业	非物质生产部门	生活消费
消费量 M_t [①]	14.24	43.61	156.36
占总量比例（%）	1.3	4	14.3

① 指标准煤。

从表6-1可知，工业能源消耗占总量的69.9%，并且能源利用相对比较集中，余热相对较易于利用。其他部门不仅耗能量较少，而且用能分散，余热相对难以利用。现就工业中的7个主要能源消耗较多的行业的余热资源及其分布列于表6-2。

表6-2　　　　　　　　　　我国主要能源消耗工业余热利用节能潜能　　　　　　　　万 t [③]

工业部门	行业工序	能源年消耗量	占本工业总能耗（%）	余热资源总量	已利用余热量	余热利用潜力	中近期[①]节能潜力	备　注
钢铁工业	炼铁工序	4168	33.2	568.4	16.4	552	140	含高炉顶压差发电
	轧钢工序	1717	13.4	223	100	123	30	
	合计	12551	100	1300	206.2	1094	456	
化学工业	化肥	4343	41.5			185	100	节能潜力为沁氮肥
	基本化工原料	1666	15.9			170	55.6	节能潜力为硫酸盐酸
	合计	10473	100			375	158	
建材工业	水泥行业	7809	39.71	611	84	527	35.5	
	砖瓦行业	7757	39.44	611	84	527	35.5	
	石灰行业	2534	12.88	38	2	36	0.2	
	合计	19667	100	1034	192	842	62.8	
轻工工业	制浆造纸	1121.8	21.97	207.3	94.7	112.6	49.9	
	合计	5103*	100	372.8	130.5	242.3	60.6	
石油天然气		3408				434.9	95.7	
纺织工业		2794.5				60	15.4	
有色金属	铝业	1367.8	53.8	94.6	32.5	62.1	35.2	
	合计	2542.4	100	230	113	126.3	41.3	
煤炭工业		2514		105.4	52.7	52.7	35.1	[②]
石化工业		2386				624	141.3	年消耗量为1991年数
机械工业		1660				120	82.9	
总　　计		63100				3971.2	1149.1	

注　本表数据摘自中国动力工程学会联合会节能专委会"工业余热利用节能潜力和途径研究报告"（1996.12），表中数据均为1994年统计数。

①指2000年左右余热利用项目计划的节能量。

②余热均以放散矿井煤层气并以 34.29MJ/m³ 发热量统计。

③标准煤。

*未包括黑液、蔗糖、树皮等其他能量。

第二节 热能节能系统

各种用能设备，由于其使用目的的不同，所需的能量品质水平也有所不同，对于可用较低品位能源便能满足使用要求的，以高品位能源供其利用，便会形成大量能损，造成不合理用能。一个工厂企业往往具有多种用能设备，为了合理用能，就必须从系统节能出发，用总能系统和热力学优化方法，对各种用能设备进行分级组合和参数匹配，将能源按质量高低串级利用，从而达到节能目的。常见的节能系统主要有热电联供系统、热电冷三联供系统和热、电、煤气联供系统。

一、热电联供

（一）系统概述

热电联供是将凝汽发电系统和低压锅炉供热系统综合成一个复合系统，从而可以避免凝汽发电系统的冷端损失，减少锅炉供热系统的㶲损失，进而使得联供系统能量总利用效率大幅提高。

热电联供系统的发电部分同凝汽发电系统相比，主要区别为以背压式或抽汽式汽轮机代替凝汽式汽轮机。热电联供系统供热部分同锅炉供热系统相比，主要区别为以汽轮机的乏汽或抽汽来替代锅炉供汽。热电联供系统主要分为背压式汽轮发电供热系统和抽汽式汽轮发电供热系统两种。

1. 背压式汽轮发电供热系统

对于背压式汽轮发电供热系统，由于背压机的乏汽全部对外供热，没有循环的冷端损失，其热效率高达70%以上，远大于凝汽式电厂。但是，热效率提高的同时也使供热量与发电量相互牵制，发电量完全由供热量决定，通常不能分别调节蒸汽供热量和电能生产量，所以只能按"以热定电"原则，承担基本的热电负荷。

2. 抽汽式汽轮发电供热系统

抽汽式汽轮发电供热系统，如同一台背压机与一台凝汽机的组合体，以一定的热经济性为代价换取较大的灵活性，从而使得供热蒸汽量的变化对发电量变化的影响相应减少，并且可以抽取不同压力的蒸汽来满足热用户的不同要求。但是，该系统由于投资量大，热经济性不高，通常只作为背压机的补充。换言之，以背压机带基本热负荷而以抽汽机调峰。

在工程实际中，热负荷处于波动状态，而且热负荷统计和预测的精确性不会太高。从运行情况来看，除一个企业内部使用的小型热电站外，区域性的热电站在采用单一的背压机系统时，由于背压发电机组在低负荷时汽耗增加很多，经济性严重下降，因此电站的整体经济性下降，甚至造成投资无法回收。所以，近年来区域热电站的典型设计，一般均采用背压机与抽气凝汽机联合系统。

对于老电厂的小型凝汽式发电机组（12MW以下），通常采用低真空运行冷却水供热系统，其节能效果较好。该系统改造时需根据计算，拆除最后一、二级叶轮。运行时，凝汽器的真空值控制在0.04~0.06MPa范围内，凝汽器出口水温控制在70~85℃，循环倍率30以上为宜。采暖半径2km以内时，通常不设热网泵站。

（二）热电联供机组常用参数

热电联供机组的常用参数见表6-3。

表 6-3

热电联供机组参数

锅炉容量（t·h）	蒸汽参数[1]		配套汽轮机形式	备注
	压力（MPa）	温度（℃）		
670	13.72	540/540	冷凝供热两用机	带一次过热
410	9.8	510	背压式汽轮机、抽凝式汽轮机	
220	9.8	510	背压式汽轮机、抽汽式汽轮机	
130	5.88	450	背压式汽轮机、抽凝式汽轮机	
75	5.88	450	背压式汽轮机、抽凝式汽轮机	
35	5.88	450	背压式汽轮机、抽凝式汽轮机	
20	2.45	400	背压式汽轮机、抽凝式汽轮机	
10	2.45	400	背压式汽轮机、抽凝式汽轮机	
10	1.27	饱和	离心式汽轮机、螺杆膨胀机	

[1]　为锅炉出口蒸汽参数，当热电站装机全部为背压机组时，蒸汽温度可取下一档压力下的温度参数。

（三）热电联供与热电分供燃料量比较

1. 热电分供方案的燃料消耗量

（1）凝汽式电厂生产电能的煤耗率。凝汽式电厂生产电能的煤耗率为

$$b_{\mathrm{f,n}} = \frac{3600}{29309 \eta_{\mathrm{ndc}}} = \frac{0.123}{\eta_{\mathrm{gl}} \eta_{\mathrm{gd}} \eta_{\mathrm{j,d}} \eta_{\mathrm{i}}} \tag{6-16}$$

式中　29309——单位标准煤的低位发热量，kJ/kg；

η_{ndc}——凝汽式电厂的效率；

η_{gl}——锅炉效率，通常约为 80%～90%；

η_{gd}——管道效率，通常约为 98%～99%；

$\eta_{\mathrm{j,d}}$——机电效率，即汽轮机的机械效率 η_{j} 与发电机效率 η_{d} 之乘积；

η_{i}——蒸汽式汽轮机绝对内效率。

凝汽式电厂年消耗燃煤量为

$$B_{\mathrm{f,n}} = b_{\mathrm{f,n}} W_{\mathrm{d}} \tag{6-17}$$

式中　W_{d}——凝汽式汽轮机的年发电量，kWh。

（2）区域性或分散性锅炉房生产电能的煤耗率。区域性或分散式锅炉房生产电能的煤耗率为

$$b_{\mathrm{f,gr}} = \frac{10^6}{29309 \eta_{\mathrm{f,gr}}} = \frac{34.1}{\eta_{\mathrm{f,gr}}} \tag{6-18}$$

式中　$\eta_{\mathrm{f,gr}}$——区域性或分散式锅炉房的锅炉效率。

热电分供下生产电能的年消耗燃煤量为

$$B_{\mathrm{f,gr}} = b_{\mathrm{f,gr}} Q_{\mathrm{gr}} (\mathrm{kg/ 年}) \tag{6-19}$$

式中　Q_{gr}——热电分供方案的年供热量，GJ/年。

（3）热电分供方案的总年消耗燃料量。热电分供方案的总年消耗燃料量为

$$B_{\mathrm{f}} = B_{\mathrm{f,n}} + B_{\mathrm{f,gr}} \tag{6-20}$$

2. 热电联供方案的消耗燃料量

热电联供方案总年消耗燃料量为

$$B_{\mathrm{l}} = B_{\mathrm{l,d}} + B_{\mathrm{l,gr}} \tag{6-21}$$

式中 $B_{l,d}$——生产电能的年消耗量，kg/年；

　　　$B_{l,gr}$——供应热能的年消耗燃料量，kg/年。

（1）热电厂生产电能的煤耗率和年消耗燃料量。对于装有供热汽轮机的热电厂，电能生产的一部分是由供热汽流实现的。供热汽流在汽轮机中作功发电后继续用来供热。另外，电能生产的另一部分是由凝汽汽流完成的。

1）供热汽流由于无"冷源"损失，因此通常认为其循环绝对内效率 $\eta_i = 100\%$。供热汽流生产电能的煤耗率为

$$b_{l,g} = \frac{0.123}{\eta'_{gl}\eta'_{gd}\eta'_{j,d}} \tag{6-22}$$

式中 η'_{gl}、η'_{gd}、$\eta'_{j,d}$——热电厂的锅炉效率、管道效率和供热汽轮机机电效率，一般凝汽式电厂和热电厂的几个效率大致相当。

2）供热汽轮机中凝汽流生产的电能主要取决于排向凝汽器的热量，其有"冷源"损失。因此，凝汽流生产的电能煤耗率为

$$b_{l,n} = \frac{0.123}{\eta'_{gl}\eta'_{gd}\eta'_{j,d}\eta_{i,n}} \tag{6-23}$$

式中 $\eta_{i,n}$——供热汽轮机中凝汽流循环绝对内效率。

3）若热电厂供热汽流每年生产的电能为 $W_{l,g}$ kW·h/年，凝汽流每年生产的电能为 $W_{l,n}$ kW·h/年，并且两个方案的电能相同。则热电厂中生产电能的年总燃料消耗量为

$$B_{l,d} = b_{l,g}W_{l,g} + b_{l,n}W_{l,n} \tag{6-24}$$

（2）热电厂供应热能的煤耗率和年消耗燃料量。热电厂供应热能的煤耗率为

$$b_{l,gr} = \frac{34.1}{\eta'_{l,gr}\eta_{rw}} \tag{6-25}$$

热电厂供应热能的年消耗燃料量为

$$B_{l,gr} = b_{l,gr} \times Q_{gr} \tag{6-26}$$

式中 $\eta'_{l,gr}$——热电厂的锅炉和管道效率之积；

　　　η_{rw}——热网效率，通常取值为 $0.90\sim0.95$；

　　　Q_{gr}——热电分供方案的年供热量，GJ/年。

3. 热电联供与热电分供相比其年节约燃料量

根据以上分析，热电联供和热电分供相比年节约燃料量为

$$\Delta B = B_f - B_l = (B_{f,n} - B_{l,d}) + (B_{f,gr} - B_{l,gr})$$
$$= (b_{f,n}W_d - b_{l,g}W_{l,g} - b_{l,n}W_{l,n}) + (b_{f,gr} - b_{l,gr}Q_{gr}) \tag{6-27}$$

若两方案生产的电能相等，即 W_d 一样，则式（6-27）为

$$\Delta B = (b_{f,n} - b_{l,g})W_{l,g} + (b_{f,n} - b_{l,n})W_{l,n} + (b_{f,gr} - b_{l,gr})Q_{gr} \tag{6-28}$$

由式（6-28）可知，热电联供的年节约燃料量由三部分构成：

第一部分 $(b_{f,n} - b_{l,g})W_{l,g}$ 表示供热汽轮机的供热汽流生产电能 $W_{l,g}$ 的年节约燃料量。由于供热汽流生产电能过程中没有冷源损失，$b_{f,n} > b_{l,g}$，因而此部分为一正值。此部分的年节约燃料量表示热电厂生产电能可能达到的最大年节约燃料量。

第二部分 $(b_{f,n} - b_{l,n})W_{l,n}$ 表示供热汽轮机的凝汽流生产电能 $W_{l,n}$ 的年节约燃料量。实际上，由于供热汽轮机生产电能的煤耗率 $b_{l,n}$，通常都高于所对比（或称为所替代）的凝汽式汽轮机生产电能的煤耗率 $b_{f,n}$，因此该部分的数值为负值，表示供热汽轮机凝汽汽流（或

称在凝汽工况下）生产电能多消耗的燃料量。

第三部分 $(b_{f,gr}-b_{l,gr})Q_{gr}$ 表示供同样的热量采用联产和采用分产相比较的年节约燃料量。

第一部分与第二部分的代数和，就是热电厂生产电能 W_d 的年节约燃料量。

二、热电冷联供

（一）系统概述

在热电联供系统中的汽轮机排汽（乏汽或抽汽）端，增加一个利用蒸汽作动力源的制冷空调子系统，形成既可发电，又能供热和供冷的复合系统，这就是热电冷联供系统。

由于热电联供系统的热负荷通常冬季大夏季小，其热负荷的不均衡性造成热电站的夏季发电量减少，相应地经济性下降。增加供冷子系统之后，夏季冷负荷起到了平衡全年热负荷的作用，从而提高了原系统的整体经济性。因此，对于热电联供系统而言，冷负荷实际上是热负荷的一种，严格地说，这种热电冷联供系统仍然是热电联供系统，只不过扩大了热的应用范围而已。

热电冷联供系统与热电联供系统在发电部分无任何区别，只在供热与发电部分的交会点与热网换热器并联一个吸收式制冷机组成制冷空调和供热可切换系统。

根据热网换热器供热系统与制冷空调系统管网布置方式不同，热电冷联供系统主要包括单管系统和双管系统两种，如图 6-6 所示。

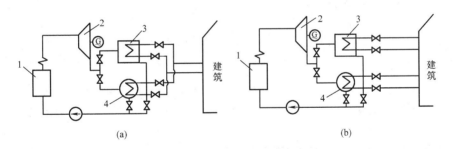

图 6-6 热电冷联供系统示意图

（a）单管系统；（b）双管系统

1—锅炉；2—汽轮机；3—热网换热器；4—制冷机

1. 单管系统

单管系统如图 6-6（a）所示，汽轮机排汽或抽气进入可以切换的热网换热器和溴化锂制冷机并联管网，夏季蒸汽进入制冷机，冬季蒸汽进入换热器，由制冷机或换热器送出的冷媒水或热媒水经切换进入单一共用的总管道送往建筑物，在建筑物内由分水缸分配到诱导器系统或变风量系统或每套房间内的风机盘管，实现向房间供冷或供热。

单管系统的主要优点为投资少，与 2320kW（8.37×10^6kJ/h）制冷能力相匹配的单管系统的投资比双管系统节省投资 22.4%。

2. 双管系统

双管系统如图 6-6（b）所示，汽轮机排汽或抽汽进入热网换热器和溴化锂制冷机并联管网，由换热器送出的热媒水及制冷机送出的冷媒水由各自的输出管道分别送往建筑物，到建筑物后，供热和冷风空调为两套系统并且分别控制。

双管系统的主要优点为可同时供热和制冷，因此在变季节时期气温变化无常时更能满足室温稳定要求高的用户需要。

（二）联供系统的热化系数

对热电厂来说，供冷负荷实际上只是一种季节性的供热负荷，它与采暖热负荷的区别只是季节不同，因此随热电厂建设地区不同，制冷热负荷的性质相应地有所区别，其热化系数也应取值不同。

对于建于炎夏地区的热电厂，制冷热负荷作为季节性热负荷，以它为主的热电系统的热化系数可取 0.5～0.6。

对于建于较寒冷地区的热电厂，制冷热负荷与采暖热负荷同为季节热负荷，只是在不同季节发生，因此相互起到平衡作用，其热化系数可取 0.6～0.8，冷、热负荷基本平衡时取大值。

三、热、电、煤气联供

在循环流化床锅炉蒸汽系统中，依附一个用锅炉循环热灰作载热体的干馏煤气系统，并与背压（或抽汽）发电系统综合成一个既能供热又能供电和煤气的复合系统，即为热、电、煤气联供系统。

该系统的特点为在煤炭进入锅炉以前先将其干馏提出优质煤气，剩余的半焦投入锅炉燃烧产生蒸汽，蒸汽发电后，乏汽进行供热，因此，此联供系统是煤炭可燃组分合理利用和热能有效利用的一种节能技术。

第三节　供热系统节能措施

根据实际运行情况来看，供热系统普遍存在污染物排放量普遍超标、耗电量超标、运行效率低，并且设备、管道配置偏大等问题。为了满足国家制定的环保、节能指标，必须采取相应的措施。

一、锅炉本体的改造以及燃烧技术的改进

对于锅炉本体的改进通常采取的措施为延长后拱，提高燃烧温度，降低炉体散热量。炉膛温度的提高，可以使细小煤粒得以充分燃烧，从而降低了初排烟中烟尘的质量浓度，并且降低了除尘设备的负荷。由分析可知，锅炉热效率和热功率分别比改造前提高 5% 和 20%。另外，采用新型的炉体保温材料，如硅酸铝、稀土等，同样可以使炉墙的表面温度从 70℃降到 50℃。

锅炉房是热源的主要形式，目前集中供热锅炉房多采用链条炉排炉。由于燃料多为混煤，导致着火条件差、炉膛温度低、燃料燃烧不完全、炉渣含碳量高以及锅炉热效率低。采用分层燃烧技术可减少炉渣含碳量，提高锅炉热效率。

对于大型链条炉排炉，当负荷增加、扩建锅炉房场地不足时，可采用复合燃烧技术，在链条炉排炉的炉侧或炉前加装磨煤系统及煤粉喷燃装置，将制成的煤粉吹入炉膛内，依靠炉排上的火床引燃煤粉，在炉内形成层燃、室燃两种燃烧方式。采用复合燃烧虽然需要增加燃烧空间，加大除尘力度，但可提高锅炉热功率和热效率。

对于中小型锅炉应采用煤与炉渣混烧，以减少炉渣含碳量。煤与炉渣的质量比约为4∶1，充分混合后入炉燃烧。煤中掺了较大颗粒的炉渣，减少了通风阻力，使送风更加均匀，增加了煤层的透气性，提高了燃烧的稳定性，炉渣含碳量明显下降。

采取防止锅炉本体及烟、风道漏风的措施，改善锅炉及烟、风道的严密性，降低空气系数，可提高锅炉的热功率和热效率。

加装热管省煤器，降低排烟温度，提高锅炉进水温度，以提高锅炉热效率。

锅炉燃烧过程是一个复杂过程，燃烧工况受多种因素影响，因此，实现锅炉燃烧的自动控制对提高锅炉热效率非常重要。

二、采用变频调速技术

通常情况下，锅炉出厂时送、引风机都已配置好，使用单位很少对它们进行校核计算。但是，通常与锅炉配套的鼓、引风机的性能参数多数偏大。在实际运行中，依靠风机挡板调节风量，由于风机长期偏离高效区运行降低了运行效率，能耗增大。针对锅炉房现有设备的情况，对目前使用的鼓、引风机加装变频调速装置，从而达到节能的目的。采用变频调速技术后，可以及时地把流量、扬程调整到实际工况点，避免了电能的浪费，节能率可达到30%以上。变频调速技术的特点为调速效率高、调速范围大、可持续调速、启动电流小、原有设备改造简便，并且可兼顾启动等。

三、建立并完善控制系统

供热系统由热源、管网、热用户组成，为使热量的生产和供热介质的输送、分配、使用处于有序的状态，提高供热系统的能源利用效率，需要建立并完善与供热系统相适应的控制系统。

安装监测、控制仪表，掌握供热系统的运行状况，准确分析系统热工参数存在的问题，对供热系统进行调节以达到节能目的。

热力站入口应装设流量控制器，解决一级管网水力失调问题。对于采用质调节的供热系统，应装设自力式流量控制器，对于即将或正在采用变流量调节的供热系统，应装设压差控制器。

在建筑物入口装设流量控制器，对各单元供热介质流量分配进行调节。在管道（一般为立管）上装设平衡阀，平衡各立管之间的流量。在散热器前装设温控阀控制室内温度，可以有效解决建筑物之间及房间之间冷热不均的问题，不仅节约能源，而且便于实现供热计量。

四、加强保温与防腐

（1）对于表面温度超过50℃的设备、管道均应进行保温。

（2）尽量采用热水管道直埋敷设技术。直埋敷设与地沟敷设相比，除具有节省用地、施工方便、工程造价低（公称直径≤500mm时，管径越小越明显）和维护工作量小等优点外，由于硬质聚氨酯泡沫塑料保温层的热导率很小，使管道热损失减小。

（3）对锅炉房热力站建筑物的门、窗等围护结构的缝隙进行密封。

（4）锅炉系统的循环水采用软化除氧水，避免设备、管道结垢及腐蚀，实现输送系统的节能。

（5）非常年运行的供热系统应推广夏季管道充水保护技术，在夏季检修后及时充满符合水质要求的水，既可省去供热初期管道充水准备时间，又可防止管道内壁腐蚀。

五、加强锅炉房运行管理

（1）严格执行定期维修、停炉保养制度，保证设备完好，杜绝跑、冒、滴、漏现象，将供热系统失水率降到正常的水平。

（2）锅炉房水处理必须达到规定的水质标准。将自动软水器反冲洗水循环使用，总节水量可达 80% 以上。

（3）加强计量工作。锅炉供水及补水系统均设计量仪表，设电子式汽车衡对购进的煤炭称重，锅炉上煤设备加装计量装置，在每个热力站内设热量计量装置，从而达到强化管理、节约能源、降低成本的目的。

六、采用多热源联网供热

随着供热系统的规模逐渐扩大，大部分供热系统具有两个或两个以上的热源。在供热系统运行中采用多热源联网运行技术，尽量使生产成本低、能耗小的热源作为主热源，在整个供热期中满负荷运行，而生产成本高、能耗大的热源作为调峰热源，最大限度地提高供热系统的经济性和节能效果。另外，还应充分重视热用户的节能。

七、热网热力工况的调整

随着供热系统的不断扩大，供热系统存在远冷近热的热力失调状况。由于缺乏调节阀和必要的流量计，因此目前的调节方法为提高水泵功率，满足远端热用户的要求。近年来，各种平衡阀虽调节功能好，但由于价格高难以推广。因此，目前仍采用回水等温降法进行调节。在供热初期，当供热系统达到热力稳定（供回水温差不变）时，用各热用户供回水压力差和温度差、热源供回水温差应与通过测算所得的压力差、温度差进行比较，按照建筑物面积的大小和多点测温装置传送的温差偏高程度顺序进行调节。应使热用户调节后的供回水压力差在一定范围内，当各热用户供回水温差与热源供回水温差之间不超过 2℃时，则可认为管网的热力工况良好。为达到此目的，在流量大的环路及支管上安装截止阀和温度计，以调整回水温度。

加强供热系统控制手段，在解决水力失调后，将供水温度提高到设计温度或接近设计温度，以提高供热系统的输送效率，并为扩大供热范围打下良好基础。改善二级管网和户内供热系统水力失调状况，解决小区内建筑物之间及房间之间冷热不均问题。

八、热网污垢的在线检测

热网管道及附件在运行过程中会逐渐出现结垢现象。结垢会增加系统的流动阻力，降低系统的供热效率，增加动力损耗和热量损耗，降低热网的可调性。同时，结垢还是堵管、漏水和腐蚀等事故发生的间接原因。热网结垢会造成严重的经济损失。例如，在欧洲地区，仅换热设备结垢所导致的费用就达 10000 欧元/年。在我国，换热设备每增加平均 1mm 的水垢，要多消耗能源 7%～9%，热损失系数降低 10%～20%。热网管道严重结垢后，会严重影响供暖需求，此时再采取疏通管道或者更换管子的做法，具有很大的被动性和盲目性。

对于由各管段串联、并联组成的整个供热网络，在管道长度、布置形式、阀门开度不变的情况下，整个热网的阻力特性系数是热网污垢状况的函数，所以阻力特性系数是反映热网污垢状况的一个重要指标。另外，热网产生污垢后，也会影响到热网的传热效果或者热网的效率。热网的效率只与管网的布置、流动状态、污垢状况等因素有关，在其他条件不变的情况下，热网的效率反映了热网的污垢状况，也是诊断热网污垢状况的一个重要指标。例如，在实际运行过程中发现定流压差和阻力特性系数随时间而增大，定压流量和供热效率随时间而变小，这表明热网在缓慢结垢。因为污垢的积聚，表面粗糙度加大，导致阻力系数增大；垢层的增厚加大了流动阻力，从而导致流动压降增大。至于供热效率也略有下降，这是未保温管道及散热片传热热阻加大，导致能量贬值所致。

附　　录

附表 1　　自然循环上供下回双管热水供热系统中，由于水在管路内冷却产生的附加压力　　Pa

系统的水平距离（m）	锅炉到散热器的高度（m）	自总立管至计算立管之间的水平距离（m）					
		<10	10～20	20～30	30～50	50～75	75～100
1	2	3	4	5	6	7	8
未保温的明装立管	（1）一层或二层的房屋						
25 以下	7 以下	100	100	150	—	—	—
25～50	7 以下	100	100	150	200	—	—
50～75	7 以下	100	100	150	150	200	—
75～100	7 以下	100	100	150	150	200	250
	（2）三层或四层的房屋						
25 以下	15 以下	250	250	250	—	—	—
25～50	15 以下	250	250	300	350	—	—
50～75	15 以下	250	250	250	300	350	—
75～100	15 以下	250	250	250	300	350	400
	（3）高于四层的房屋						
25 以下	7 以下	450	500	550	—	—	—
25 以下	大于 7	300	350	450	—	—	—
25～50	7 以下	550	600	650	750	—	—
25～50	大于 7	400	450	500	550	—	—
50～75	7 以下	550	550	600	650	750	—
50～75	大于 7	400	400	450	500	550	—
75～100	7 以下	550	550	550	600	650	700
75～100	大于 7	400	400	400	450	500	650
未保温的暗装立管	（1）一层或二层的房屋						
25 以下	7 以下	80	100	130	—	—	—
25～50	7 以下	80	80	130	150	—	—
50～75	7 以下	80	80	100	130	180	—
75～100	7 以下	80	80	80	130	180	230
	（2）三层或四层的房屋						
25 以下	15 以下	180	200	280	—	—	—
25～50	15 以下	180	200	250	300	—	—
50～75	15 以下	150	180	200	250	300	—
75～100	15 以下	150	150	180	230	280	330
	（3）高于四层的房屋						
25 以下	7 以下	300	350	380	—	—	—
25 以下	大于 7	200	250	300	—	—	—
25～50	7 以下	350	400	430	530	—	—
25～50	大于 7	250	300	330	380	—	—
50～75	7 以下	350	350	400	430	530	—
50～75	大于 7	250	250	300	330	380	—
75～100	7 以下	350	350	380	400	480	530
75～100	大于 7	250	260	280	300	350	450

注　1　在下供下回式系统中，不计算水在管路中冷却而产生的附加压力值。

　　　2　在单管式系统中，附加值采用本附录所示的相应值的 50%。

附表 2   **热水供热系统管道水力计算表**

(t_g=95℃，t_h=70℃，K=0.2mm)

公称直径		10.00		15.00		20.00		25.00	
内径（mm）		9.50		15.75		21.25		27.00	
G	Q	R	v	R	v	R	v	R	v
24.0	697.7	15.96	0.10	2.11	0.03				
26.0	755.8	35.45	0.10	2.29	0.04				
28.0	814.0	40.57	0.11	2.47	0.04				
30.0	872.1	46.01	0.12	2.64	0.04				
32.0	930.2	51.79	0.13	2.82	0.05				
34.0	988.4	57.90	0.14	2.99	0.05				
36.0	1046.5	64.34	0.14	3.17	0.05				
38.0	1104.7	71.11	0.15	3.35	0.06				
40.0	1162.8	78.20	0.16	3.52	0.06				
42.0	1220.9	85.62	0.17	6.78	0.06				
44.0	1279.1	93.37	0.18	7.36	0.06				
46.0	1337.2	101.45	0.18	7.97	0.07				
48.0	1395.4	109.86	0.19	8.60	0.07	1.28	0.04		
50.0	1453.5	118.59	0.20	9.25	0.07	1.33	0.04		
52.0	1511.6	127.65	0.21	9.92	0.08	1.38	0.04		
54.0	1569.8	137.03	0.22	10.62	0.08	1.43	0.04		
56.0	1627.9	146.75	0.22	11.34	0.08	1.49	0.04		
58.0	1686.1	156.79	0.23	12.08	0.08	2.76	0.05		
60.0	1744.2	167.15	0.24	12.84	0.09	2.93	0.05		
62.0	1802.3	177.85	0.25	13.63	0.09	3.11	0.05		
64.0	1860.5	188.87	0.26	14.43	0.09	3.29	0.05		
66.0	1918.6	200.21	0.26	15.26	0.10	3.47	0.05		
68.0	1976.8	211.88	0.27	16.11	0.10	3.66	0.05		
70.0	2034.9	223.88	0.28	16.99	0.10	3.85	0.06		
72.0	2093.0	236.21	0.29	17.88	0.10	4.05	0.06		
74.0	2151.2	248.86	0.29	18.80	0.11	4.25	0.06		
76.0	2209.3	261.84	0.30	19.74	0.11	4.46	0.06		
78.0	2267.5	275.14	0.31	20.70	0.11	4.67	0.06		
80.0	2325.6	288.77	0.32	21.68	0.12	4.88	0.06		
82.0	2383.7	302.72	0.33	22.69	0.12	5.10	0.07		
84.0	2441.9	317.00	0.33	23.71	0.12	5.33	0.07		
86.0	2500.0	331.61	0.34	24.76	0.12	5.56	0.07		
88.0	2558.2	346.54	0.35	25.83	0.13	5.79	0.07		
90.0	2616.3	361.80	0.36	26.93	0.13	6.03	0.07		
95.0	2761.6	401.37	0.38	29.75	0.14	6.65	0.08		
100.0	2907.0	442.98	0.40	32.72	0.15	7.29	0.08	2.24	0.05
105.0	3052.3	486.62	0.42	35.82	0.15	7.96	0.08	2.45	0.05

续表

公称直径		10.00		15.00		20.00		25.00	
内径（mm）		9.50		15.75		21.25		27.00	
G	Q	R	v	R	v	R	v	R	v
110.0	3197.7	532.30	0.44	39.05	0.16	8.66	0.09	2.66	0.05
115.0	3342.1	580.01	0.46	42.42	0.17	9.39	0.09	2.88	0.06
120.0	3488.4	629.76	0.48	45.93	0.17	10.15	0.10	3.10	0.06
125.0	3683.7	681.54	0.50	49.57	0.18	10.93	0.10	3.34	0.06
130.0	3779.1	735.36	0.52	53.35	0.19	11.74	0.10	3.58	0.06
135.0	3924.4	791.21	0.54	57.27	0.20	12.68	0.11	3.83	0.07
140.0	4069.8	849.10	0.56	61.32	0.20	13.45	0.11	4.09	0.07
145.0	4215.1	909.02	0.58	65.50	0.21	14.34	0.12	4.35	0.07
150.0	4360.5	970.98	0.60	69.82	0.22	15.27	0.12	4.63	0.07
155.0	4050.8	1034.97	0.62	74.28	0.22	16.22	0.12	4.91	0.08
160.0	4651.2	1100.99	0.64	78.87	0.23	17.19	0.13	5.20	0.08
165.0	4796.5	1169.05	0.66	83.60	0.24	18.20	0.13	5.50	0.08
170.0	4941.9	1239.14	0.68	88.46	0.25	19.23	0.14	5.80	0.08
175.0	5087.2	1311.27	0.70	93.46	0.25	20.29	0.14	6.12	0.09
180.0	5232.6	1385.43	0.72	98.59	0.26	21.38	0.14	6.44	0.09
185.0	5377.9	1461.62	0.74	103.86	0.27	22.50	0.15	6.77	0.09
190.0	5523.3	1539.85	0.76	109.26	0.28	23.64	0.15	7.11	0.09
195.0	5668.6	1620.11	0.78	114.80	0.28	24.81	0.16	7.45	0.10
200.0	5814.0	1702.41	0.80	120.48	0.29	26.01	0.16	7.80	0.10
210.0	6104.7	1873.10	0.84	132.23	0.30	28.49	0.17	8.53	0.10
220.0	6395.4	2051.93	0.88	144.52	0.32	31.08	0.18	9.29	0.11
230.0	6686.1	2238.90	0.92	157.35	0.33	33.77	0.18	10.08	0.11
240.0	6976.8	2434.00	0.96	170.73	0.35	36.58	0.19	10.90	0.12
250.0	7267.5	2637.23	1.00	184.64	0.36	39.50	0.20	11.75	0.12
260.0	7558.2	2848.60	1.04	109.09	0.38	42.52	0.21	12.64	0.13
270.0	7848.9	3068.10	1.08	214.08	0.39	45.66	0.22	13.55	0.13
280.0	8139.6	3295.74	1.12	229.61	0.41	48.91	0.22	14.50	0.14
290.0	8430.3	3531.51	1.16	245.68	0.42	52.26	0.23	15.47	0.14
300.0	8721.0	3775.42	1.20	262.29	0.44	55.72	0.24	16.48	0.15
310.0	9011.7	4027.46	1.24	279.44	0.45	59.30	0.25	17.51	0.15
320.0	9302.4	4287.64	1.28	297.13	0.46	62.98	0.25	18.58	0.16
330.0	9593.1	4555.95	1.32	315.36	0.48	66.77	0.26	19.68	0.16
340.0	9883.8	4832.40	1.36	334.13	0.49	70.67	0.27	20.81	0.17
350.0	10174.5	5116.97	1.40	353.44	0.51	74.68	0.28	21.97	0.17
360.0	10465.2	5409.69	1.43	373.29	0.52	78.80	0.29	23.16	0.18
370.0	10755.9	5710.54	1.47	393.67	0.54	83.03	0.29	24.38	0.18
380.0	11046.6	6019.51	1.51	414.60	0.55	84.37	0.30	25.63	0.19

公称直径		10.00		15.00		20.00		25.00	
内径（mm）		9.50		15.75		21.25		27.00	
G	Q	R	v	R	v	R	v	R	v
390.0	11337.3	6336.63	1.55	436.06	0.57	91.81	0.31	26.91	0.19
400.0	11628.0	6661.88	1.59	458.07	0.58	96.37	0.32	28.23	0.20
410.0	11918.7	6995.27	1.63	480.61	0.59	101.03	0.33	29.57	0.20
420.0	12209.4	7336.79	1.67	503.69	0.61	105.80	0.33	30.94	0.21
430.0	12500.1	7686.44	1.71	527.31	0.62	110.69	0.34	32.35	0.21
440.0	12790.8	8044.23	1.75	551.48	0.64	115.68	0.35	33.78	0.22
450.0	13081.5	8410.15	1.79	576.18	0.65	120.78	0.36	35.25	0.22
460.0	13372.2	8784.20	1.83	601.41	0.67	125.99	0.37	36.74	0.23
470.0	13662.9	9166.38	1.87	627.19	0.68	131.30	0.37	38.27	0.23
480.0	13953.6	9556.71	1.91	653.51	0.70	136.73	0.38	39.83	0.24
490.0	14244.3	9955.17	1.95	680.37	0.71	142.27	0.39	41.42	0.24
500.0	14535.0	10361.76	1.99	707.76	0.73	147.91	0.40	43.03	0.25
520.0	15116.4	11199.35	2.07	764.17	0.75	159.53	0.41	46.36	0.26
540.0	15697.8	12069.47	2.15	822.74	0.78	171.58	0.43	49.81	0.27
560.0	16279.2	12972.13	2.23	883.46	0.81	184.07	0.45	53.38	0.28
580.0	16860.8	13907.31	2.31	946.34	0.84	196.99	0.46	57.08	0.29
600.0	17442.0	14875.05	2.39	1011.37	0.87	210.35	0.48	60.89	0.30
620.0	18023.4			1078.56	0.90	224.14	0.49	64.83	0.31
640.0	18604.8			1147.90	0.93	238.37	0.51	68.89	0.32
660.0	19186.2			1219.41	0.96	253.04	0.53	73.07	0.33
680.0	19767.6			1293.07	0.99	268.14	0.54	77.37	0.34
700.0	20349.0			1368.88	1.02	283.67	0.56	81.79	0.35
720.0	20930.4			1446.85	1.04	299.64	0.57	86.34	0.36
740.0	21551.8			1526.97	1.07	316.05	0.59	91.01	0.37
760.0	22093.2			1609.26	1.10	332.89	0.61	95.79	0.38
780.0	22674.6			1693.70	1.13	350.17	0.62	100.71	0.38
800.0	23256.0			1780.29	1.16	367.88	0.64	105.74	0.39
820.0	23837.4			1869.04	1.19	386.03	0.65	110.89	0.40
840.0	24418.8			1959.95	1.22	404.61	0.67	116.17	0.41
860.0	25000.2			2053.01	1.25	423.63	0.69	121.56	0.42
880.0	25581.6			2148.23	1.28	443.08	0.70	127.08	0.43
900.0	26163.0			2245.60	1.31	462.97	0.72	132.72	0.44
950.0	27616.5			2498.47	1.38	514.60	0.76	147.36	0.47
1000.0	29070.0			2764.81	1.45	568.94	0.80	162.75	0.49
1050.0	30523.5			3044.62	1.52	626.01	0.84	178.90	0.52
1100.0	31977.0			3337.92	1.60	685.79	0.88	195.81	0.54
1150.0	33430.5			3644.68	1.67	748.30	0.92	213.49	0.57

续表

公称直径		10.00		15.00		20.00		25.00	
内径（mm）		9.50		15.75		21.25		27.00	
G	Q	R	v	R	v	R	v	R	v
1200.0	34884.0			3964.92	1.74	913.52	0.96	231.92	0.59
1250.0	36337.5			4298.63	1.81	881.47	1.00	251.11	0.62
1300.0	37791.0			4645.82	1.89	952.13	1.04	271.06	0.64
1350.0	39244.5					1025.52	1.08	291.77	0.67
1400.0	40698.0					1101.62	1.12	313.24	0.69
1450.0	42151.5					1180.44	1.16	335.47	0.72
1500.0	43605.0					1261.98	1.19	358.46	0.74
1550.0	45058.5					1346.25	1.23	382.21	0.76
1600.0	46512.0					1433.23	1.27	406.71	0.79
1650.0	47965.5					1522.93	1.31	431.98	0.81
1700.0	49419.0					1615.35	1.35	458.01	0.84
1750.0	50872.5					1710.49	1.39	484.79	0.86
1800.0	52326.0					1808.35	1.43	512.34	0.89
1850.0	53779.5					1908.93	1.47	540.64	0.91
1900.0	55233.0					2012.23	1.51	569.70	0.94
1950.0	56686.5					2118.25	1.55	599.53	0.96
2000.0	58140.0					2226.98	1.59	630.11	0.99

公称直径		32.00		40.00		50.00		70.00	
内径（mm）		35.75		41.00		53.00		68.00	
G	Q	R	v	R	v	R	v	R	v
330.0	9593.1	4.81	0.09	2.44	0.07				
340.0	9883.8	5.08	0.10	2.58	0.07				
350.0	10174.5	5.36	0.10	2.72	0.07				
360.0	10465.2	5.64	0.10	2.86	0.08				
370.0	10755.9	5.93	0.10	3.00	0.08				
380.0	11046.6	6.23	0.11	3.15	0.08				
390.0	11337.3	6.54	0.11	3.31	0.08				
400.0	11628.0	6.85	0.11	3.46	0.09				
410.0	11918.7	7.17	0.12	3.62	0.09				
420.0	12209.4	7.49	0.12	3.78	0.09				
430.0	12500.1	7.83	0.12	3.95	0.09				
440.0	12790.8	8.17	0.12	4.12	0.09				
450.0	13081.5	8.51	0.13	4.29	0.10				
460.0	13372.2	8.87	0.13	4.47	0.10				
470.0	13662.9	9.23	0.13	4.65	0.10				
480.0	13953.6	9.59	0.14	4.83	0.10				
490.0	14244.3	9.97	0.14	5.02	0.10				
500.0	14535.0	10.35	0.14	5.21	0.11				
520.0	15116.4	11.13	0.15	5.60	0.11	1.57	0.07		
540.0	15697.8	11.94	0.15	6.00	0.12	1.68	0.07		

公称直径		32.00		40.00		50.00		70.00	
内径（mm）		35.75		41.00		53.00		68.00	
G	Q	R	v	R	v	R	v	R	v
560.0	16279.2	12.78	0.16	6.42	0.12	1.79	0.07		
580.0	16860.6	13.65	0.16	6.85	0.12	1.91	0.07		
600.0	17442.0	14.54	0.17	7.29	0.13	2.03	0.08		
620.0	18023.4	15.46	0.17	7.75	0.13	2.16	0.08		
640.0	18904.8	16.41	0.18	8.22	0.14	2.29	0.08		
660.0	19186.2	17.39	0.19	8.71	0.14	2.42	0.08		
680.0	19767.6	18.39	0.19	9.20	0.15	2.55	0.09		
700.0	20349.0	19.43	0.20	9.71	0.15	2.69	0.09		
720.0	20930.4	20.48	0.20	10.24	0.15	2.83	0.09		
740.0	21511.8	21.57	0.21	10.78	0.16	2.98	0.09		
760.0	22093.2	22.69	0.21	11.33	0.16	3.13	0.10		
780.0	22674.6	23.83	0.22	11.89	0.17	3.28	0.10		
800.0	23256.0	25.00	0.23	12.47	0.17	3.44	0.10		
820.0	23837.4	26.19	0.23	13.06	0.18	3.60	0.11		
840.0	24418.8	27.42	0.24	13.66	0.18	3.76	0.11		
860.0	25000.2	28.67	0.24	14.28	0.18	3.93	0.11		
880.0	25581.6	29.95	0.25	14.91	0.19	4.10	0.11		
900.0	26163.0	31.25	0.25	15.56	0.19	4.27	0.12	1.24	0.07
950.0	27616.5	34.64	0.27	17.22	0.20	4.72	0.12	1.37	0.07
1000.0	29070.0	38.20	0.28	18.98	0.21	5.19	0.13	1.50	0.08
1050.0	30523.5	41.93	0.30	20.81	0.22	5.69	0.13	1.64	0.08
1100.0	31977.0	45.83	0.31	22.73	0.24	6.20	0.14	1.79	0.09
1150.9	33430.5	49.90	0.32	24.73	0.25	6.74	0.15	1.94	0.09
1200.0	34884.0	54.14	0.34	26.81	0.26	7.29	0.15	2.10	0.09
1250.0	36337.5	58.55	0.35	28.98	0.27	7.87	0.16	2.26	0.10
1300.0	37791.0	63.14	0.37	31.23	0.28	8.47	0.17	2.43	0.10
1350.0	39244.5	67.89	0.38	33.56	0.29	9.09	0.17	2.61	0.11
1400.0	40698.0	72.82	0.39	35.98	0.30	9.74	0.18	2.79	0.11
1450.0	42151.5	77.92	0.41	38.48	0.31	10.40	0.19	2.97	0.11
1500.0	43605.0	83.19	0.42	41.06	0.32	11.09	0.19	3.17	0.12
1550.0	45058.5	88.63	0.44	43.72	0.33	11.79	0.20	3.37	0.12
1600.0	46512.0	94.24	0.45	46.47	0.34	12.52	0.20	3.57	0.12
1650.0	47965.5	100.02	0.46	49.30	0.35	13.27	0.21	3.78	0.13
1700.0	49419.0	105.98	0.48	52.21	0.36	14.04	0.22	4.00	0.13
1750.0	50872.5	112.10	0.49	55.20	0.37	14.83	0.22	4.22	0.14
1800.0	52326.0	118.39	0.51	58.28	0.39	15.65	0.23	4.44	0.14
1850.0	53779.5	124.86	0.52	61.44	0.40	16.48	0.24	4.68	0.14

续表

公称直径		32.00		40.00		50.00		70.00	
内径（mm）		35.75		41.00		53.00		68.00	
G	Q	R	v	R	v	R	v	R	v
1900.0	55233.0	131.50	0.53	64.68	0.41	17.34	0.24	4.92	0.15
1950.0	56686.5	138.30	0.55	68.01	0.42	18.22	0.25	5.16	0.15
2000.0	58140.0	145.28	0.56	71.42	0.43	19.12	0.26	5.41	0.16
2100.0	61047.0	159.75	0.59	78.48	0.45	20.98	0.27	5.93	0.16
2200.0	63954.0	174.91	0.62	85.88	0.47	22.92	0.28	6.47	0.17
2300.0	66861.0	190.74	0.65	93.60	0.49	24.96	0.29	7.03	0.18
2400.0	69768.0	207.26	0.68	101.66	0.51	27.07	0.31	7.62	0.19
2500.0	72675.0	224.47	0.70	110.04	0.53	29.28	0.32	8.23	0.19
2600.0	75582.0	242.35	0.73	118.76	0.56	31.56	0.33	8.86	0.20
2700.0	78489.0	260.92	0.76	127.81	0.58	33.94	0.35	9.52	0.21
2800.0	81396.0	280.18	0.79	137.19	0.60	36.39	0.36	10.20	0.22
2900.0	84303.0	300.11	0.82	146.89	0.62	38.93	0.37	10.90	0.23
3000.0	87210.0	320.73	0.84	156.93	0.64	41.56	0.38	11.62	0.23
3100.0	90117.0	342.04	0.87	167.30	0.66	44.27	0.40	12.37	0.24
3200.0	93024.0	364.02	0.90	178.00	0.68	47.07	0.41	13.14	0.25
3300.0	95931.0	386.69	0.93	189.03	0.71	49.95	0.42	13.93	0.26
3400.0	98838.0	410.04	0.96	200.39	0.73	52.92	0.44	14.74	0.26
3500.0	101745.0	434.08	0.99	212.08	0.75	55.97	0.45	15.58	0.27
3600.0	104652.0	458.80	1.01	224.10	0.77	59.11	0.46	16.44	0.28
3700.0	107559.0	484.20	1.04	236.45	0.79	62.33	0.47	17.33	0.29
3800.0	110466.0	510.29	1.07	249.13	0.81	65.64	0.49	18.23	0.30
3900.0	11373.0	537.06	1.10	262.15	0.83	69.03	0.50	19.16	0.30
4000.0	116280.0	564.51	1.13	275.49	0.86	72.50	0.51	20.12	0.31
4100.0	119187.0	592.64	1.15	289.16	0.88	76.07	0.53	21.09	0.32
4200.0	122094.0	621.46	1.18	303.16	0.90	79.71	0.54	22.09	0.33
4300.0	125001.0	650.96	1.21	317.50	0.92	83.44	0.55	23.11	0.33
4400.0	127908.0	681.15	1.24	332.16	0.94	87.26	0.56	24.15	0.34
4500.0	130815.0	712.02	1.27	347.15	0.96	91.16	0.58	25.22	0.35
4600.0	133722.0	743.57	1.29	362.48	0.98	95.14	0.59	26.31	0.36
公称直径		80.00		100.00		125.00		150.00	
内径（mm）		80.50		106.00		131.00		156.00	
G	Q	R	v	R	v	R	v	R	v
1500.0	43605.0								
1550.0	45058.5								
1600.0	46512.0								
1650.0	47965.5								
1700.0	49419.0								
1750.0	50872.5								
1800.0	52326.0								
1850.0	53779.5	2.01	0.10						

续表

公称直径		80.00		100.00		125.00		150.00	
内径（mm）		80.50		106.00		131.00		156.00	
G	Q	R	v	R	v	R	v	R	v
1900.0	55233.0	2.12	0.11						
1950.0	56686.5	2.22	0.11						
2000.0	58140.0	2.33	0.11						
2100.0	31047.0	2.55	0.12						
2200.0	63954.0	2.77	0.12						
2300.0	66861.0	3.01	0.13						
2400.0	69768.0	3.26	0.13						
2500.0	72675.0	3.52	0.14						
2600.0	75582.0	3.79	0.14						
2700.0	78489.0	4.06	0.15						
2800.0	81396.0	4.35	0.16						
2900.0	84303.0	4.64	0.16						
3000.0	87210.0	4.95	0.17						
3100.0	90117.0	5.26	0.17						
3200.0	93024.0	5.59	0.18	1.41	0.10				
3300.0	95931.0	5.92	0.18	1.49	0.11				
3400.0	98838.0	6.26	0.19	1.58	0.11				
3500.0	101745.0	6.62	0.19	1.68	0.11				
3600.0	104652.0	6.98	0.20	1.75	0.12				
3700.0	107559.0	7.35	0.21	1.85	0.12				
3800.0	110466.0	7.73	0.21	1.94	0.12				
3900.0	113373.0	8.12	0.22	2.03	0.12				
4000.0	116280.0	8.52	0.22	2.13	0.13				
4000.0	119187.0	8.93	0.23	0.23	0.13				
4200.0	122094.0	9.34	0.23	2.34	0.13				
4300.0	125001.0	9.77	0.24	2.44	0.14				
4400.0	127908.0	10.21	0.24	2.55	0.14				
4500.0	130815.0	10.65	0.25	2.66	0.14				
4600.0	133722.0	11.11	0.26	2.77	0.15				
4700.0	136629.0	11.57	0.26	2.88	0.15				
4800.0	139536.0	12.05	0.27	3.00	0.15				
4900.0	142443.0	12.63	0.27	3.12	0.16				
5000.0	145350.0	13.03	0.28	3.24	0.16				
5200.0	151164.0	14.04	0.29	3.48	0.17				
5400.0	156978.0	15.09	0.30	3.74	0.17	1.30	0.11	0.55	0.08

注　表中符号：G—流量，kg/h；Q—热负荷，W；R—比摩阻，Pa/m；v—流速，m/s。

附表 3　　　　　　　　　　水在不同温度下的密度（压力 100kPa 时）

温度（℃）	密度（kg/m³）	温度（℃）	密度（kg/m³）	温度（℃）	密度（kg/m³）	温度（℃）	密度（kg/m³）
0	999.8	58	984.25	76	974.29	94	962.61
10	999.73	60	983.24	78	973.07	95	961.92
20	998.23	62	982.20	80	971.83	97	960.51
30	995.67	64	981.13	82	970.57	100	958.38
40	992.24	66	980.05	84	969.30		
50	988.07	68	978.94	86	968.00		
52	987.15	70	977.81	88	966.68		
54	986.21	72	976.66	90	965.34		
56	985.25	74	975.48	92	963.99		

附表 4　　　　　　　　　热水及蒸汽供热系统局部阻力系数 ζ 值

局部阻力名称	ζ	说　明	局部阻力系数	在下列管径（DN，mm）时的 ζ 值					
				15	20	25	32	40	≥50
双柱散热器	2.0	以热媒在导管中的流速计算局部阻力	截止阀	16.0	10.0	9.0	9.0	8.0	7.0
铸铁锅炉	2.5		旋　塞	4.0	2.0	2.0	2.0		
钢制锅炉	2.0		斜杆截止阀	3.0	3.0	3.0	2.5	2.5	2.0
突然扩大	1.0	以其中较大的流速计算局部阻力	闸　阀	1.5	0.5	0.5	0.5	0.5	0.5
突然缩小	0.5		弯　头	2.0	2.0	1.5	1.5	1.0	1.0
直流三通（图①）	1.0		90°煨弯及乙字管	1.5	1.5	1.0	1.0	0.5	0.5
旁流三通（图②）	1.5		括弯（图⑥）	3.0	2.0	2.0	2.0	2.0	2.0
合流三通（图③）	3.0		急弯双弯头	2.0	2.0	2.0	2.0	2.0	2.0
分流三通			缓弯双弯头	1.0	1.0	1.0	1.0	1.0	1.0
直流四通（图④）	2.0								
分流四通（图⑤）	3.0								
方形补偿器	2.0								
套管补偿器	0.5								

附表 5　　　　　热水供热系统局部阻力系数 ζ＝1 的局部损失（动压头）值　　　　Pa

v	Δp_d	v	Δp_d	v	Δp_d	v	Δp_d	v	Δp_d	v	Δp_d
0.01	0.05	0.13	8.31	0.25	30.73	0.37	67.30	0.49	118.04	0.61	182.93
0.02	0.2	0.14	9.64	0.26	33.23	0.38	70.99	0.50	122.91	0.62	188.98
0.03	0.44	0.15	11.06	0.27	35.84	0.39	74.78	0.51	127.87	0.65	207.71
0.04	0.79	0.16	12.59	0.28	38.54	0.4	78.66	0.52	132.94	0.68	227.33
0.05	1.23	0.17	14.21	0.29	41.35	0.41	82.64	0.53	138.10	0.71	247.83
0.06	1.77	0.18	15.93	0.3	44.25	0.42	86.72	0.54	143.36	0.74	269.21
0.07	2.41	0.19	17.75	0.31	47.25	0.43	90.90	0.55	148.72	0.77	291.48
0.08	3.15	0.20	19.66	0.32	50.34	0.44	95.18	0.56	154.17	0.8	314.64
0.09	3.98	0.21	21.68	0.33	53.54	0.45	99.55	0.57	159.73	0.85	355.20
0.10	4.92	0.22	23.79	0.34	56.83	0.46	104.03	0.58	165.38	0.9	398.22
0.11	5.95	0.23	26.01	0.35	60.22	0.47	108.6	0.59	171.13	0.95	44.70
0.12	7.08	0.24	28.32	0.36	63.71	0.48	113.27	0.60	176.98	1.0	491.62

注　1　本表按 $t'_g=95℃$，$t'_h=70℃$，整个采暖季的平均水温 $t≈60℃$，相应水的密度为 983.284kg/m³ 进行编制。

　　2　$\Delta p_d=\rho v^2/2$。

附表6 疏水器的排水系数 A_p 值

排水阀孔直径 d（mm）	$\Delta p = p_1 - p_2$（kPa）									
	100	200	300	400	500	600	700	800	900	1000
2.6	25	24	23	22	21	20.5	20.5	20	20	19.8
3	25	23.7	22.5	21	21	20.4	20	20	20	19.5
4	24.2	23.5	21.6	20.6	19.6	18.7	17.8	17.2	16.7	16
4.5	23.8	21.3	19.9	18.9	18.3	17.7	17.3	16.9	16.6	16
5	23	21	19.4	18.5	18	17.3	16.8	16.3	16	15.5
6	20.8	20.4	18.8	17.9	17.4	16.7	16	15.5	14.9	14.3
7	19.4	18	16.7	15.9	15.2	14.8	14.2	13.8	13.5	13.5
8	18	16.4	15.5	14.5	13.8	13.2	12.6	11.7	11.9	11.5
9	16	15.3	14.2	13.6	12.9	12.5	11.9	11.5	11.1	10.6
10	14.9	13.9	13.2	12.5	12	11.4	10.9	10.4	10	10
11	13.6	12.6	11.8	11.3	10.9	10.6	10.4	10.2	10	9.7

附表7 室内低压蒸汽供热系统管路水力计算表

（表压力 $p_b = 5 \sim 20$ kPa，$K = 0.2$ mm）

比摩阻 R（Pa/m）	上行：通过热量 Q（W）；下行：蒸汽流速 v（m/s）；水煤气管（公称直径，mm）						
	15	20	25	32	40	50	70
5	790	1510	2380	5260	8010	15760	30050
	2.92	2.92	2.92	3.67	4.23	2.1	5.75
10	918	2066	3541	7727	11457	23015	43200
	3.43	3.89	4.34	5.4	6.05	7.43	8.35
15	1090	2400	4395	10000	14260	28500	53400
	4.07	4.88	5.45	6.65	7.64	9.31	10.35
20	1239	2920	5240	11120	16720	33050	61900
	4.55	5.65	6.41	7.8	8.83	10.85	12.1
30	1500	3615	6350	13700	20750	40800	76600
	5.55	7.01	7.77	9.6	10.95	13.2	14.95
40	1759	4220	7330	16180	24190	47800	89400
	6.51	8.2	8.98	11.30	12.7	15.3	17.35
60	2219	5130	9310	20500	29550	58900	110700
	8.17	9.94	11.4	14	15.6	19.03	21.4
80	2570	5970	10630	23100	34400	67900	127600
	9.55	11.6	13.15	16.3	18.4	22.1	24.8
100	2900	6820	11900	25655	38400	76000	142900
	10.7	13.2	14.6	17.9	20.35	24.6	27.6
150	3520	8323	14678	31707	47358	93495	168200
	13	16.1	18	22.15	25	30.2	33.4
200	4052	9703	16975	36545	55568	108210	202800
	15	18.8	20.9	25.5	29.4	35	38.9
300	5049	11939	20778	45140	68360	132870	250000
	18.7	23.2	25.6	31.6	35.6	42.8	48.2

附表 8 室内低压蒸汽供热系统管路水力计算动压头

v (m/s)	$\frac{v^2}{2}\rho$ (Pa)	v (m/s)	$\frac{v^2}{2}\rho$ (Pa)	v (m/s)	$\frac{v^2}{2}\rho$ (Pa)	v (m/s)	$\frac{v^2}{2}\rho$ (Pa)
5.5	9.58	10.5	34.93	15.5	76.12	20.5	133.16
6.0	11.4	11.0	38.34	16.0	81.11	21.0	139.73
6.5	13.39	11.5	41.9	16.5	86.26	21.5	146.46
7.0	15.53	12.0	45.63	17.0	91.57	22.0	153.36
7.5	17.82	12.5	49.5	17.5	97.04	22.5	160.41
8.0	20.28	13.0	53.5	18.0	102.66	23.0	167.61
8.5	22.89	13.5	57.75	18.5	108.44	23.5	174.98
9.0	25.66	14.0	62.1	19.0	114.38	24.0	182.51
9.5	28.6	14.5	66.6	19.5	120.48	24.5	190.19
10.0	31.69	15.0	71.29	20.0	126.74	25.0	198.03

附表 9 蒸汽供热系统干式和湿式自流凝结水管管径选择表

凝结水管径 (mm)	形成凝结水时，由蒸汽放出的热 (kW)					
	干式凝结水管			湿式凝结水管（垂直或水平的）		
	低压蒸汽		高压蒸汽	计算管段的长度 (m)		
	水平管段	垂直管段		50 以下	50~100	100 以上
1	2	3	4	5	6	7
15	4.7	7	8	33	21	9.3
20	17.5	26	29	82	53	29
25	33	49	45	145	93	47
32	79	116	93	310	200	100
40	120	180	128	440	290	135
50	250	370	230	760	550	250
76×3	580	875	550	1750	1220	580
89×3.5	870	1300	815	2620	1750	875
102×4	1280	2000	1220	3605	2320	1280
114×4	1630	2420	1570	4540	3000	1600

注 1 第5、6、7栏计算管段的长度指由最远散热器到锅炉的长度。
  2 干式水平凝水管坡度为 0.005。

附表10　　　　　室内高压蒸汽供热系统管径计算表
(蒸汽表压力 p_b＝200kPa，K＝0.2mm)

公称直径		15		20		25		32		40	
内径（mm）		15.75		21.25		27		35.75		41	
外径（mm）		21.25		26.75		32.50		42.25		48	
Q	G	R	v	R	v	R	v	R	v	R	v
4000	7	71	5.7								
6000	10	154	8.6	34	4.7	10	2.9				
8000	13	270	11.5	58	6.3	17	3.9				
10000	17	418	14.4	89	7.9	26	4.9				
12000	20	597	17.2	127	9.5	37	5.9	9	3.3		
14000	23	809	20.1	172	11.1	50	6.8	12	3.9		
16000	27	1052	23.0	223	12.6	65	7.8	16	4.5	8	3.4
18000	30			281	14.2	82	8.8	20	5.0	10	3.8
20000	33			345	15.8	100	9.3	24	5.6	12	4.2
24000	40			494	18.9	143	11.7	34	6.7	17	5.1
28000	47			670	22.1	194	13.7	46	7.8	23	5.9
32000	53			871	25.3	252	15.6	59	8.9	29	6.8
36000	60			1100	28.4	317	17.6	74	10.0	37	7.6
40000	67			1355	31.6	390	19.6	91	11.2	45	8.5
44000	73			1636	34.7	471	21.5	110	12.3	54	9.3
50000	83			2108	39.5	606	24.4	141	13.9	70	10.6
60000	100					868	29.3	202	16.7	100	12.7
70000	116					1178	34.2	274	19.5	135	14.8
80000	133					1535	39.1	356	22.3	175	17.0
90000	150							449	25.1	220	19.1
100000	166							553	27.9	271	21.2
140000	233							1077	39.0	527	29.7
180000	299							1774	50.2	868	38.2
220000	366									1292	46.6

公称直径		50		70		公称直径		50		70	
内径（mm）		53		68		内径（mm）		53		68	
外径（mm）		60		75.5		外径（mm）		60		75.5	
Q	G	R	v	R	v	Q	G	R	v	R	v
28000	47	6	3.6			100000	166	72	12.7	20	7.7
32000	53	8	4.1			140000	233	139	17.8	38	10.8
36000	60	10	4.6			180000	299	228	22.8	63	13.9
40000	67	12	5.1	3	3.1	220000	366	339	27.9	93	17.0
44000	73	15	5.6	4	3.4	260000	433	472	33.0	129	20.0
48000	80	17	6.1	5	3.7	300000	499	626	38.1	171	23.1
50000	83	19	6.3	5	3.9	340000	566	803	43.1	219	26.2
60000	100	27	7.6	7	4.6	380000	632	1001	48.2	273	29.3
70000	116	36	8.9	10	5.4	420000	699			333	32.4
80000	133	46	10.1	13	6.2	460000	765			398	35.5
90000	150	58	11.4	16	6.9	500000	832			470	38.5

注　1　制表时假定蒸汽运动黏度 υ＝8.21×10^{-6}m²/s，汽化潜热 r＝2164kJ/kg，密度 ρ＝1.651kg/m³。

　　2　按阿里特苏里公式 λ＝0.11$\left(\dfrac{K}{d}+\dfrac{68}{Re}\right)^{0.25}$ 确定沿程阻力系数 λ 值。

　　3　表中符号：Q—管段热负荷，W；G—管段蒸汽流量，kg/h；R—比摩阻，Pa/m；v—流速，m/s。

附表 11　　　　　　　室内高压蒸汽供热管路局部阻力当量长度（*K*＝0.2mm）

局部阻力名称	公 称 直 径（mm）												
	15	20	25	32	40	50	70	80	100	125	150	175	200
	1/2″	3/4″	1″	1 1/4″	1 1/2″	2″	2 1/2″	3″	4″	5″	6″		
双柱散热器	0.7	1.1	1.5	2.2	—	—	—	—	—	—	—	—	—
钢制锅炉	—	—	—	—	2.6	3.8	5.2	7.4	10.0	13.0	14.7	17.6	20.0
突然扩大	0.4	0.6	0.8	1.1	1.3	1.9	2.6	—	—	—	—	—	—
突然缩小	0.2	0.3	0.4	0.6	0.7	1.0	1.3	—	—	—	—	—	—
截止阀	6.0	6.4	6.8	9.9	10.4	13.3	18.2	25.9	35.0	45.5	51.3	61.6	70.7
斜杆截止阀	1.1	1.7	2.3	2.8	3.3	3.8	5.2	7.4	10.0	13.0	14.7	17.6	20.2
闸阀	—	0.3	0.4	0.6	0.7	1.0	1.3	1.9	2.5	3.3	3.7	4.4	5.1
旋塞阀	1.5	1.5	1.5	2.2	—	—	—	—	—	—	—	—	—
方形补偿器	—	—	1.7	2.2	2.6	3.8	5.2	7.4	10.0	13.0	14.7	17.6	20.2
套管补偿器	0.2	0.3	0.4	0.6	0.7	1.0	1.3	1.9	2.5	3.3	3.7	4.4	5.1
直流三通 ⊥	0.4	0.6	0.8	1.1	1.3	1.9	2.6	3.7	5.0	6.5	7.3	8.3	10.0
旁流三通 ⌐⌐	0.6	0.8	1.1	1.7	2.0	2.8	3.9	5.6	7.5	9.8	11.0	13.2	15.1
分流合流三通	1.1	1.7	2.2	3.3	3.9	5.7	7.8	11.1	15.0	19.5	22.0	26.4	30.3
直流四通 ╫	0.7	1.1	1.5	2.2	2.6	3.8	5.2	7.4	10.0	13.0	14.7	17.6	20.2
分流四通 ╫	1.1	1.7	2.2	3.3	3.9	5.7	7.8	11.1	15.0	19.5	22.0	26.4	30.3
弯头	0.7	1.1	1.1	1.7	1.3	1.9	2.6	—	—	—	—	—	—
90°煨弯及乙字弯	0.6	0.7	0.8	0.9	1.0	1.1	1.3	1.9	2.5	3.3	3.7	4.4	5.1
括弯	1.1	1.1	1.5	2.2	2.6	3.8	5.2	7.4	10.0	13.0	14.7	17.6	20.2
急弯双弯	0.7	1.1	1.5	2.2	2.6	3.8	5.2	7.4	10.0	13.0	14.7	17.6	20.2
缓弯双弯	0.4	0.6	0.8	1.1	1.3	1.9	2.6	3.7	5.0	6.5	7.3	8.8	10.1

附表 12　　　　　　　　热水网路水力计算表

$(K=0.5mm,\ t=100℃,\ \rho=958.38kg/m^3,\ v=0.295\times10^{-6}m^2/s)$

公称直径(mm)	25		32		40		50		70		80		100		125		150	
外径×壁厚(mm)	32×2.5		38×2.5		45×2.5		57×3.5		76×3.5		89×3.5		108×4		133×4		159×4.5	
G	v	R	v	R	v	R	v	R	v	R	v	R	v	R	v	R	v	R
0.6	0.3	77	0.2	27.5	0.14	9												
0.8	0.41	137.3	0.27	47.7	0.18	15.8	0.12	5.6										
1.0	0.51	214.8	0.34	73.1	0.23	24.4	0.15	8.6										
1.4	0.71	420.7	0.47	143.2	0.32	47.4	0.21	19.8	0.11	3.0								
1.8	0.91	695.3	0.61	236.3	0.42	84.2	0.27	26.1	0.14	5								
2.0	1.01	858.1	0.68	292.2	0.46	104	0.3	31.9	0.16	6.1								
2.2	1.11	1038.5	0.75	353	0.51	125.5	0.33	36.2	0.17	7.4								
2.6			0.88	493.3	0.6	175.5	0.38	53.4	0.2	10.1								
3.0			1.02	657	0.69	234.4	0.44	71.2	0.23	13.2								
3.4			1.15	844.4	0.78	301.1	0.5	91.4	0.26	17								
4.0					0.92	415.8	0.59	126.5	0.31	22.8	0.22	9						
4.8					1.11	599.2	0.71	182.4	0.37	32.8	0.26	12.9						
6							0.83	252	0.43	44.5	0.31	17.5	0.21	6.4				
6.2							0.92	304	0.48	54.6	0.34	21.8	0.23	7.8	0.15	2.5		
7.0							1.03	387.4	0.54	69.6	0.38	27.9	0.26	9.9	0.17	3.1		
8.0							1.18	506	0.62	90.9	0.44	36.3	0.3	12.7	0.19	4.1		
9.0							1.33	640.4	0.7	114.7	0.49	46	0.33	16.1	0.21	5.1		
10.0							1.48	790.4	0.78	142.2	0.55	56.8	0.37	19.8	0.24	6.3		
11.0							1.63	957.1	0.85	171.6	0.6	68.6	0.41	23.9	0.26	7.6		
12.0									0.93	205	0.66	81.7	0.44	28.5	0.28	8.8	0.2	3.5
14.0									1.09	278.5	0.77	110.8	0.52	38.8	0.33	11.9	0.23	4.7
15.0									1.16	319.7	0.82	127.5	0.55	44.5	0.35	13.6	0.25	5.4
16.0									1.24	363.8	0.88	145.1	0.59	50.7	0.38	15.5	0.26	6.1
18.0									1.4	459.9	0.99	184.4	0.66	64.1	0.43	19.7	0.3	7.6
20.0									1.55	568.8	1.1	227.5	0.74	79.2	0.47	24.3	0.33	9.3
22.0									1.71	687.4	1.21	274.6	0.81	95.8	0.52	29.4	0.36	11.2
24.0									1.86	818.9	1.32	326.6	0.89	113.8	0.57	35	0.39	13.3
26.0									2.02	961.1	1.43	383.4	0.96	133.4	0.62	41.1	0.43	16.7
28.0											1.54	445.2	1.03	154.9	0.66	47.6	0.46	18.1
30.0											1.65	510.9	1.11	178.5	0.71	54.6	0.49	20.8
32.0											1.76	581.5	1.18	203	0.76	62.2	0.53	23.7
34.0											1.87	656.1	1.26	228.5	0.8	70.2	0.56	26.8
36.0											1.98	735.5	1.33	256.9	0.85	78.6	0.59	30
38.0											2.09	819.8	1.4	286.4	0.9	87.7	0.62	33.4

公称直径（mm）	100		125		150		200		250		300	
外径×壁厚（mm）	108×4		133×4		159×4.5		219×6		273×8		325×8	
G	v	R	v	R	v	R	v	R	v	R	v	R
40	1.48	316.8	0.95	97.2	0.66	37.1	0.35	6.8	0.22	2.3		
42	1.55	349.1	0.99	106.9	0.63	40.8	0.36	7.5	0.23	2.5		
44	1.63	383.4	1.04	117.7	0.72	44.8	0.38	8.1	0.25	2.7		
45	1.66	401.1	1.06	122.6	0.74	46.9	0.39	8.5	0.25	2.8		
48	1.77	456	1.13	140.2	0.79	53.3	0.41	9.7	0.27	3.2		
50	1.85	495.2	1.18	152.0	0.82	57.8	0.43	10.6	0.28	3.5		
54	1.99	577.6	1.28	177.5	0.89	67.5	0.47	12.4	0.3	4.0		
58	2.14	665.9	1.37	204	0.95	77.9	0.5	14.2	0.32	4.5		
62	2.29	761	1.47	233.4	1.02	88.9	0.53	16.3	0.35	5.0		
66	2.44	862	1.56	264.8	1.08	101	0.57	18.4	0.37	5.7		
70	2.59	969.9	1.65	297.1	1.15	113.8	0.6	20.7	0.39	6.4		
74			1.75	332.4	1.21	126.5	0.64	23.1	0.41	7.1		
78			1.84	369.7	1.28	141.2	0.67	25.7	0.44	8.2		
80			1.89	388.3	1.31	148.1	0.69	27.1	0.45	8.6		
90			2.13	491.3	1.48	187.3	0.78	34.2	0.5	11		
100			2.36	607	1.64	231.4	0.86	42.3	0.56	13.5	0.30	5.1
120			2.84	873.8	1.97	333.4	1.03	60.9	0.67	19.5	0.46	7.4
140					2.3	454	1.21	82.9	0.78	26.5	0.54	10.1
160					2.63	592.3	1.38	107.9	0.89	34.6	0.62	13.1
180							1.55	137.3	1.01	43.8	0.7	16.6
200							1.72	168.7	1.12	54.1	0.77	20.5
220							1.9	205	1.23	65.4	0.85	24.7
240							2.07	243.2	1.34	77.9	0.93	29.5
260							2.24	285.4	1.45	91.4	1.01	34.7
280							2.41	331.5	1.57	105.9	1.08	40.2
300							2.59	380.5	1.68	121.6	1.16	46.2
340							2.93	488.4	1.9	155.9	1.32	55.9
380							3.28	611	2.13	195.2	1.47	74
420							3.62	745.3	2.35	238.3	1.62	90.5
460									2.57	286.4	1.78	108.9
500									2.8	348.1	1.93	128.5

注 表中符号 G—水流量，t/h；v—流速，m/s；R—比摩阻，Pa/m。

附表13　**热水网路局部阻力当量长度表（K＝0.5mm）（对于蒸汽网路 K＝0.2mm，修正系数 β＝1.26）**

当量长度 l (m)

名称	局部阻力系数 ζ	32	40	50	70	80	100	125	150	175	200	250	300	350	400	450	500	600	700	800
截止阀	4~9	6	7.8	8.4	9.6	10.2	13.5	18.5	24.6	39.5	—	—	—	—	—	—	—	—	—	—
闸阀	0.5~1	—	—	0.65	1	1.28	1.65	2.2	2.24	2.9	3.36	3.73	4.17	4.3	4.5	4.7	5.3	5.7	6	6.4
旋启式止回阀	1.5~3	0.98	1.26	1.7	2.8	3.6	4.95	7	9.52	13	16	22.2	29.2	33.9	46	56	66	89.5	112	133
升降式止回阀	7	5.25	6.8	9.16	14	17.9	23	30.8	39.2	50.6	58.8	—	—	—	—	—	—	—	—	—
套筒补偿器（单向）	0.2~0.5	—	—	—	—	—	0.66	0.88	1.68	2.17	2.52	3.33	4.17	5	10	11.7	13.1	16.5	19.4	22.8
套筒补偿器（双向）	0.6	—	—	—	—	—	1.98	2.64	3.36	4.34	5.04	6.66	8.34	10.1	12	14	15.8	19.9	23.3	27.4
波纹管补偿器（无内套）	1.7~1	—	—	—	—	—	5.57	7.5	8.4	10.1	10.9	13.3	13.9	15.1	16	—	—	—	—	—
波纹管补偿器（有内套）	0.1	—	—	—	—	—	0.38	0.44	0.56	0.72	0.84	1.1	1.4	1.68	2	—	—	—	—	—
方形补偿器		—	—	—	—	—	—	—	—	—	—	—	—	—	—	—	—	—	—	—
三缝焊接弯头 R＝1.5d	2.7	—	—	—	—	—	—	—	17.6	22.1	24.8	33	40	47	55	67	76	94	110	128
锻压弯头 R＝(1.5~2)d	2.3~3	3.5	4	5.2	6.8	7.9	9.8	12.5	15.4	19	23.4	28	34	40	47	60	68	83	95	110
焊弯 R≥4d	1.16	1.8	2	2.4	3.2	3.5	3.8	5.6	6.5	8.4	9.3	11.2	11.5	16	20	—	—	—	—	—
弯头																				
45°单缝焊接弯头	0.3	0.22	0.29	0.4	0.6	0.76	0.98	1.32	1.68	2.17	2.52	3.3	4.17	5	6	7	7.9	9.9	11.7	13.7
60°单缝焊接弯头	0.7	0.38	0.48	0.65	1	1.28	1.65	2.2	3.92	5.06	5.9	7.8	9.7	11.8	14	16.3	18.4	23.2	27.2	32
锻压弯头 R＝(1.5~2)d	0.5	—	—	—	—	—	—	2.2	2.8	3.62	4.2	5.55	6.95	8.4	10	11.7	13.1	16.5	19.4	22.8
焊弯 R＝4d	0.3	—	—	—	—	—	—	1.32	1.68	2.17	2.52	3.3	4.17	5	6	—	—	—	—	—
除污器	10	—	—	—	—	—	—	—	56	72.4	84	111	139	168	200	233	262	331	388	456

续表

名称	局部阻力系数 ζ	32	40	50	70	80	100	125	150	175	200	250	300	350	400	450	500	600	700	800
分流三通　直通管	1.0	0.75	0.97	1.3	2	2.55	3.3	4.4	5.6	7.24	3.4	11.1	13.9	16.8	20	23.3	26.3	33.1	38.8	45.7
分流三通　分支管	1.5	1.13	1.45	1.96	3	3.82	4.95	6.6	8.4	10.9	12.6	16.7	20.8	25.2	30	35	39.4	49.6	58.2	68.6
合流三通　直通管	1.5	1.13	1.45	1.96	3	3.82	4.95	6.6	8.4	10.9	12.6	16.7	20.8	25.2	30	35	39.4	49.6	58.2	68.6
合流三通　分支管	2.0	1.5	1.94	2.62	4	5.1	6.6	8.8	11.2	14.5	16.8	22.2	27.8	33.6	40	46.6	52.5	66.2	77.6	91.5
三通汇流管	3.0	2.25	2.91	3.93	6	7.65	9.8	13.2	16.8	21.7	25.2	33.3	41.7	50.4	60	69.9	78.7	99.3	116	137
三通分流管	2.0	1.5	1.94	2.62	4	5.1	6.6	8.8	11.2	14.5	16.8	22.2	27.8	33.6	40	46.6	52.5	66.2	77.6	91.5
焊接异径接头（按小管径计算）$A_1/A_0=2$	0.1	—	0.1	0.13	0.2	0.26	0.33	0.44	0.56	0.72	0.84	1.1	1.4	1.68	2	2.4	2.6	3.3	3.9	4.6
焊接异径接头　$A_1/A_0=3$	0.2~0.3	—	0.14	0.2	0.3	0.38	0.98	1.32	1.68	2.17	2.52	8.3	4.17	5	5.7	5.9	6.0	6.6	7.8	9.2
焊接异径接头　$A_1/A_0=4$	0.3~0.49	—	0.19	0.26	0.4	0.51	1.6	2.2	2.8	3.62	4.2	5.55	6.85	7.4	7.8	8	8.9	9.9	11.6	13.7

附表 14　　　　热网管道局部损失与沿程损失的估算比值

补偿器类型		公称直径（mm）	估计比值 α_j	
			蒸汽管道	热水和凝结水管道
输送干线	套筒或波纹管补偿器（带内衬筒）	≤1200	0.2	0.2
	方型补偿器	200～350	0.7	0.5
	方型补偿器	400～500	0.9	0.7
	方型补偿器	600～1200	1.2	1.0
输配干线	套筒或波纹管补偿器（带内衬筒）	≤400	0.4	0.3
	套筒或波纹管补偿器（带内衬筒）	450～1200	0.5	0.4
	方型补偿器	150～250	0.8	0.6
	方型补偿器	300～350	1.0	0.8
	方型补偿器	400～500	1.0	0.9
	方型补偿器	600～1200	1.2	1.0

注　本表摘自 CJJ 34—1990《城市热力网设计规范》，其中有分支管接出的干线称输配干线，长度超过 2km 无分支管的干线称输送干线。

附表 15　　　　室外高压蒸汽管径计算表
$(K=0.2mm,\ \rho=1kg/m^3)$

公称直径	65		80		100		125		150		175		200		250	
外径×壁厚 (mm×mm)	73×3.5		89×3.5		108×4		133×4		159×4.5		194×6		219×6		273×7	
G (t/h)	v (m/s)	R (Pa/m)	v (m/s)	R (Pa/m)	v (m/s)	R (Pa/m)	v (m/s)	R (Pa/m)	v (m/s)	R (Pa/m)	v (m/s)	R (Pa/m)	v (m/s)	R (Pa/m)	v (m/s)	R (Pa/m)
2.0	164	5213.6	105	1666	70.8	585.1	45.3	184.2	31.5	71.4	21.4	26.5				
2.1	171.6	5754.6	111	1832.6	74.3	644.8	47.6	201.9	33.0	78.8	22.4	28.9				
2.2	180.4	6310.2	116	2018.8	77.9	707.6	49.8	220.53	34.6	86.7	23.5	31.6				
2.3	188.1	6902.1	121	2205	81.4	774.2	52.1	240.1	36.2	94.6	24.6	34.4				
2.4	195.8	7507.8	126	2401	85	842.8	54.4	260.7	37.8	1202.9	25.6	37.2				
2.5	204.6	8149.7	132	2597	88.5	914.3	56.6	282.2	39.3	110.7	26.7	41.1	20.7	21.8		
2.6	212.3	8816.1	137	2812.6	92	989.8	59.9	311.6	40.9	119.6	27.8	43.5	21.5	23.5		
2.7	221.1	9508	142	3038	95.6	1068.2	62.2	329.3	42.5	129.4	28.9	47	22.3	25.5		
2.8	228.8	10224.3	147	3263.4	99.1	1146.6	63.4	354.7	44.1	138.2	29.9	51	23.1	27.2		
2.9	237.6	10965.2	153	3498.6	103	1234.8	67.7	380.2	45.6	145.0	31	53.9	24	28.4		
3.0	245.3	11730.6	158	3743.6	106	1313.2	68	406.7	47.2	15.8	32.1	57.8	24.8	30.4		
3.1	253	12533	163	3998.4	110	1401.4	70.2	434.1	48.8	167.6	33.1	61.7	25.6	32.1		
3.2	261.8	13349	168	4263	113	1499.4	72.5	462.6	50.3	179.3	34.2	65.7	26.4	34.8		
3.3	269.5	14200	174	4527.6	117	1597.4	74.8	492	51.9	190.1	35.3	69.6	27.3	37.0		
3.4	278.3	15072	179	4811.8	120	1695.4	77	522.3	53.5	200.9	36.3	73.7	28.1	39.2		
3.5	286	15966	184	5096	124	1793.4	79.3	494.9	55.1	212.7	37.4	78.4	29	41.9		

续表

公称直径	65		80		100		125		150		175		200		250	
外径×壁厚 (mm×mm)	73×3.5		89×3.5		108×4		133×4		159×4.5		194×6		219×6		273×7	
G (t/h)	v (m/s)	R (Pa/m)	v (m/s)	R (Pa/m)	v (m/s)	R (Pa/m)	v (m/s)	R (Pa/m)	v (m/s)	R (Pa/m)	v (m/s)	R (Pa/m)	v (m/s)	R (Pa/m)	v (m/s)	R (Pa/m)
3.6			190	5390	127	1891.4	81.6	588	56.6	224.4	38.5	83.3	30	44.1		
3.7			195	5693.8	131	1999.2	83.8	619.4	58.2	237.4	39.5	87.2	30.6	46.1		
3.8			200	6007.4	135	2116.8	86.1	652.7	59.8	250.9	40.6	92.6	31.4	49		
3.9			205	6330.8	138	2224.6	88.4	688	61.4	263.6	41.7	97.5	32.2	51.7		
4.0			211	6664	142	2342.2	90.6	723.2	62.9	277.3	42.7	99.6	33	54.4		
4.2			221	7340.2	149	2577.4	97.4	835.9	66.1	305.8	44.9	112.7	34.7	58.8		
4.4			232	8055.6	156	2832.2	99.7	875.1	69.2	336.1	47.0	122.5	36.4	64.7		
4.6			242	8810.2	163	3096.8	104	956.5	72.4	366.5	49.1	133.3	38	70.1		
4.8			253	9584.4	170	3371.2	109	1038.8	75.5	399.8	51.3	145.0	39.7	76.4		
5.0			263	10407.6	177	3655.4	113	1127	78.7	433.2	53.4	157.8	41.3	84.3		
6.0					210	5262.6	136	1626.8	94.4	624.3	64.1	226.4	49.6	117.1	31.7	37
7.0					248	8232	170	2538.2	118	975.1	80.2	253.8	62	180.3	39.6	57
8.0					283	9359	181	2891	126	1107.4	85.5	401.8	66.1	204.8	42.2	64.4
9.0					319	11848	204	3665.2	142	1401.4	96.2	508.6	74.4	259.7	47.5	81.1
10.0							227	4517.8	157	1734.6	107	628.6	82.6	320.5	52.8	99
11.0							249	5468.4	173	2097.2	118	760.5	90.9	387.1	58	119.6
12.0							272	6507.2	189	2499	128	905.5	99.1	460.6	63.3	142.1

注　编制本表时，假定蒸汽动力黏滞性系数 $\mu=2.05\times10^{-6}$ kg·s/m，验算蒸汽流态，对阻力平方区，沿程阻力系数可用尼古拉兹公式，$\lambda=\dfrac{1}{\left(1.14+2\lg\dfrac{d}{K}\right)^2}$ 计算；对紊流过渡区，查得的数值有误差，但不大于 5%。

附表 16　　　　　　　　　二次蒸发汽数量 x_2（kg/kg）

始端压力 p_1 (×10⁵Pa)(abs)	末端压力 p_s [×10⁵Pa (abs)]										
	1	1.2	1.4	1.6	1.8	2.0	3.0	4.0	5.0	6.0	7.0
1.2	0.01										
1.5	0.022	0.012	0.004								
2	0.039	0.029	0.021	0.013	0.006						
2.5	0.052	0.043	0.034	0.027	0.02	0.014					
3	0.064	0.054	0.046	0.039	0.032	0.026					
3.5	0.074	0.064	0.056	0.049	0.042	0.036	0.01				
4	0.083	0.073	0.065	0.058	0.051	0.045	0.02				
5	0.098	0.089	0.081	0.074	0.067	0.061	0.036	0.017			
8	0.134	0.125	0.117	0.11	0.104	0.098	0.073	0.054	0.038	0.024	0.012
10	0.152	0.143	0.136	0.129	0.122	0.117	0.093	0.074	0.058	0.044	0.032
15	0.188	0.18	0.172	0.165	0.161	0.154	0.13	0.112	0.096	0.083	0.071

附表 17 　　　　　　　　凝结水管管径计算表

$(\rho_r = 10.0\text{kg/m}^3,\ K = 0.5\text{mm})$

上行：流速（m/s）

下行：比摩阻（Pa/m）

流量 （t/h）	管径×壁厚（mm×mm）								
	25	32	40	57×3	76×3	89×3.5	108×4	133×4	159×4.5
0.2	9.711 626.0	5.539 182.1	4.21 87.5						
0.4	19.43 3288.9	11.07 732.6	8.42 350	5.45 109	2.89 20.2				
0.6	29.14 7397.0	16.62 1590.5	12.63 787.2	8.17 245.2	4.34 45.4	3.16 19.6			
0.8	38.85 13151.6	22.16 2914.5	16.84 1400.4	10.88 436	5.78 80.7	4.21 34.5			
1.0	48.56 20540.8	27.69 4555.0	21.06 2186.4	13.61 681.3	7.33 126.1	5.26 54.4	3.54 18.96		
1.5		41.54 10250.8	31.58 4919.6	20.41 1532.7	10.84 283.7	7.9 122.4	5.31 42.7		
2.0			42.12 8747.5	27.22 2725.4	14.45 504.2	10.52 217.5	7.08 75.9	4.53 23.3	
2.5				34.02 4258.1	18.06 787.9	13.17 339.8	8.85 118.6	5.66 36.3	3.93 13.9
3.0				40.83 6132.8	21.67 1133.9	15.79 489.3	10.62 170.6	6.8 52.3	4.72 20.0
3.5				47.64 8345.7	25.29 1543.5	18.42 666.6	12.39 232.4	7.93 71.2	5.51 27.2
4.0					28.9 2016.8	21.06 869.8	14.16 303.4	9.06 63.0	6.3 35.5
4.5					32.51 2552	23.69 1100.5	15.93 384.0	10.13 117.7	7.08 44.9
5.0					36.12 3151.7	26.33 1359.3	17.7 474.0	11.33 145.3	7.87 55.4
6.0					43.35 4538.4	31.58 1958.0	21.24 682.8	13.6 209.3	9.44 79.8
7.0						36.85 2663.6	24.78 929.2	15.85 284.9	11.01 108.7
8.0						42.12 3479	28.32 1213.2	18.13 372.1	12.59 142
9.0						47.38 4404.1	31.86 1536.6	20.39 471	14.10 179.6
10.0							35.4 1896.3	22.66 581.5	15.73 221.8
11.0							38.94 2295.2	24.93 703.6	17.31 268.2
12.0							42.48 2730.3	27.18 837.3	18.88 319.2
13.0							46.02 3205.6	29.46 982	20.45 374.8

附表 18   **供热管道与建筑物、构筑物以及其他管线间的最小距离**

建筑物、构筑物或管线名称		与供热管道最小水平净距（m）	与供热管道最小垂直净距（m）
地下敷设供热管道			
建筑物基础	管沟敷设供热管道	0.5	—
	直埋敷设供热管道	3.0	—
铁路钢轨		钢轨外侧 3.0	轨底 1.2
电车钢轨		钢轨外侧 2.0	轨底 1.0
铁路、公路路基边坡底脚或边沟的边缘		1.0	—
通信、照明或 10kV 以下电力线路的电杆		1.0	—
桥墩边缘		2.0	—
架空管道支架基础边缘		1.5	—
高压输电线铁塔基础边缘	35～60kV	2.0	—
	110～220kV	3.0	—
通信电缆管块、通信电缆（直埋）		1.0	0.15
电力电缆和控制电缆	35kV 以下	2.0	0.5
	110kV	2.0	1.0
管沟敷设供热管道	燃气管道 压力＜150kPa	1.0	0.15
	压力 150～300kPa	1.5	0.15
	压力 300～800kPa	2.0	0.15
	压力＞800kPa	4.0	0.15
直埋敷设供热管道	压力＜300kPa	1.0	0.15
	压力＜800kPa	1.5	0.15
	压力＞800kPa	2.0	0.15
给水管道、排水管道		1.5	0.15
地 铁		5.0	0.8
电气铁路接触网电杆基础		3.0	—
乔木、灌木（中心）		1.5	—
道路路面		—	0.7
地上敷设供热管道			
铁路钢轨		轨外侧 3.0	轨顶一般 5.5 电气铁路 6.55
电车钢轨		轨外侧 2.0	
公路路面边缘或边沟边缘		0.5	距路面 4.5
架空输电线路	1kV 以下	导线最大偏风时 1.5	导线下最大垂度时 1.0
	1～10kV	导线最大偏风时 2.0	导线下最大垂度时 2.0
	35～110kV	导线最大偏风时 4.0	导线下最大垂度时 4.0
	200kV	导线最大偏风时 5.0	导线下最大垂度时 5.0
	300kV	导线最大偏风时 6.0	导线下最大垂度时 6.0
	500kV	导线最大偏风时 6.5	导线下最大垂度时 6.5
树 冠		0.5（到树中不小于 2.0）	—

注   1   供热管道的埋设深度大于建（构）筑物深度时，最小水平净距应按土壤内摩擦角确定。

      2   供热管道与电缆平行敷设时，电缆处的土壤温度与日平均土壤自然温度比较，全年任何时候对于电压 10kV 的电力电缆不高出 10℃，对于电压 35～110kV 的电缆不高出 5℃ 时，可减小表中所列距离。

      3   在不同深度并列敷设各种管道时，各种管道间的水平净距不应小于其深度差。

      4   供热管道的检查室、Ω 形补偿器壁龛与燃气管道最小水平净距亦应符合表中规定。

      5   在条件不允许时，经有关方面同意，可以减小表中规定的距离。

附表 19　　供热管道常用钢管的物理特性数据

钢材物理特性	基本许用应力 σ (MPa)（或 10^6 N/m²）			弹性模量 E（×10^4 MPa）（或 10^{10} N/m²）			线膨胀系数 α [×10^{-6} m/(m·℃)]		
钢号	Q235、Q235g	10	20、20g	Q235、Q235g	10	20、20g	Q235、Q235g	10	20、20g
计算温度(℃) 20	124.3	111.1	134.1	20.594	19.809	19.809			
100	124.3	111.1	134.1	20.001	19.123	18.338	12.20	11.90	11.18
150	124.3	111.1	134.1	19.613	18.633	17.946	12.60	12.25	11.64
200	124.3	111.1	134.1	19.221	18.142	17.554	13.00	12.60	12.12
250	112.8	105.0	130.8	18.829	17.652	17.113	13.23	12.70	12.45
300	101.0	94.2	117.7	18.437	17.162	16.671	13.45	12.80	12.78
350		82.4	104.7		16.426	16.230		12.90	13.31

附表 20　　管道许用外载综合应力

管子规格 $D_y\times t$ (mm)	工作温度200℃，工作压力1.3MPa的 $[\sigma_w]$ (MPa)	工作温度350℃，工作压力1.3MPa的 $[\sigma_w]$ (MPa)	管子规格 $D_y\times t$ (mm)	工作温度200℃，工作压力1.3MPa的 $[\sigma_w]$ (MPa)	工作温度350℃，工作压力1.3MPa的 $[\sigma_w]$ (MPa)
$\phi32\times2.5$	111.8	74.27	$\phi133\times4.0$	109.96	71.39
$\phi38\times2.5$	111.7	74.13	$\phi159\times4.5$	109.65	70.85
$\phi45\times2.5$	111.49	74.06	$\phi219\times6$	107.91	68.22
$\phi57\times3.5$	111.31	73.85	$\phi273\times7$	107.19	67.19
$\phi73\times3.5$	111.29	73.44	$\phi325\times8$	106.77	66.50
$\phi89\times3.5$	110.78	72.82	$\phi377\times9$	106.37	65.91
$\phi108\times4.0$	110.68	72.56	$\phi425\times9$	104.88	63.23

附表 21　　常用管道规格和材料特性数据

公称直径 DN (mm)	外径 D_w (mm)	壁厚 δ (mm)	内径 d (mm)	管内断面面积 F (cm²)	管壁断面面积 f (cm²)	管子断面惯性矩 I (×10^{-5} m⁴)	管子断面抗弯矩 W (×10^{-5} m⁴)	管子刚度 EI (×10^4 N·m²) 200℃	350℃
25	32	2.5	27	5.73	2.32	2.54	1.58	0.467	0.422
32	38	2.5	33	8.55	2.79	4.41	2.32	0.811	0.733
40	45	2.5	40	12.57	3.30	7.55	3.36	1.388	1.255
50	57	3.5	50	19.63	5.88	21.11	7.40	3.882	3.509
65	73	3.5	66	34.2	7.64	46.3	12.40	8.513	7.696
80	89	3.5	82	52.81	9.41	86	19.3	15.813	14.295
100	108	4	106	78.54	13.1	177	32.8	32.55	29.42
125	133	4	125	122.7	16.2	337	50.8	61.97	56.02
150	159	4.5	150	176.7	21.9	652	82	119.89	108.38
200	219	4	211	349.5	27	1559	142	286.66	259.14
200	219	6	207	336.5	40.2	2279	208	419.05	378.82
250	273	4	265	551	33.8	3053	219	561.37	507.48
250	273	7	259	526.9	58.4	5177	379	951.92	860.54
300	325	5	315	778.9	50.2	6424	395	1181.21	1067.81
300	325	8	309	749.9	79.7	10010	616	1840.59	1663.89
350	377	5	367	1057	58.4	10092	535	2057.92	1677.52
350	377	9	359	1012	104	17620	935	3239.87	2928.84
400	426	6	414	1346	79	17460	820	3210.45	2902.25
400	426	9	480	1307	118	25600	1204	4707.19	4255.3

附表 22 　地沟与架空敷设供热管道活动支座最大允许间距

序号	外径×壁厚 $D_w×\delta$ (mm)	项目	管道单位长度计算重量分类							工作温度 200℃ 工作压力 $13×10^5$ Pa 下的许用外载综合应力 $[\sigma_w]$ (MPa)
			1	2	3	4	5	6	7	
1	57×3.5	A 项	123	167	255	343	431	520	608	111.3
		B 项	8.4	7.2	5.8	5.0	4.5	4.1	3.8	
		C 项	6.0	5.5	4.9	4.5	4.2	4.0	3.8	
2	108×4	A项 (N/m)	240	314	461	608	755	902	1040	110.68
		B项 (m)	12.6	11.0	9.1	7.9	7.1	6.5	6.0	
		C项 (m)	10.0	9.3	8.3	7.7	7.3	6.9	6.6	
3	159×4.5	A项 (N/m)	363	476	701	927	1152	1378	1603	109.65
		B项 (m)	16.1	14.1	11.6	10.1	9.1	8.3	7.7	
		C项 (m)	13.7	12.7	11.4	10.6	9.9	9.5	9.1	
4	219×6	A项 (N/m)	608	755	1049	1344	1638	1932	2226	107.91
		B项 (m)	19.7	17.7	15.0	13.2	12.0	11.0	10.3	
		C项 (m)	17.6	16.6	15.1	14.1	13.4	12.8	12.3	
5	273×7	A项 (N/m)	863	1040	1393	1746	2099	2452	2805	107.19
		B项 (m)	22.2	20.3	17.5	15.6	14.3	13.2	12.3	
		C项 (m)	20.9	19.8	18.2	17.1	16.3	15.6	15.0	
6	325×8	A项 (N/m)	1128	1344	1775	2206	2638	3069	3501	106.77
		B项 (m)	24.8	22.7	19.7	17.7	16.2	15.0	14.1	
		C项 (m)	24.0	22.8	21.1	19.9	18.9	18.2	17.5	
7	377×9	A项 (N/m)	1442	1706	2236	2765	3295	3825	4354	106.37
		B项 (m)	27.6	25.4	22.2	20.0	18.3	17.0	15.9	
		C项 (m)	26.9	25.6	33.8	22.4	21.4	20.5	19.8	
8	426×9	A项 (N/m)	1657	1971	2599	3226	3854	4482	5109	104.83
		B项 (m)	28.3	25.9	22.6	20.3	18.5	17.2	16.1	
		C项 (m)	29.2	27.8	25.7	24.3	23.1	22.2	21.4	

　注　A 项—管子计算质量；B 项—按强度条件计算跨距；C 项—按刚度条件 $y_{max}=0.1DN$ 计算跨距。

附表 23 　地沟与架空敷设的直线管段固定支座（架）最大间距表

管道公称直径 DN（mm）	方型补偿器				套筒补偿器	
	热 介 质					
	热水		蒸汽		热水	蒸汽
	敷 设 方 式					
	架空	地沟	架空	地沟	架空或地沟	
≤32	50	50	50	50	—	—
≤50	60	50	60	60	—	—
≤100	80	60	80	70	90	50
125	90	65	90	80	90	50
150	100	75	100	90	90	50
200	120	80	120	100	100	60
250	120	85	120	100	100	60
≤350	140	95	120	100	120	70
≤450	160	100	130	110	140	80
500	180	100	140	120	140	80
≥600	200	120	140	120	140	80

附表 24　常见铸铁散热器规格及其传热系统 K 值

型　号	散热面积 (m²/片)	水容量 (L/片)	质　量 (kg/片)	工作压力 (MPa)	传热系数计算公式 K [W/(m²·℃)]	热水热媒当 Δt=64.5℃时的 K 值 [W/(m²·℃)]	不同蒸汽表压力 (MPa) 下的 K 值 [W/(m²·℃)] 0.03	0.07	≥0.1
TG0.28/5-4，长翼型 (大 60)	1.16	8	20	0.4	$K=1.743\,\Delta t^{0.28}$	5.59	6.12	6.27	6.36
TZ2-5-5 (M-132 型)	0.24	1.32	7	0.5	$K=2.426\,\Delta t^{0.286}$	7.99	8.75	8.97	9.10
TZ4-6-5 (四柱 760 型)	0.235	1.16	6.6	0.5	$K=2.503\,\Delta t^{0.293}$	8.49	9.31	9.55	9.69
TZ4-5-5 (四柱 640 型)	0.20	1.03	5.7	0.5	$K=3.663\,\Delta t^{0.16}$	7.13	7.51	7.61	7.67
TZ2-5-5 (二柱 700 型、带腿)	0.24	1.35	6	0.5	$K=2.02\,\Delta t^{0.271}$	6.25	6.81	6.97	7.07
四柱 813 型 (带腿)	0.28	1.4	8	0.5	$K=2.237\,\Delta t^{0.302}$	7.87	8.66	8.89	9.03
圆翼型　单排	1.8	4.42	38.2	0.5		5.81	6.97	6.97	7.79
双排						5.08	5.81	5.81	6.51
三排						4.65	5.23	5.23	5.81

注　1　本表前四项由原哈尔滨建筑工程学院 ISO 散热器试验室验台测试，其余柱型由清华大学 ISO 散热器试验台测试。
　　2　散热器表面喷镀银粉漆、明装，同侧连接上进下出。
　　3　圆翼型散热器因无实验公式，暂按以前一些手册数据采用。
　　4　此为密闭闭式实验台测试数据，在实际情况下，散热器的 K 和 Q 值，比表中数值约增大 10% 左右。

附表 25　常见钢制散热器规格及其传热系统 K 值

型　号	散热面积 (m²/片)	水容量 (L/片)	质量 (kg/片)	工作压力 (MPa)	传热系数计算公式 K [W/(m²·℃)]	热水热媒当 Δt=64.5℃ 的 K 值 [W/(m²·℃)]	备　注
钢制板式散热器 600×120	0.15	1	2.2	0.8	$K=2.489\,\Delta t^{0.306}$	8.94	钢板厚 1.5mm、表面涂调合漆
钢制柱式散热器 600×1000	2.75	4.6	18.4	0.8	$K=2.5\,\Delta t^{0.239}$	6.76	
钢制扁管散热器　单板 520×1000	1.151	4.71	15.1	0.6	$K=3.53\,\Delta t^{0.235}$	9.4	
单板带对流体 624×1000	5.55	5.49	27.4	0.6	$K=1.23\,\Delta t^{0.246}$	3.4	
	(m²/m)	(L/m)	(kg/m)				
闭式钢串片散热器 150×80	3.15	1.05	10.5	1.0	$K=2.07\,\Delta t^{0.14}$	3.71	相应流量 G=50kg/h 时的工况
240×100	5.72	1.47	17.4	1.0	$K=1.30\,\Delta t^{0.13}$	2.75	相应流量 G=150kg/h 时的工况
500×90	7.44	2.50	30.5	1.0	$K=1.88\,\Delta t^{0.11}$	2.97	相应流量 G=250kg/h 时的工况

附表 26 　　　　　　　　　　　　块状辐射板的规格及散热量　　　　　　　　　　　　W

型　　号	1	2	3	4	5	6	7	8	9
管子根数	3	6	9	3	6	9	3	6	9
管子间距（mm）	100	100	100	125	125	125	150	150	150
板　宽（mm）	300	600	900	375	750	1125	450	900	1350
板面积（m²）	0.54	1.08	1.62	0.675	1.35	2.025	0.81	1.62	2.43
板长（m）	1.8（管径 DN15）								
室内温度（℃）	蒸汽表压力为 200kPa 时的散热量								
5	1361	2617	3710	1558	2977	4233	1710	3256	4652
8	1326	2559	3617	1512	2896	4129	1663	3175	4536
10	1303	2512	3559	1489	2849	4059	1640	3117	4454
12	1279	2466	3501	1454	2803	3989	1617	3059	4373
14	1256	2431	3443	1442	2756	3931	1593	3012	4303
16	1233	2396	3384	1419	2710	3873	1570	2967	4233
	蒸汽表压力为 400kPa 时的散热量								
5	1524	2931	4198	1756	3361	4815	1931	3675	5245
8	1500	2873	4117	1721	3291	4710	1884	3605	5141
10	1477	2838	4059	1698	3245	4640	1861	3559	5071
12	1454	2791	4001	1675	3198	4571	1838	3512	5001
14	1431	2756	3943	1652	3152	4512	1814	3466	4931
16	1407	2710	3884	1628	3105	4443	1791	3408	4861

注　表中数据是根据 A 型保温板，表面涂无光漆，倾斜安装（与水平面 60°夹角）的条件编制的。当采用的辐射板的制造和使用条件不符时，散热量应作修正。

附表 27

保温层的厚度

$$d_z \ln\left(\frac{d_z}{d_w}\right)$$

保温层厚度 (mm)	15	20	25	40	50	65	80	90	100	125	150	200	250	300	350	400	450	500	550	600
5	0.012	0.012	0.011	0.011	0.011	0.010	0.011	0.011	0.010	0.010	0.010	0.010	0.010	0.010	0.010	0.010	0.010	0.010	0.010	0.010
10	0.027	0.026	0.025	0.024	0.023	0.022	0.022	0.022	0.022	0.021	0.021	0.021	0.021	0.021	0.021	0.020	0.020	0.020	0.020	0.020
15	0.045	0.043	0.040	0.033	0.036	0.035	0.035	0.034	0.034	0.033	0.033	0.032	0.032	0.031	0.031	0.031	0.031	0.031	0.031	0.031
20	0.064	0.061	0.058	0.053	0.051	0.049	0.048	0.047	0.046	0.045	0.044	0.043	0.043	0.042	0.042	0.042	0.042	0.042	0.041	0.041
25	0.086	0.081	0.076	0.070	0.067	0.064	0.062	0.061	0.060	0.058	0.057	0.055	0.054	0.054	0.053	0.053	0.053	0.052	0.052	0.052
30	0.108	0.102	0.096	0.087	0.083	0.079	0.077	0.075	0.074	0.071	0.070	0.068	0.066	0.065	0.065	0.064	0.064	0.063	0.063	0.063
35	0.132	0.124	0.116	0.106	0.100	0.095	0.092	0.090	0.088	0.085	0.083	0.080	0.078	0.077	0.076	0.076	0.075	0.075	0.074	0.074
40	0.157	0.147	0.138	0.125	0.118	0.112	0.108	0.105	0.103	0.099	0.097	0.093	0.091	0.089	0.088	0.087	0.087	0.086	0.085	0.085
45	0.183	0.171	0.160	0.145	0.137	0.130	0.125	0.122	0.119	0.114	0.111	0.107	0.104	0.102	0.101	0.099	0.098	0.098	0.097	0.096
50	0.210	0.196	0.184	0.166	0.157	0.148	0.142	0.138	0.135	0.129	0.126	0.120	0.117	0.114	0.113	0.111	0.110	0.109	0.108	0.108
55	0.237	0.222	0.208	0.183	0.177	0.166	0.160	0.155	0.151	0.145	0.140	0.134	0.130	0.127	0.125	0.124	0.122	0.121	0.120	0.119
60	0.266	0.249	0.233	0.210	0.197	0.185	0.178	0.173	0.168	0.161	0.156	0.148	0.144	0.140	0.138	0.136	0.135	0.133	0.132	0.131
65	0.295	0.276	0.258	0.232	0.219	0.205	0.197	0.191	0.186	0.177	0.171	0.163	0.157	0.154	0.151	0.149	0.147	0.145	0.144	0.143
70	0.325	0.304	0.284	0.256	0.240	0.225	0.216	0.209	0.203	0.194	0.187	0.178	0.172	0.167	0.165	0.162	0.160	0.158	0.156	0.155
75	0.355	0.332	0.311	0.280	0.262	0.246	0.236	0.228	0.222	0.211	0.204	0.193	0.186	0.181	0.178	0.175	0.172	0.170	0.169	0.167
80	0.386	0.361	0.338	0.304	0.285	0.267	0.256	0.247	0.240	0.229	0.220	0.208	0.200	0.195	0.192	0.188	0.185	0.183	0.181	0.179
85	0.418	0.391	0.366	0.329	0.308	0.289	0.277	0.267	0.259	0.247	0.237	0.224	0.215	0.209	0.205	0.201	0.193	0.193	0.194	0.192
90	0.450	0.421	0.394	0.354	0.332	0.311	0.297	0.287	0.278	0.265	0.254	0.240	0.230	0.223	0.219	0.215	0.212	0.209	0.206	0.204
95	0.482	0.451	0.442	0.380	0.356	0.333	0.319	0.307	0.298	0.283	0.272	0.256	0.246	0.238	0.234	0.229	0.225	0.222	0.219	0.217
100	0.515	0.482	0.451	0.406	0.380	0.356	0.340	0.328	0.318	0.302	0.290	0.273	0.261	0.253	0.248	0.243	0.238	0.235	0.232	0.230
105	0.549	0.514	0.481	0.432	0.405	0.379	0.362	0.349	0.338	0.321	0.308	0.289	0.277	0.268	0.262	0.257	0.252	0.248	0.245	0.243
110	0.583	0.546	0.511	0.459	0.430	0.402	0.384	0.371	0.359	0.340	0.326	0.306	0.293	0.283	0.277	0.271	0.266	0.262	0.259	0.256
115	0.617	0.578	0.541	0.486	0.456	0.426	0.407	0.392	0.380	0.360	0.345	0.323	0.309	0.298	0.292	0.285	0.280	0.276	0.272	0.269
120	0.652	0.610	0.572	0.514	0.482	0.450	0.430	0.414	0.401	0.380	0.364	0.341	0.325	0.314	0.307	0.300	0.294	0.289	0.285	0.282

保温层厚度 (mm)	$d_z \ln\left(\dfrac{d_z}{d_w}\right)$																			
	15	20	25	40	50	65	80	90	100	125	150	200	250	300	350	400	450	500	550	600
125	0.687	0.644	0.603	0.542	0.508	0.474	0.453	0.436	0.422	0.400	0.383	0.358	0.342	0.329	0.322	0.315	0.308	0.303	0.299	0.295
130	0.722	0.677	0.634	0.570	0.534	0.499	0.477	0.459	0.444	0.420	0.402	0.376	0.358	0.345	0.338	0.330	0.323	0.317	0.313	0.309
135	0.758	0.711	0.666	0.599	0.561	0.524	0.501	0.482	0.466	0.441	0.422	0.394	0.375	0.361	0.353	0.345	0.337	0.332	0.327	0.323
140	0.794	0.745	0.698	0.628	0.588	0.549	0.525	0.505	0.488	0.462	0.441	0.412	0.392	0.378	0.369	0.360	0.352	0.346	0.341	0.336
145	0.831	0.779	0.730	0.657	0.616	0.575	0.549	0.528	0.511	0.483	0.461	0.431	0.409	0.394	0.385	0.375	0.367	0.360	0.355	0.350
150	0.867	0.814	0.763	0.687	0.643	0.600	0.574	0.552	0.534	0.504	0.482	0.449	0.427	0.410	0.401	0.391	0.382	0.375	0.369	0.364
155	0.905	0.849	0.796	0.717	0.671	0.627	0.598	0.576	0.557	0.526	0.502	0.468	0.444	0.427	0.417	0.406	0.397	0.390	0.383	0.378
160	0.942	0.884	0.829	0.747	0.700	0.653	0.624	0.600	0.580	0.547	0.523	0.487	0.462	0.444	0.434	0.422	0.412	0.405	0.398	0.392
165	0.980	0.920	0.863	0.777	0.728	0.680	0.649	0.624	0.603	0.569	0.544	0.506	0.480	0.461	0.450	0.438	0.428	0.419	0.412	0.407
170	1.018	0.956	0.897	0.808	0.757	0.706	0.675	0.649	0.627	0.592	0.565	0.526	0.498	0.478	0.467	0.454	0.443	0.435	0.427	0.421
175	1.056	0.992	0.931	0.839	0.786	0.733	0.700	0.674	0.651	0.614	0.586	0.545	0.517	0.496	0.484	0.470	0.459	0.450	0.442	0.435
180	1.094	1.028	0.965	0.870	0.815	0.761	0.726	0.699	0.675	0.637	0.607	0.565	0.535	0.513	0.500	0.486	0.475	0.465	0.457	0.450
185	1.133	1.065	1.000	0.901	0.845	0.788	0.753	0.724	0.699	0.660	0.629	0.585	0.554	0.531	0.517	0.503	0.490	0.480	0.472	0.465
190	1.172	1.102	1.035	0.933	0.875	0.816	0.779	0.749	0.724	0.683	0.651	0.605	0.572	0.549	0.535	0.519	0.506	0.496	0.487	0.479
195	1.212	1.139	1.070	0.965	0.904	0.844	0.806	0.775	0.749	0.706	0.673	0.625	0.591	0.566	0.552	0.536	0.523	0.512	0.502	0.494
200	1.251	1.177	1.105	0.997	0.935	0.872	0.833	0.801	0.773	0.729	0.695	0.645	0.610	0.585	0.570	0.553	0.540	0.527	0.518	0.509
205	1.291	1.214	1.141	1.029	0.965	0.901	0.860	0.827	0.799	0.753	0.718	0.666	0.630	0.603	0.587	0.569	0.555	0.543	0.533	0.524
210	1.331	1.252	1.177	1.062	0.996	0.929	0.887	0.853	0.824	0.777	0.740	0.687	0.649	0.621	0.605	0.587	0.572	0.559	0.549	0.540
215	1.371	1.290	1.213	1.095	1.027	0.958	0.915	0.880	0.849	0.801	0.763	0.707	0.669	0.640	0.623	0.604	0.588	0.575	0.564	0.555
220	1.412	1.329	1.249	1.128	1.058	0.987	0.943	0.906	0.875	0.825	0.786	0.728	0.688	0.658	0.641	0.621	0.605	0.591	0.580	0.570
225	1.452	1.367	1.285	1.161	1.089	1.016	0.970	0.933	0.901	0.849	0.809	0.750	0.708	0.677	0.659	0.638	0.622	0.608	0.596	0.586
230	1.493	1.406	1.322	1.194	1.120	1.046	0.999	0.960	0.927	0.874	0.832	0.771	0.728	0.696	0.677	0.656	0.639	0.624	0.612	0.601
235	1.534	1.445	1.359	1.228	1.152	1.075	1.027	0.987	0.953	0.898	0.855	0.792	0.748	0.715	0.695	0.673	0.656	0.641	0.628	0.617
240	1.576	1.484	1.396	1.262	1.184	1.105	1.055	1.015	0.980	0.923	0.879	0.814	0.768	0.734	0.714	0.691	0.673	0.657	0.644	0.633
245	1.617	1.523	1.433	1.296	1.216	1.135	1.084	1.042	1.006	0.948	0.903	0.836	0.789	0.753	0.732	0.709	0.690	0.674	0.660	0.649
250	1.659	1.563	1.471	1.330	1.248	1.165	1.113	1.070	1.033	0.973	0.927	0.858	0.809	0.773	0.751	0.727	0.707	0.691	0.677	0.665

参 考 文 献

[1] 哈尔滨建筑工程学院，天津大学，西安冶金建筑学院，太原工学院. 供热工程. 北京：中国建筑工业出版社，1985.

[2] Kut. D. Heating and Hot Water Services in Buildings，New York：Pergamon Press，1976.

[3] Paul L. Geiringer. High Temperature Water Heating. New York and London：John Wiley and Sons，Inc.，1963.

[4] Rietschel/Raiß Heiz und Lüftungs Technik，Springer-Verlag，Berlin/Göttingen/Heidelberg，1963.

[5] А. А. Ионин，В. М. Хпыбов，В. Н. В.ратенков，Е. В. Прониа，В. А. Слемзин. Теепд. осабженде. Мосхва：Стройиздат，1982.

[6] 武学素. 热电联产. 西安：西安交通大学出版社，1988.

[7] 温强为，贺平. 采暖工程. 哈尔滨：哈尔滨工业大学出版社，1958.

[8] Е. Я. 索科洛夫. 热网学. 孙可宗，译. 北京：高等教育出版社，1958.

[9] С. Ф. 柯比约夫. 供热学. 温强为，陈在康，刘荻，译. 北京：水力水电出版社，1959.

[10] А. А. 约宁. 供热学. 单文昌，尚雷，译. 北京：中国建筑工业出版社，1986.

[11] 王宇清. 供热工程. 北京：机械工业出版社，2005.

[12] 李德英. 供热工程. 北京：中国建筑工业出版社，2004.

[13] 卜一德. 地板采暖与分户热计量技术. 北京：中国建筑工业出版社，2004.

[14] 贺平，孙刚. 供热工程. 北京：中国建筑工业出版社，1993.

[15] Е. Я. 索科洛夫. 热化与热力网. 安英华，译. 北京：机械工业出版社，1988.

[16] 赵伯英. 供热工程. 北京：冶金工业出版社，1988.

[17] 李德英. 暖通空调设备管理与节能技术. 北京：中国建筑出版社，1992.

[18] 曾志诚. 城市冷、暖、汽三联供手册. 北京：中国建筑工业出版社，1995.

[19] 施俊良. 调节阀选择. 北京：中国建筑出版社，1986.

[20] 张玉润. 低压降比调节阀与节能. 北京：化学工业出版社，1994.

[21] 李善化. 集中供热设计手册. 北京：中国电力出版社，1996.

[22] 王哲显. 采暖系统运行、维修与管理. 北京：中国建筑工业出版社，1990.

[23] 动力工程师手册编辑委员会. 动力工程师手册. 北京：机械工业出版社，1999.

[24] 范惠民. 供热工程. 北京：冶金工业出版社，1994.

[25] 陈秉林，侯辉. 供热、锅炉房及其环保设计技术措施. 北京：中国建筑工业出版社，1989.

[26] 王媛媛，等. 热网污垢在线监测专家系统的研究. 腐蚀科学与防护技术，2006，18（2）：148-151.